食品补充检验方法

实操指南

国家食品药品监督管理总局科技和标准司 / 编著

U0206885

中国医药科技出版社

内 容 提 要

本书介绍了国家食品药品监督管理总局食品补充检验方法管理概况，详细解析了截至 2017 年底发布的 20 项食品补充检验方法的重点条目、操作要点和常见问题，以指导和规范实际操作，提升检验水平和质量，供各级食品药品安全监管部门、食品检验机构、食品生产经营者及科研院校等单位参考使用。

图书在版编目（CIP）数据

食品补充检验方法实操指南 / 国家食品药品监督管理总局科技和标准司编著.
— 北京：中国医药科技出版社，2018.2
ISBN 978-7-5214-0014-4

Ⅰ．①食…　Ⅱ．①国…　Ⅲ．①食品检验—指南　Ⅳ．① TS207.3-62

中国版本图书馆 CIP 数据核字（2018）第 047773 号

美术编辑　陈君杞
版式设计　也　在

出版　中国医药科技出版社
地址　北京市海淀区文慧园北路甲 22 号
邮编　100082
电话　发行：010 – 62227427　邮购：010 – 62236938
网址　www.cmstp.com
规格　787×1092mm $\frac{1}{16}$
印张　23
字数　383 千字
版次　2018 年 2 月第 1 版
印次　2018 年 2 月第 1 次印刷
印刷　北京市密东印刷有限公司
经销　全国各地新华书店
书号　ISBN 978-7-5214-0014-4
定价　99.00 元

编 委 会

前　言

　　食品补充检验方法是国家食品药品监督管理总局根据食品安全监管需要，对于按照现有食品安全标准规定的检验项目和检验方法以及依照食品安全法第一百一十一条规定制定的临时检验方法无法检验的，组织制定的一系列食品检验技术规范和要求。截至 2017 年 12 月底，国家食品药品监督管理总局共批准发布《食品中那非类物质的测定》等 20 项食品补充检验方法。

　　为帮助食品监管部门、食品检验机构、食品生产经营者等相关各方更好地理解和使用食品补充检验方法，国家食品药品监督管理总局科技和标准司组织方法负责起草单位和主要起草人编写了本指南，对补充检验方法的重点条目、操作要点及常见问题等方面进行解析，以指导和规范实际操作，提高检验水平和质量。

　　由于编写时间有限，不妥之处敬请各位读者批评指正。

编　者

2018 年 1 月

目 录
contents

| 第一章 | 食品补充检验方法概述 | 001 |

第一章　食品补充检验方法概述 …………………………………… 001

第二章　《食品中那非类物质的测定》(BJS 201601) ……………… 017

第三章　《小麦粉中硫脲的测定》(BJS 201602) …………………… 033

第四章　《食品中西布曲明等化合物的测定》(BJS 201701) ……… 043

第五章　《原料乳及液态乳中舒巴坦的测定》(BJS 201702) ……… 063

第六章　《豆芽中植物生长调节剂的测定》(BJS 201703) ………… 075

第七章　《食品中去甲基他达拉非和硫代西地那非的测定》(BJS 201704) …… 093

第八章　《食品中香兰素、甲基香兰素和乙基香兰素的测定》(BJS 201705) …… 105

第九章　《食品中氯酸盐和高氯酸盐的测定》(BJS 201706) ……… 135

第十章　《植物蛋白饮料中植物源性成分鉴定》(BJS 201707) …… 151

第十一章　《食用植物油中乙基麦芽酚的测定》(BJS 201708) …… 163

第十二章　《乳及乳制品中硫氰酸根的测定》(BJS 201709) ……… 173

第十三章　《保健食品中 75 种非法添加化学药物的检测》(BJS 201710) …… 183

第十四章　《畜肉中阿托品、山莨菪碱、东莨菪碱、普鲁卡因和利多卡因的测定》(BJS 201711) …… 219

第十五章　《食用油脂中脂肪酸的综合检测法》(BJS 201712) …… 231

第十六章　《饮料、茶叶及相关制品中对乙酰氨基酚等 59 种化合物的测定》(BJS 201713) …… 249

第十七章　《饮料、茶叶及相关制品中二氟尼柳等 18 种化合物的测定》(BJS 201714) …… 275

第十八章 《豆制品中碱性橙 2 的测定》(BJS 201715)·················293

第十九章 《保健食品中 9 种水溶性维生素的测定》(BJS 201716)·················305

第二十章 《保健食品中 9 种脂溶性维生素的测定》(BJS 201717)·················323

第二十一章 《保健食品中 9 种矿物质元素测定》(BJS 201718)·················341

附　录·················349

一、总局办公厅关于印发食品补充检验方法工作规定的通知 / 349

二、关于发布食品补充检验方法研制指南的通告 / 353

三、关于发布食品中那非类物质的测定和小麦粉中硫脲的测定 2 项检验方法的公告 / 354

四、关于发布食品中西布曲明等化合物的测定等 3 项食品补充检验方法的公告 / 355

五、关于发布《食品中去甲基他达拉非和硫代西地那非的测定》食品补充检验方法的公告 / 356

六、关于发布食品中香兰素、甲基香兰素和乙基香兰素的测定等 2 项食品补充检验方法的公告 / 357

七、关于发布《植物蛋白饮料中植物源性成分鉴定》食品补充检验方法的公告 / 358

八、关于发布《食用植物油中乙基麦芽酚的测定》食品补充检验方法的公告 359

九、关于发布《乳及乳制品中硫氰酸根的测定》食品补充检验方法的公告 / 360

十、关于发布《保健食品中 75 种非法添加化学药物的检测》等 3 项食品补充检验方法的公告 / 361

十一、关于发布《饮料、茶叶及相关制品中对乙酰氨基酚等 59 种化合物的测定》等 6 项食品补充检验方法的公告 / 362

第一章

食品补充检验方法概述

第一节 食品补充检验方法管理

为支持打击农兽药滥用、食品生产经营领域掺假掺杂、非法添加非食用物质等违法违规行为，保障消费者食用安全和权益，促进食品行业健康有序发展，国家食品药品监督管理总局组织制定并批准发布了一系列食品补充检验方法，为食品抽样检验、案件调查处理和食品安全事故处置等监管工作提供方法学支撑。食品检验机构可以采用食品补充检验方法对涉案食品进行检验，检验结果可以作为定罪量刑的参考。

截至 2017 年 12 月底，国家食品药品监督管理总局共批准发布《食品中那非类物质的测定》《保健食品中 75 种非法添加化学药物的检测》《食用油脂中脂肪酸的综合检测法》等 20 项食品补充检验方法，涉及非法添加、真伪鉴别等 265 个检查项目 / 指标。

1. 范畴

食品补充检验方法是指根据食品安全监管需要，对于按照现有食品安全标准规定的检验项目和检验方法以及依照食品安全法第一百一十一条规定制定的临时检验方法无法检验的，国家食品药品监督管理总局组织制定的食品检验技术规范和要求。涉及特别管制药品的检验方法以及现有检验检测技术无法实现的检验项目不属于补充检验方法范畴。

2. 主要内容

2.1 按照检验目标物质划分

1. 农兽药残留：食品安全国家标准未涵盖的，由于滥用或违法使用而引入食品和食用农产品中的农兽药及其添加物或分解代谢产物。

2. 非食品用化学物质：非食品原料或在食品中添加食品添加剂以外的化学物质；保健食品及其声称有保健功能的食品中添加的违禁药物以及其他危害人体健康的化学成分。

3. 掺假掺杂物质：畜禽肉、酒类、蜂蜜、阿胶、饮料等食品原料或食品中掺入的替代物质。

4. 营养成分、功效成分：食品安全国家标准未涵盖的，食品和特殊食品中的营养、功效及标志性成分。

5. 天然毒性代谢物：蘑菇、蜂蜜、水产品等食品原料可能含有的天然毒素及其代谢物、微生物毒素及其代谢产物。

6. 其他风险物质：食品安全标准以及食品安全法第一百一十一条规定制定的检验项

目和检验方法均未涵盖的，日常监管和案件查办中发现的可能存在健康风险的物质。

2.2 按照检验技术划分

1. 特异型检测方法：针对食品中一种或多种物质的高选择性筛查或确证检测方法。

2. 通量型检测方法：针对食品中一类或多类物质的筛查或确证性检测方法。

3. 非定向筛查方法：针对问题样品中的风险物质进行的高通量筛查方法。

4. 通则性检测指南：针对食品中引入的风险物质筛查或确证检测方法，其样品前处理或检测方式可以以相同或相似步骤进行，方法包含指南涉及的物质动态列表和增补规则。

3. 项目申报

食品检验机构、食品生产经营者、科研院所、食品行业协会学会、消费者组织等单位在食品检验中发现可能有食品安全问题，符合食品补充检验方法研制范畴和内容的，可以向所在地省级食品药品监管部门提出立项建议。特殊情况下，可以直接向食品药品监督管理总局提出立项建议。

立项建议需提供如下内容：

（一）相关检测项目对食品安全监管以及规范食品生产经营行为的重要性、目的和立项依据，重点说明拟解决的关键问题与食品安全监管的关系和意义；提供与现行食品安全标准的关系和明确的研究边界。

（二）国内外研究的基础和前期工作基础，特别是在食品安全监管实际中的研究性或监测性应用内容（如有）。

（三）相关项目的安全性评估数据及结论，并提供相关项目已有的标准限值、管理限值及评估数据。

（四）检测项目方法建立具体的技术途径和研究方案。

（五）检测项目及方法的先进性和创新性说明。

食品补充检验方法立项建议书格式见下表：

检验项目 / 指标	
方法名称	
拟解决的问题	简要介绍该项目拟解决的实际问题和关键技术（不超过 300 字）
申请单位 基本情况	单位名称： 地址： 联系人： 联系电话： 电子邮箱：

合作单位	如多家请按先后顺序列出
调研基础	拟解决的问题应具有一定的前期调研基础，并提供相关材料
相关工作基础	重点说明已开展的实验室检验工作，以及国际、国内同类检验技术进展情况，并提供前期研究、实验数据或分析报告。不超过1500字
适用范围和主要技术内容	提供方法草案及相应的编制说明（作为附件），详细说明方法完成后的适用范围、研究方法、技术路线、拟解决的关键技术和工作方案等

4. 项目确立

省级食品药品监管部门综合分析行政区域内各级食品药品监管部门食品安全监管工作需要，对收到的食品补充检验方法立项建议进行向国家食品药品监督管理总局提出食品补充检验方法立项需求。

国家食品药品监督管理总局按照轻重缓急、科学可行的原则，确定食品补充检验方法立项目录，通过公开征集或遴选确定起草单位，研制食品补充检验方法。食品安全案件稽查、应急处置等工作中，可根据情况简化立项、遴选起草单位等程序直接指定起草单位。

5. 研制起草要求

食品补充检验方法研制过程中应符合以下要求：

（一）应在深入调查研究、充分论证技术指标的基础上研制食品补充检验方法，保证其科学性、先进性、实用性和规范性。鼓励检验机构联合科研院所、大专院校或社会团体研究机构共同起草。

（二）根据所起草方法的技术特点，原则上应选择不少于5家食品检验机构进行实验室间验证。验证实验室的选择应具有代表性和公信力。实验室间验证对于定性方法至少需要验证方法的检出限和特异性；对于定量方法至少需要验证方法的线性范围、定量限、准确度、精密度。特殊情况下，可适当简化实验室间验证要求。

（三）起草食品补充检验方法草案文本时，应参考检验方法编写规则，包括适用范围、方法原理、试剂仪器、分析步骤、计算结果等，同时还应编制起草说明，包括相关背景、研制过程、各项技术参数的依据、实验室内和实验室间验证情况和数据等。

6. 审查发布

为保证食品补充检验方法科学性、实用性和适用性，国家食品药品监督管理总局组织成立食品补充检验方法审评委员会，对食品补充检验方法草案进行审查。审评委员会设专家组和秘书处。目前专家组由来自食品药品监管部门、卫生计生部门、质检部门以及高等院校等领域的 48 名食品检验领域专家组成。秘书处设在中国食品药品检定研究院，主要负责补充检验方法的完整性和规范性等形式审查以及审评委员会日常事务性工作。

国家食品药品监督管理总局批准并以公告形式发布食品补充检验方法。食品补充检验方法（缩写为 BJS）按照"BJS+ 年代号 + 序号"规则进行编号，除方法文本外，同时公布主要起草单位和主要起草人信息。已批准的食品补充检验方法属于科技成果，可作为相关人员申请科研奖励和参加专业技术资格评审的依据。

省级食品药品监管部门可以批准、发布适用于地方特色食品的补充检验方法，并按要求报国家食品药品监督管理总局备案。

第二节　食品补充检验方法编制技术要求

1. 基质选择

检测范围为某类或多类食品时，基质材料选择应为某类或多类食品中主要典型品种。

2. 方法学考察要求

应充分考虑物质在提取净化过程中的吸附、转化等内容，对于混合标准溶液，需提供有关的稳定性、兼容性的内容。必要时可进行强化试验。

（1）提取效果

方法试验中，应进行提取效果的验证，可用以下方法进行试验：

——用阳性的标准物质或能力验证的样品进行试验；

——阳性样品或添加样品用同一溶剂反复提取，观察被分析物浓度变化；

——用不同提取技术或不同提取溶剂进行比较。

（2）方法的特异性

方法的特异性是指在确定的分析条件下，分析方法检测和区分共存物与目标化合物的能力。要说明该方法检测信号仅与被检组分有关，与其他化合物无关。说明采用的分析技术需要克服任何可预见的干扰，特别是来自基质组分的干扰，并重点考虑检测信号的专属性和鉴别能力。

确定特异性的方法：

①一般应对具有代表性的空白基质和空白基质添加被测组分的样品，按照确定的样品前处理方法处理后进行分析，考察基质中存在的物质是否对被测组分存在干扰。

②存在干扰峰时：

a. 定量限小于或等于限量值的 1/3 时，干扰峰的容许范围小于或相当于限量值浓度峰的 1/10；

b. 定量限大于限量值的 1/3 时，干扰峰的容许范围小于或相当于定量限浓度峰的 1/3。

确证方法宜采用：

——不同极性或类型色谱柱确证；

——气相色谱 – 质谱法；

——液相色谱 – 质谱法；

——其他。

对于内源性物质检测和基础环境引入类物质，需考虑空白和校准的方式。

（3）标准工作曲线

标准工作曲线的线性范围应尽可能覆盖两个以上数量级，至少进行 5 个浓度水平（不包括空白，应包含定量限、最大残留限量或 10 倍定量限）。对于筛选方法，线性回归方程的相关系数应不低于 0.98；对于确证和定量方法，相关系数应不低于 0.99。测试溶液中被测组分浓度应在校准曲线的线性范围内。应列出标准校准曲线方程、相关系数，必要时应给出典型色谱图。

应比较不加基质曲线和加基质曲线的差异，确定曲线制作要求。

（4）准确度

方法的准确度是指所得结果与真值的符合程度，检测方法的准确度一般用回收率进行评价。准确度适用于小样本的准确程度描述，其他文件中显示的正确度适用于大样本测试中准确程度的描述，一般需要进行统计分析后获得。回收率试验应做三个水平添加，一般添加水平为：

——对于禁用物质，回收率在方法定量限、两倍方法定量限和十倍方法定量限进行三水平试验；

——对于已制定限量值的，一般在 1/2、1、2 倍限量值三个水平各选一个合适点进行试验，如果限量值是定量限，可选择 2 倍限量值和 10 倍限量值两个点进行试验；

——对于未制定限量值的，回收率在方法定量限、常见限量指标和合适点进行三水平试验。

每个水平重复次数不少于 6 次，计算平均值。对回收率试验要求的参考范围见表 1。

表 1　不同添加水平对回收率试验的要求

添加水平，mg/kg	范围，%	相对标准偏差，%
≤0.001	50~120	≤35
>0.001≤0.01	60~120	≤30
>0.01≤0.1	70~120	≤20
>0.1≤1	70~110	≤15
>1	70~110	≤10

制作添加样品时，使用新鲜的食品，均一化并称量后添加物质标准溶液。

注 1：添加的物质标准溶液总体积应不大于 2mL。

注 2：添加物质标准溶液后，应充分混合，并放置 30min 后再进行提取操作。

注 3：检测时间需要数日时，宜将均一化的样品冷冻保存，避免多次冻结以及融解。宜在检测实施日当日制作添加样品。

（5）精密度

精密度：在规定条件下，相互独立的测试结果之间的一致程度。

方法的精密度包括重复性和再现性：

①重复性：在同一实验室，由同一操作者使用相同设备、按相同的测试方法，并在短时间内从同一被测对象取得相互独立测试结果的一致性程度。

每种试材均应进行重复性试验，至少进行三个水平的试验；添加水平要求参见"（4）准确度"中回收率试验要求，每个水平重复次数不少于 6 次。实验室内重复性试验的相对标准偏差符合表 2 的要求。

注：重复性试验应按照样品处理方法获得添加均匀的试料，再取至少 6 批次试样进行独立测试。

表 2　实验室内重复性试验的相对标准偏差要求

被测组分含量，mg/kg	相对标准偏差，%
≤0.001	≤36
> 0.001≤0.01	≤32
> 0.01≤0.1	≤22
> 0.1≤1	≤18
> 1	≤14

②再现性：在不同实验室，由不同操作者按相同的测试方法，从同一被测对象取得相互独立测试结果的一致性程度。

试验应在不同实验室间进行，实验室个数不少于 5 个（不包括标准起草单位）。再现性应进行三个以上添加水平试验，其中一个添加水平应在定量限，添加水平要求参见"（4）准确度"中回收率试验要求，每个水平重复次数不少于 6 次。实验室间再现性试验的相对标准偏差应符合表 3 的要求。

表 3　实验室间再现性试验的相对标准偏差要求

被测组分含量，mg/kg	相对标准偏差，%
≤0.001	≤54

被测组分含量，mg/kg	相对标准偏差，%
> 0.001≤0.01	≤46
> 0.01≤0.1	≤34
> 0.1≤1	≤25
> 1	≤19

（6）定量限

定量限是指可以进行准确定性（定性方法检出限）和定量测定的最低水平，在该水平下得到的回收率和精密度应满足表1和表2的要求。

（7）验证试验

定性方法的验证项目包括方法适用的所有基质材料的检出限、特异性；定量方法的验证项目包括方法适用的所有基质材料的线性范围、特异性、准确度、精密度和定量限。

第三节　食品补充检验方法编写规则

1.概述

为保证食品补充检验方法文本的科学性、先进性和适用性，参考 GB/T 1.1—2009《标准化工作导则 第1部分：标准的结构和编写》、GB/T 27404—2008《实验室质量控制规范 食品理化检测》、国际食品法典委员会（CAC）的相关规定，科技和标准司组织编写了《食品补充检验方法编写规则》，作为食品补充检验方法文本编制的依据。

2.基本要求

（1）检测方法文本的编写应符合 GB/T 1.1。

（2）检测方法的文字表达应结构严谨、层次分明、用词准确、表述清楚，不易产生歧义。术语和符号应统一，计量单位应以法定计量单位表示。

3.方法的结构

（1）规范性一般要素：方法名称、范围、规范性引用文件。

（2）规范性技术要素：原理、试剂与材料、仪器和设备、抽样、试样制备、分析步骤、结果计算、精密度、检出限、图谱、质量保证和控制。

（3）补充要素：附录。

方法名称、范围、试剂与材料、仪器和设备、试样制备、分析步骤、结果计算、精密度、检出限和图谱为必备要素，其他为可选要素。

4.规范性一般要素

（1）方法名称

方法名称一般表述为"《食品中 ×××× 物质的测定》（方法编号）"。

示例：

《食品中那非类物质的测定》（BJS 201601）

（2）范围

①明确该方法检测的适用范围和被检测的物质名称及检测方法。用"本方法规定了【食

品】中【物质名称】的【检测方法】测定方法"表述。多组分检测可用附录形式列出所有物质的中、英文名称,并标示相关物质索引号。

②明确检测方法的适用界限。用"本方法适用于【食品】中【物质名称】的定性鉴定/定量测定"表述。

(3)规范性引用文件

如果标准中有规范性引用文件,在该章中列出所引用文件的清单,并用下述引导语引出:

下列文件对于本文件的应用是必不可少的。凡是注日期的引用文件,仅注日期的版本适用于本文件。凡是不注日期的引用文件,其最新版本(包括所有的修改单)适用于本文件。

5. 规范性技术要素

(1)原理

指明检测方法的基本原理、方法特征和基本步骤。

(2)试剂与材料

①本章用下列导语开头:"除另有规定外,本方法中所用试剂均为分析纯,水为符合GB/T 6682 的【X】级水"。

②列出检测过程中使用的所有试剂和材料及其主要理化特性(浓度、密度等)。除了多次使用的试剂和材料,仅在制备某试剂中用到的不应列在本章中。

③试剂和材料按下列顺序排列:

a. 以市售状态使用的产品(不包括溶液),注明其形态、特性(如化学名称、分子式、纯度、CAS 号),带有结晶水的固体产品标明结晶水;

b. 溶液或悬浮液(不包括标准滴定溶液和标准溶液),并说明其含量;

注:如果溶液由一种特定溶液稀释配制,按下列方法表示;

——"稀释 $V_1 \rightarrow V_2$"表示,将体积为 V_1 的特定溶液稀释为体积为 V_2 的溶液;

——"V_1+V_2"表示,将体积为 V_1 的特定溶液加到体积为 V_2 的溶剂中。

c. 标准溶液和内标溶液,说明配制方法;

注1:质量浓度表示为 g/L,或其分倍数表示,如毫克每升(mg/L)。

注2:注明有效期和贮存条件。

d. 指示剂;

e. 辅助材料(如干燥剂、固相萃取柱等)。

(3)仪器和设备

应列出在分析过程中所用主要仪器和设备的名称及其主要技术指标。仪器设备的排列顺序一般为分析仪器、常用仪器或设备。

注：编写时不应规定仪器或设备的厂商或商标等内容。

（4）试样制备和保存

应具体写明实验室样品缩分、试样制备过程（如取样量、研磨、干燥、匀浆等）、试样特性（如粒度、质量或体积等）和试样贮存容器材料与特性（如类型、容量、气密性）以及贮存条件。

（5）分析步骤

不同检测项目样品的处理方法不同，在编写时应注意写清每一个步骤，应详细叙述试验步骤，以容易阅读的形式陈述有关试验。

①提取

应明确以质量或体积表示试样的称量。

应写明提取剂的名称、用量、提取方式，以及收集容器和浓缩条件。

②净化

应写明所用净化材料和净化步骤，以及收集容器、浓缩条件、定容方式和定容体积等。

③衍生化

如方法需要衍生化，应写明衍生化步骤。

④仪器参考条件

应注明检测技术参数及操作条件。

示例1：

气相色谱法：应写明色谱柱规格和型号、检测器温度、进样口温度、色谱柱温度、进样方式、进样体积、气体类型和纯度以及流速等信息。

示例2：

气相色谱－质谱联用法：应写明色谱柱规格和型号、进样口温度、检测器温度、色谱柱温度、进样方式、进样体积、气体类型和纯度、流速、离子源温度、接口温度和质谱检测模式等信息。

示例3：

液相色谱法：应写明色谱柱规格和型号、色谱柱温度、检测波长（紫外、荧光）、流动相、流速、进样体积和梯度洗脱条件等信息。

示例4：

液相色谱－质谱联用法：应写明色谱柱规格和型号、流动相、流速、进样体积、梯度洗脱条件、离子源类型、毛细管电压、毛细管温度、雾化气流量、碰撞气类型、检测方式等信息，多反应监测条件应列表给出。

⑤标准工作曲线

应写明标准工作曲线的实验过程，按照实际情况可建议采取基质匹配的方法，需说明基质空白溶液的配制过程。

⑥测定

单点校正法应规定标准溶液和待测溶液进样顺序。

标准工作曲线法应规定待测组分的响应值应在仪器检测的定量测定范围之内。对需要进行平行测定的，应予以明确规定。

⑦空白试验

不加试样或仅加空白试样的空白试验应采用与试样测定完全相同的试剂、设备和步骤等进行。

（6）结果计算

表示测定结果时，应注明是以何种目标物进行计算。结果以质量分数 ω 计，数值用毫克每千克（mg/kg）或毫克每升（mg/L）表示，并写出计算公式，格式按 GB/T 1.1 中相关规定执行。计算公式应以量关系式表示，公式后要标明编号，标准中有一个公式也要编号，编号从（1）开始。量的符号一律用斜体，应给出计算结果的有效数位，计算结果一般不少于两位有效数字。

示例：

试料中被测目标物以质量分数 ω 计，数值以毫克每千克（mg/kg）表示，按公式（1）计算。

$$\omega = \frac{V_1 \times A_i \times V_3}{V_2 \times A_{Si} \times m} \times \rho \quad\cdots\cdots\cdots\cdots\cdots\cdots\cdots\cdots（1）$$

式中：

ρ —标准溶液中物质的质量浓度，单位为毫克每升（mg/L）；

A_i —样品溶液中被测 i 组分的峰面积；

A_{si} —物质标准溶液中被测 i 组分的峰面积；

V_1 —提取溶剂总体积，单位为毫升（mL）；

V_2 —吸取出用于检测用的提取溶液的体积，单位为毫升（mL）；

V_3 —样品溶液定容体积，单位为毫升（mL）；

m —试料的质量，单位为克（g）；

计算结果保留两位有效数字，当结果大于 1mg/kg 时保留三位有效数字。

（7）精密度和准确度

方法精密度用重复性相对标准差和再现性相对标准差评价，准确度用添加回收率表示。

①检出限

标明检测方法的定量限，如为多成分检测，应列表表示，参见下表。

目标化合物检出限及参考数据

序号	中文名称	英文名称	CAS 号	保留时间 min	定量限 mg/kg 或 μg/kg	质量浓度 mg/L 或 μg/L
1						
2						
3						
4						

②其他

除以上技术内容外，还可根据检测方法的特点和需要，合理编写其他技术内容和关键技术，如对特殊情况的说明和有关图表等。食品补充检验方法中的字号和字体见下表。

食品补充检验方法中的字号和字体

页别	位置	文字内容	字体字号
正文首页	第一行	标准名称	三号黑体
		章、条的编号和标题	五号黑体
		标准条文、列项及其编号	五号宋体
		标明注的"注""注 ×"	小五号黑体
		标明示例的"示例""示例的 ×"	小五号黑体
		条文的示例	小五号宋体
		注、图注、表注	小五号宋体
		脚注、脚注编号、图的脚注、表的脚注	小五号宋体
		图的编号、图题；表的编号、表题	五号黑体
各页		续图、续表的"（续）"	五号宋体
		图、表右上方关于单位的陈述	小五号宋体
		图中的数字和文字	六号宋体
		表中的数字和文字	小五号宋体

页别	位置	文字内容	字体字号
	第一行	附录编号	三号黑体
附录	第二行	附录标题	三号黑体
	第三行	附录内容	五号宋体

6. 附录

当方法中的某部分应执行的内容放在方法正文中影响方法结构时，可将这部分放在正文的后面，如谱图等作为附录；有助于标准理解或使用的附加信息，也可作为附录。

第二章

《食品中那非类物质的测定》
（BJS 201601）

第一节　方法概述

那非类物质是人体内 5 型磷酸二酯酶（PDE5）的抑制剂，可用于治疗男性勃起功能障碍疾病。其中枸橼酸西地那非（俗称"伟哥""万艾可"）、他达拉非（又称"西力士"）和伐地那非（又称"力伟拉"）是美国 FDA 及欧盟批准上市的药物。那非类药物已知的副作用包括有面部潮红、头晕、头痛、鼻塞和视觉异常等，严重的会导致死亡，属于处方药。在脱离医生指导的情况下使用西地那非，会对服用者的健康和生命安全造成严重威胁，不得随意出售。

近年来，随着化学合成技术的进步，一些具有 PDE5 抑制活性的那非类衍生物不断出现，这些那非类物质虽然对 PDE5 有抑制作用，但是对有心血管系统疾病和糖尿病的患者有严重的不良反应。这些化合物在 PDE5 的抑制活性上用量少，见效快，被一些不法商家添加至标示或暗示具有补肾壮阳、抗疲劳、改善免疫力等作用的食品及保健食品中，这些违法添加的行为不仅给消费者造成了极大的危害，也带来了经济上的损失，严重影响到我国人民对食品的消费信心，严重地扰乱了正常的市场秩序。

目前，对于保健食品中那非类物质检测方法方面，国内在执行的标准有《出口保健食品中育亨宾、伐地那非、西地那非、他达那非的测定液相色谱 – 质谱 / 质谱法》（SN/T 4054–2014），该方法涉及的那非类物质种类较少。另原国家食品药品监督管理局 2012 年发布的《保健食品中可能非法添加的物质名单（第一批）》对声称缓解体力疲劳（抗疲劳）功能产品中可能非法添加的 11 种 PDE5 型（磷酸二酯酶 5 型）抑制剂的检测依据有补肾壮阳类中成药中西地那非及其类似物的检测方法（原国家食品药品监督管理局药品检验补充检验方法和检验项目批准件 2008016）及补肾壮阳类中成药中 PDE5 型抑制剂的快速检测方法（原国家食品药品监督管理局药品检验补充检验方法和检验项目批准件 2009030）。这两种方法适用于中成药类和保健食品，但是缺少对于食品中那非类物质的检测方法，难以对食品中非法添加那非类物质进行有效的监管。建立一种灵敏度高、准确性强、覆盖面广，适用于食品（含保健食品）中那非类物质的检测方法很有必要。

本食品补充检验方法的建立解决了上述的监管亟待解决的问题，针对目前已知的及日常监测中有检出的 11 种那非类物质，以酒、咖啡、功能饮料、玛咖片、保健食品等为基质建立了液相色谱 – 质谱测定方法。

第二节 方法文本及重点条目解析

1 范围

本方法规定了食品（含保健食品）中西地那非、豪莫西地那非、羟基豪莫西地那非、那莫西地那非、硫代艾地那非、红地那非、那红地那非、伐地那非、伪伐地那非、他达拉非、氨基他达拉非含量的液相色谱 – 串联质谱测定方法。

本方法适用于酒、咖啡、功能饮料、玛咖片、保健食品中西地那非、豪莫西地那非、羟基豪莫西地那非、那莫西地那非、硫代艾地那非、红地那非、那红地那非、伐地那非、伪伐地那非、他达拉非、氨基他达拉非含量的测定。

根据对市场上产品种类调研以及既往监测数据的综合分析，本方法选择了最易添加那非类物质的食品基质有酒、咖啡、功能饮料、玛咖片以及保健食品基质进行研究。

2 原理

试样经乙腈提取后，采用液相色谱 – 串联质谱仪检测，外标法定量。

3 试剂和材料

注：水为 GB/T 6682 规定的一级水。

3.1 试剂

3.1.1 乙腈（CH_3CN）：色谱纯。

3.1.2 甲酸（HCOOH）：质谱级。

3.1.3 0.1% 甲酸水溶液：取甲酸 1mL 用水稀释至 1000mL，用滤膜（3.4）过滤后备用。

3.1.4 0.1% 甲酸乙腈溶液：取甲酸 1mL 用乙腈稀释至 1000mL，用滤膜（3.4）过滤后备用。

3.2 标准品

西地那非盐酸盐、豪莫西地那非、羟基豪莫西地那非、那莫西地那非、硫代艾地那非、红地那非、那红地那非、伐地那非盐酸盐、伪伐地那非、他达拉非、氨基他达拉非标准品的中文名称、英文名称、CAS 登录号、分子式、相对分子量见附录 A 表 A.2–1–1，纯度≥98%。

3.3 标准溶液配制

3.3.1 标准储备液：分别称取西地那非盐酸盐、豪莫西地那非、羟基豪莫西地那非、那莫西地那非、硫代艾地那非、红地那非、那红地那非、伐地那非盐酸盐、伪伐地那非、他达拉非、氨基他达拉非标准品（3.2）0.1g（精确至 0.0001g），用乙腈溶解，并转移至 100mL 容量瓶中，定容至刻度，此溶液浓度为 1mg/mL。贮存于 4℃冰箱中，有效期 3 个月。

3.3.2 混合标准系列工作液：分别准确吸取西地那非盐酸盐、豪莫西地那非、羟基豪莫西地那非、那莫西地那非、硫代艾地那非、红地那非、那红地那非、伐地那非盐酸盐、伪伐地那非、他达拉非、氨基他达拉非标准储备液适量（3.3.1），用乙腈将其稀释成含量分别为 1ng/mL、2ng/mL、5ng/mL、10ng/mL、20ng/mL 的标准系列混合工作液。临用时配制。

3.4 微孔滤膜：0.22μm，有机相。

本方法中注明标准品储备液贮存于 4℃冰箱中，有效期为 3 个月。实际使用过程中应对同一浓度的标准品溶液（可选择一个高浓度及一个低浓度标准品溶液）的响应值进行记录，并与此浓度初始配制的标准品溶液的响应值进行比较，以考察标准品溶液的稳定性，根据实际比较结果判断标准品是否可用。

因不同品牌、不同型号质谱仪的化合物信号响应差异较大，故可根据仪器实际响应情况配制适当浓度的混合标准系列工作溶液，但需通过方法学验证。

4 仪器和设备

4.1 高效液相色谱–串联质谱仪：配有电喷雾离子源。

4.2 超声波清洗器。

4.3 分析天平：感量分别为 0.01g 和 0.0001g。

5 分析步骤

5.1 试样制备

准确称取 2g 试样（精确至 0.01g）于 50mL 容量瓶中，加入 40mL 乙腈，超声 30min，冷却至室温，用乙腈定容至刻度，摇匀，上清液经微孔滤膜（3.4）过滤。取续滤液 1.0mL 于 50mL 容量瓶中，用乙腈定容至刻度，供液相色谱–串联质谱仪测定。

本方法在样品的前处理过程中选择乙腈作为提取剂的原因主要有以下三个方面：

（1）方法中涉及的 11 种那非类物质均在乙腈中有较好的溶解度，溶剂提取效率高；

（2）乙腈可沉淀基质中的蛋白质，有效地降低样品的基质效应；

（3）乙腈作为提取剂的杂质干扰较少。

本方法中检测范围包括多种基质，如保健食品有片剂、胶囊剂等剂型。不同剂型间，相同称样量的情况下样品体积均不相同。在综合考虑样品的体积与提取溶剂体积的多少对样品分散均匀程度的影响，以及实际检测阳性物质中那非类物质的含量等多种因素确定样品称样量为 2g，定容体积为 50mL。

5.2 仪器参考条件

5.2.1 色谱条件

a）色谱柱：C_{18} 柱，1.8μm，100mm×2.1mm（内径），或性能相当者。

b）流动相：A 为 0.1% 甲酸水溶液（3.1.3），B 为 0.1% 甲酸乙腈溶液（3.1.4），洗脱梯度见表 2-2-1。

c）流速：0.3mL/min。

d）柱温：35℃。

e）进样量：2μL。

表 2-2-1 洗脱梯度

时间（min）	流速（L/min）	流动相 A（%）	流动相 B（%）
0	0.3	90	10
1	0.3	90	10
4	0.3	60	40
7	0.3	10	90
9	0.3	10	90
9.1	0.3	90	10
12	0.3	90	10

实验中考察了水－乙腈、10mol/L 乙酸铵溶液－乙腈、5mol/L 乙酸铵溶液－乙腈、0.1% 甲酸溶液－0.1% 甲酸乙腈流动相体系对分离效果及质谱灵敏度的影响。前三种流动相体系对部分组分的分离度较差，同分异构体不能完全分离。本方法选择的含有甲酸的流动相体系，各待测化合物峰型良好、分离度高，且各待测化合物响应好、灵敏度高。

在方法条件摸索及验证过程中曾使用 Agilent Eclipse XDB-C$_{18}$（2.1mm × 100mm，3.5μm）、Waters ACQUITY UPLC HSS T$_3$（2.1mm × 100mm，1.8μm）、Waters CORTECS T$_3$（2.1mm × 100mm，2.7μm）、Thermo Acclaim^{TM} RSLC120 C$_{18}$（2.1 × 100mm，2.2μm）、Waters ACQUITY UPLC BEH C$_{18}$（2.1mm × 100mm，1.7μm）等色谱柱，对待测化合物的分离效果及回收率等指标均尚可。在有共流出成分影响目标化合物检测时，可以适当调节流动相比例，使尽可能与干扰成分分离，减少干扰。

5.2.2 质谱条件

a）电离方式：电喷雾正离子模式。

b）检测方式：多反应检测（MRM）。

c）雾化气压力：30psi。

d）离子喷雾电压：3500V。

e）干燥气温度：330℃。

f）干燥气流速：8L/min。

g）定性离子对、定量离子、碎裂电压和碰撞能量见表 2-2-2。

表 2-2-2 那非类物质的定性离子对、定量离子、碎裂电压和碰撞能量

中文名称	母离子（m/z）	子离子（m/z）	碎裂电压（V）	碰撞能量（eV）
西地那非	475	311*；377	135	20/20
豪莫西地那非	489	113*；311	135	20/20
羟基豪莫西地那非	505	487*；377	135	20/20
那莫西地那非	460	329*；377	135	20/20
硫代艾地那非	505	393*；448	135	20/20
红地那非	467	396*；420	135	20/20
那红地那非	453	353*；406	135	20/20
伐地那非	489	151*；299	135	20/20
伪伐地那非	460	432*；377	135	20/20
他达拉非	390	268*；302	135	20/20
氨基他达拉非	391	269*；262	135	20/20

*：定量离子

本方法提供质谱条件为本实验室所使用型号的质谱仪优化出的最佳参数条件，是推荐质谱方法条件。因不同实验室所使用的仪器各不相同，如监测离子对可根据质谱的实际响应情况进行适当调整，尽量选择响应信号强且无干扰的离子对进行监测。同理，质谱参数亦可根据不同品牌质谱仪实际可达到最优灵敏度的条件进行设定。可以通过调节 Fragmentor 值、Dwell 值等参数，根据保留时间分段监测各化合物等方式提高检测灵敏度。

5.3 定性测定

按照上述条件测定试样和混合标准工作液，如果试样中的质量色谱峰保留时间与混合标准工作液中的某种组分一致（变化范围在 ±2.5% 之内）；试样中定性离子对的相对丰度与浓度相当混合标准工作液的相对丰度一致，相对丰度偏差不超过表 3 规定的范围，则可判定为试样中存在该组分。

表 2-2-3　定性确证时相对离子丰度的最大允许偏差

相对离子丰度（%）	> 50	> 20~50	> 10~20	≤10
允许的最大偏差（%）	± 20	± 25	± 30	± 50

5.4 定量测定

5.4.1 标准曲线的制作

将混合标准系列工作液（3.3.2）分别按仪器参考条件（5.2）进行测定，得到相应的标准溶液的色谱峰面积。以混合标准工作液的浓度为横坐标，以色谱峰的峰面积为纵坐标，绘制标准曲线。

5.4.2 试样溶液的测定

将试样溶液（5.1）按仪器参考条件（5.2）进行测定，得到相应的样品溶液的色谱峰面积。根据标准曲线得到待测液中组分的浓度，平行测定次数不少于两次；试样待测液响应值若低于标准曲线线性范围，应取 5.1 中试样提取续滤液进行分析；试样待测液响应值若超出标准曲线线性范围，应用乙腈稀释后进行分析。

标准品液相色谱图参见附录 B 的图 B.2-2-1 ~ 图 B.2-2-11。

如果样品基质较为复杂，基质效应严重，导致回收率偏低或偏高，在可以获得空白基质的情况下采用空白基质配制混合标准系列工作溶液，以消除基质效应。

6 分析结果的表述

结果按式 2-2-1 计算：

$$X=\frac{c\times V\times 1000}{m} \quad\cdots\cdots\cdots\cdots\cdots\cdots\cdots\cdots\cdots\cdots\cdots （2-2-1）$$

式中：

X —试样中某种组分的含量，单位为微克每千克（μg/kg）；

c —由标准曲线得出的样液中某种组分的浓度，单位为微克每毫升（μg/mL）；

V —试样溶液定容体积，单位为毫升（mL）；

m —试样称取的质量，单位为克（g）；

计算结果以重复性条件下获得的两次独立测定结果的算术平均值表示，结果保留三位有效数字。

7 精密度

在重复条件下获得的两次独立测定结果的绝对差值不得超过算术平均值的 10%。

8 其他

当称样量为 2.00g，定容体积为 50mL 时，西地那非、豪莫西地那非、羟基豪莫西地那非、那莫西地那非、伐地那非、伪伐地那非、他达拉非检出限为 2μg/kg，硫代艾地那非、红地那非、氨基他达拉非检出限为 5μg/kg，那红地那非检出限为 8μg/kg。

检出限的测定方法为：精密称取空白样品 2g（精确至 0.0001g），加入一定浓度的混合标准溶液，按照试样制备方法制备，经微孔滤膜过滤，取续滤液作为待测液。以信号和噪音的比值（S/N）考察检出限，S/N=3 的实际检测浓度为检出限。在方法的实际应用过程中，检出限受仪器型号、样品基质等因素影响，本方法给出的只是参考值，当实验室的检出限和本方法给出的检出限数值差异较大时，提示实验室检查仪器状态和操作过程。

附录 A

那非类标准品信息

表 A.2-2-1　那非类标准品的中文名称、英文名称、CAS 登录号、分子式、相对分子量

序号	中文名称	英文名称	CAS 登录号	分子式	相对分子量
1	西地那非	Sildenafil	139755-83-2	$C_{22}H_{30}N_6O_4S$	474.58
2	豪莫西地那非	HomoSildenafil	642928-07-2	$C_{23}H_{32}N_6O_4S$	488.60
3	羟基豪莫西地那非	Hydroxyhomosildenafil	139755-85-4	$C_{23}H_{32}N_6O_5S$	504.60
4	那莫西地那非	Norneosildenafil	371959-09-0	$C_{22}H_{29}N_5O_4S$	459.56
5	硫代艾地那非	Thioaildenafil	856190-47-1	$C_{23}H_{32}N_6O_3S_2$	504.24
6	红地那非	Acetildenafil	831217-01-7	$C_{25}H_{34}N_6O_3$	466.58
7	那红地那非	Noracetildenafil	949091-38-7	$C_{24}H_{32}N_6O_3$	452.55
8	伐地那非	Vardenafil	224785-91-5	$C_{23}H_{32}N_6O_4S$	488.60
9	伪伐地那非	Pseudovardenafil	224788-34-5	$C_{22}H_{29}N_5O_4S$	459.56
10	他达拉非	Tadalafil	171596-29-5	$C_{22}H_{19}N_3O_4$	389.40
11	氨基他达拉非	Aminotadalafil	385769-84-6	$C_{21}H_{18}N_4O_4$	390.39

附录 B

那非类标准品色谱图

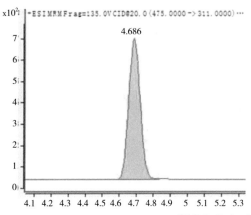
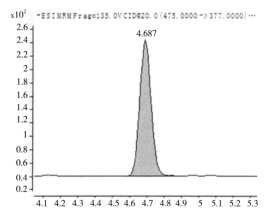

图 B.2-2-1　西地那非色谱图

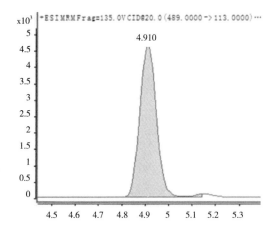
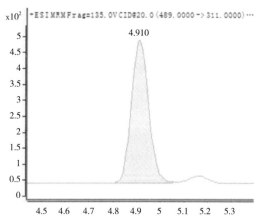

图 B.2-2-2　豪莫西地那非色谱图

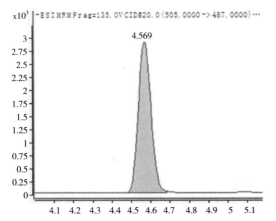

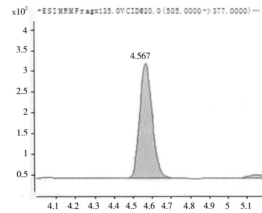

图 B.2-2-3　羟基豪莫西地那非色谱图

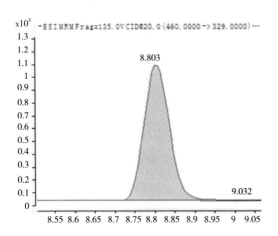

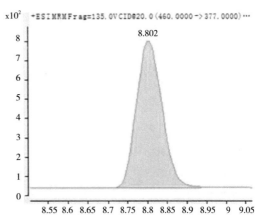

图 B.2-2-4　那莫西地那非色谱图

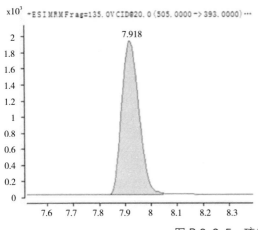

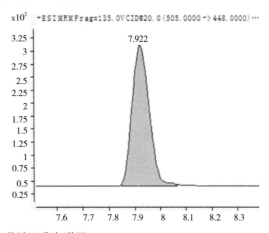

图 B.2-2-5　硫代艾地那非色谱图

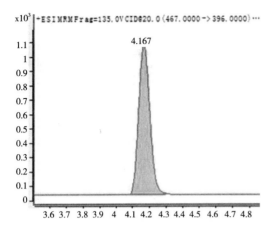
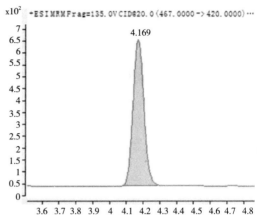

图 B.2-2-6　红地那非色谱图

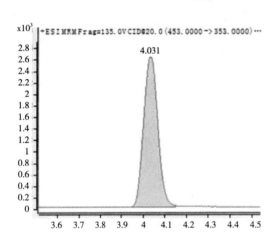
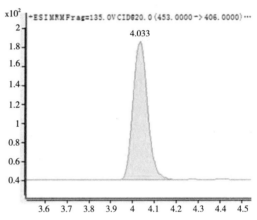

图 B.2-2-7　那红地那非色谱图

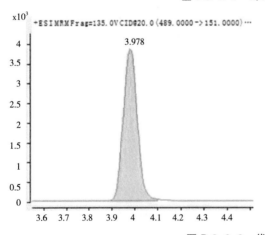
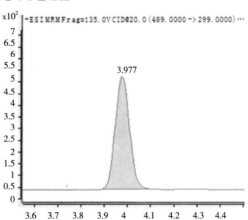

图 B.2-2-8　伐地那非色谱图

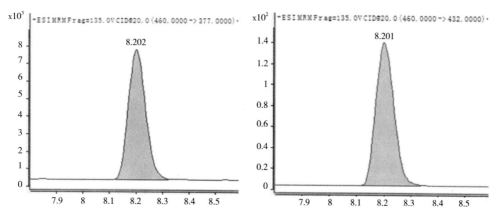

图 B.2-2-9 伪伐地那非色谱图

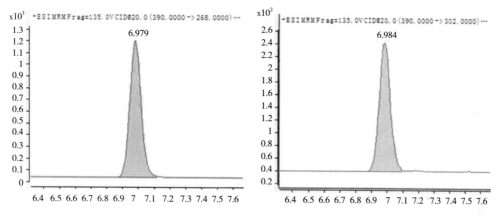

图 B.2-2-10 他达拉非色谱图

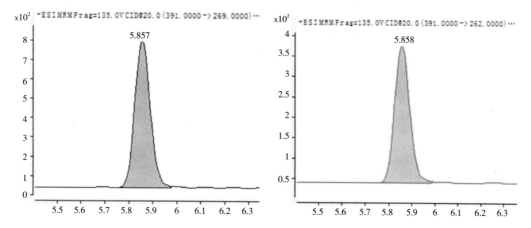

图 B.2-2-11 氨基他达拉非色谱图

第三节　常见问题释疑

1. 方法适用基质相关问题

（1）方法建立过程中是否验证了每种基质？

方法前期建立中针对适用范围中酒、咖啡、功能饮料、玛咖片、保健食品几种基质中的西地那非、豪莫西地那非、羟基豪莫西地那非、那莫西地那非、硫代艾地那非、红地那非、那红地那非、伐地那非、伪伐地那非、他达拉非、氨基他达拉非11种物质的分别进行了3个浓度的方法学验证。由于食品及保健食品的基质种类较多，方法验证的基质有限，如在实际检测过程中需扩大基质适用范围，应对本方法中的11种待测物质在该基质中的适用性进行方法学考察。如某机构针对该方法中的11种待测物质在压片糖果中进行验证，发现硫代艾地那非的回收率严重偏低。经研究发现，由于压片糖果的工艺问题，使得硫代物质的检测会受到羟基物质的影响导致回收率过低，可通过优化前处理方式等条件实现检测。所以本方法只适用于检测压片糖果中除硫代艾地那非外的10种那非类物质。此案例表明在实际使用过程如遇方法无法涵盖的情况需首先进行方法学验证后根据实际情况合理应用。

（2）如何消除复杂基质中的基质效应？

本方法前期已验证的基质是采用溶剂配制标准系列工作液测定，绘制标准曲线定量。如实际样品基质较为复杂，基质效应严重，导致回收率偏低或偏高，在可以获得空白基质的情况下采用空白基质配制混合标准系列工作溶液，以消除基质效应。

（3）已验证基质回收率情况？

本方法针对适用范围的每种基质分别在定量限、2倍定量限和10倍定量限3浓度水平进行空白基质加标试验，每个浓度测定6份样品。其中白酒中不同浓度平均加标回收率为84.6%~106.9%，平均相对标准偏差为1.1~4.5（n=6）；咖啡中不同浓度平均加标回收率为80.2%~96.7%，平均相对标准偏差为2.8~4.7（n=6）；功能饮料中不同浓度平均加标回收率为72%~110.3%，平均相对标准偏差为1.3~3.7（n=6）；玛咖片中不同浓度平均加标回收率为64%~108%，平均相对标准偏差为2.6~5.2（n=6）；胶囊类保健食品中不同浓度平均加标回收率为88%~94.1%，平均相对标准偏差为1.4~4.2（n=6）。

2. 质谱仪器参数相关问题

各检验机构所使用的高效液相－质谱联用仪的品牌各不相同，仪器的参数指标各不相同，对于方法中质谱参数部分可根据所使用的仪器实际情况适当调整方法提供的离子源参数、监测离子对等测定条件，可满足方法测定要求即可。

3. 试样溶液测定相关问题

（1）试样制备溶液如何稀释？

因实际检测过程中，不同食品基质中可能添加那非类物质的浓度不同，实际检测过程中可根据样品的浓度进行稀释。在既往的监测过程中发现某些保健食品中存在高浓度添加那非类物质的现象，因此建议样品稀释液进行逐级稀释，使样品测定液浓度在标准曲线浓度范围内以方便计算，且避免高浓度对仪器造成污染。

（2）试样测定中如何进行质量控制？

在样品溶液测定过程中要插入空白样品溶液及标准溶液（或基质标准溶液）进行质量控制。空白样品用来监测质谱仪是否存在污染的情况，防止出现假阳性结果。标准溶液用来监测质谱仪状态是否稳定，检测结果是否合理。

执笔人：金绍明　高文超

第三章

《小麦粉中硫脲的测定》
（BJS 201602）

第一节　方法概述

硫脲又称硫代尿素，主要用于药品的有机合成，也可作为染料及染色助剂、橡胶添加剂、镀金材料等。由于硫脲分子活性高，还经常被用于纺织品的漂白中。食品方面，不法商贩将其加入小麦粉中，用来改善外观和口感，牟取不正当利益。小麦粉中加入硫脲，会有增筋增白的效果，使用含有硫脲的小麦粉制作出来的面条表观光亮、略带半透明，煮熟后爽滑有弹性，口感好。早在 2003 年曾有报道我国东南沿海地区有不法分子将硫脲用于食品添加剂中，但覆盖范围很有限，近段时间市场上陆续发现含有一定量硫脲成分的食品添加剂（尤以面条粉改良剂居多），且有向全国各地蔓延的趋势。面团褐变不能完全避免是事实，引起褐变的因素很多，机理非常复杂，但主要由酶促褐变引起，引起酶促褐变的物质即小麦粉中天然存在的多酚氧化酶，抑制多酚氧化酶的活性就显得尤为重要，而硫脲不稳定的结构和本身具有的一定还原性能，可很好地抑制多酚氧化酶的活性，并能和多种有色物质加成，从而增加面团的白亮度和抑制褐变效果，在蒸煮的过程中，硫脲受热分解出二氧化硫等气体，二氧化硫是一种有毒的还原性的气体，溶于水产生的亚硫酸氢根离子能与面粉中的类胡萝卜素等有色基团加成，破坏包含羰基在内的很多双键形成的显色共轭体系，生成羟基磺酸钠，而不再显色。因此加入硫脲的改良剂可减少酶制剂以及维生素 C 等添加剂的用量。

但是硫脲被人体摄入后危害健康，有报道称，接触硫脲可能造成甲状腺肿大、慢性肝肿瘤或骨髓细胞减少等疾病，严重的会引起中枢神经麻痹以及呼吸困难和心脏功能降低甚至死亡。

硫脲不属于食品添加剂，却被不法商贩违规使用。目前，我国尚无针对硫脲的检测方法标准，相关检测监督部门和企业很难对违规使用硫脲情况进行鉴别。为了维护正常的市场秩序，保障食品质量安全，建立小麦粉中硫脲的检测方法势在必行。

第二节　方法文本及重点条目解析

1　范围

本方法规定了小麦粉中硫脲含量的高效液相色谱测定方法。

本方法适用于小麦粉中硫脲含量的测定。

根据市场调研，本方法选择了普通市售小麦粉作为基质进行研究。

2　原理

试样经提取、过滤、浓缩后，采用配有二极管阵列检测器或紫外检测器的高效液相色谱仪检测，外标法定量；阳性样品需用质谱法进行定性确认。

由于硫脲在水中溶解性较好，而且溶于极性有机溶剂，所以考虑使用极性溶剂或者水和极性溶剂的混合溶液提取。方法研究过程中，选取常用溶剂乙醇、甲醇和乙腈进行提取实验，并和水的提取效果比较。结果发现，使用纯极性溶剂提取率均达不到80%，而使用水提取效率接近100%。由于水不方便浓缩处理，所以考虑使用水和有机溶剂混合溶液提取，考虑到提取效率，采用先用水提取，后用极性有机溶剂定容的方法。在对比了80%和60%极性有机溶剂提取效果后发现，60%极性有机溶剂提取液会形成胶体，不利于固液分离；而且两种提取液提取率接近，均超过90%。通过对比80%乙腈、80%乙醇和80%甲醇的提取结果发现，三者提取效率接近，均能满足要求，所以选用毒性较小的乙醇作为定容试剂。

3　试剂和材料

注：水为 GB/T 6682 规定的一级水。

3.1 试剂

3.1.1 乙腈（CH_3CN）：色谱纯。

3.1.2 乙醇（C_2H_5OH）：分析纯。

3.1.3 乙酸铵（CH_3COONH_4）：色谱纯。

3.1.4 甲酸（HCOOH）：色谱纯。

3.2 标准品

硫脲标准样品的分子式、相对分子量、CAS 登录号见表 3-2-1，纯度≥99%。

表 3-2-1　硫脲标准样品的中文名称、英文名称、CAS 登录号、分子式、相对分子量

中文名称	英文名称	CAS 登录号	分子式	相对分子量
硫脲	Thiourea	62-56-6	CH_4N_2S	76.12

3.3 标准溶液配制

3.3.1 硫脲标准储备液：称取硫脲标准样品（3.2）0.1g（精确至 0.0001g），用水溶解，并转移至 100mL 容量瓶中，定容至刻度，此溶液浓度为 1mg/mL。贮存于 4℃冰箱中，有效期 3 个月。

3.3.2 硫脲标准系列工作液：分别准确吸取不同体积的标准储备液（3.3.1），用水将其稀释成硫脲含量分别为 0.0μg/mL、1.0μg/mL、2.0μg/mL、5.0μg/mL、10.0μg/mL、20.0μg/mL 的标准系列工作液。临用时配制。

3.4 乙酸铵水溶液（25mmol/L，含 0.15% 甲酸）：称取 1.925g 乙酸铵（3.1.3），加水溶解，加 1.5mL 甲酸（3.1.4），定容至 1000mL，经微孔滤膜（3.5）过滤，待用。

3.5 微孔滤膜：0.45μm，有机相。

4　仪器和设备

4.1 高效液相色谱仪：配有二极管阵列检测器或紫外检测器。

4.2 超声波清洗器。

4.3 涡旋混合仪。

4.4 分析天平：感量分别为 0.01g 和 0.0001g。

4.5 旋转蒸发仪。

4.6 离心机：转速≥8000r/min。

5　分析步骤

5.1 试样制备

准确称取 2g 试样（精确至 0.01g）于 25mL 具塞刻度试管中，加入 5mL 水涡旋混匀，超声 5min，加入乙醇（3.1.2）20mL，混匀，超声 20min 后，用乙醇定容

至刻度，滤纸过滤（如样品浑浊或过滤较慢时，8000r/min 离心 5min），取上层清液 10mL，旋转蒸发至干，用 2mL 流动相（5.2.2）溶液复溶，再经微孔滤膜（3.5）过滤，滤液进液相色谱仪分析。

硫脲分子量小，且高温下不稳定，旋蒸时温度不能太高；部分小麦粉样品在提取过滤后，得不到清夜，可以使用离心机进行离心澄清。

5.2 仪器参考条件

5.2.1 色谱柱：HILIC 柱，250mm×4.6mm（i.d.），5μm，或性能相当者。

5.2.2 流动相：乙腈（3.1.1）+ 水，（90+10，v/v）。

5.2.3 流速：1.0mL/min。

5.2.4 柱温：25℃。

5.2.5 检测波长：246 nm。

5.2.6 进样量：5μL。

硫脲极性较强，普通反相色谱柱，硫脲的保留时间非常短，不能达到分离分析的效果，使用 HILIC 色谱柱样品保留较好；HILIC 色谱柱平衡时间较长，检测前要充分平衡以达到最佳检测状态；HILIC 色谱柱对样品溶剂极性非常敏感，务必使用初始流动相复溶样品；本方法中色谱条件为参考条件，可根据自身色谱柱特点调节流动相。

5.3 标准曲线的制作

将标准系列工作液（3.3.2）分别按液相色谱参考条件（5.2）进行测定，得到相应的硫脲标准溶液的色谱峰面积，以标准工作液的浓度为横坐标，以色谱峰的峰面积为纵坐标，绘制标准曲线。

5.4 试样溶液的测定

将试样溶液（5.1）按液相色谱参考条件（5.2）进行测定，得到相应的样品溶液硫脲的色谱峰面积，根据标准曲线得到待测液中硫脲的浓度，平行测定次数不少于两次。

硫脲的标准液相色谱图参见附录 A 的图 A. 3-2-1。

5.5 定性确认

如果试样中的色谱峰保留时间与标准品一致，则可初步确认试样中存在被测物质硫脲，阳性试样需用质谱法进行确认试验。

通过保留时间确定有疑似目标物硫脲后，使用质谱对目标物经进行定性确认；注意确认过程中把样品稀释到适合浓度，以免对质谱仪器造成污染。

5.5.1 色谱条件

a）色谱柱：HILIC Silica 色谱柱，100mm×2.1mm（i.d.），3μm，或性能相当者。

b）流动相：流动相 A：乙腈（3.1.1），流动相 B：乙酸铵水溶液（3.4），梯度洗脱条件见表 3-2-2。

表 3-2-2　梯度洗脱条件

时间（min）	A 相 /%	B 相 /%
0	95	5
5	95	5
10	60	40
10.5	95	5
15	95	5

c）流速：0.2mL/min。

d）进样量：5μL。

e）柱温：25℃。

5.5.2 质谱条件

a）电离方式：电喷雾正离子模式。

b）检测方式：多反应检测（MRM）。

c）雾化气压力：275.8kPa。

d）干燥气温度：340℃。

e）干燥气流速：10L/min。

f）定性离子对、定量离子、碎裂电压和碰撞能量见表 3-2-3。

表 3-2-3　硫脲的定性离子对、定量离子、碎裂电压和碰撞能量

中文名称	母离子（m/z）	子离子（m/z）	碎裂电压（V）	碰撞能量（eV）
硫脲	77.1	60.0*；43.1	40	25/35

*：定量离子

质谱参数可以根据实验室的具体情况进行优化，优化过程中需要注意由于硫脲分子量小，温度、电压、碰撞能量等参数最优值较小，在低范围内优化可以得到更好结果。

5.5.3 定性判定

按照上述条件测定试样和标准工作溶液，如果试样中的质量色谱峰保留时间与标准工作溶液一致（变化范围在 ±2.5% 之内）；试样中目标化合物的两个子离子的相对丰度与浓度相当标准溶液的相对丰度一致，相对丰度偏差不超过表 3-2-4 规定的范围，则可判定为试样中存在硫脲。

表 3-2-4 定性确证时相对离子丰度的最大允许偏差

相对离子丰度（%）	> 50	> 20~50	> 10~20	≤10
允许的最大偏差（%）	± 20	± 25	± 30	± 50

本方法中母离子为加氢形式，鉴于不同仪器之间差异，根据具体情况确定母离子、定性和定量离子，但是定性判定中离子丰度需要参考本方法。

6 结果计算

试样中硫脲含量按式（3-2-1）计算：

$$X = C \times \frac{V_1 \times V_3}{V_2 \times m} \qquad\qquad （3-2-1）$$

式中：

X—试样中硫脲的含量，单位为毫克每千克（mg/kg）；

C—由标准曲线得出的样液中硫脲的浓度，单位为微克每毫升（μg/mL）；

V_1—试样提取过程中定容体积，单位为毫升（mL）；

V_2—试样提取后取上清液体积，单位为毫升（mL）；

V_3—试样浓缩后复溶体积，单位为毫升（mL）；

m—试样称取的质量，单位为克（g）；

计算结果以重复性条件下获得的两次独立测定结果的算术平均值表示，结果保留三位有效数字。

7 精密度

在重复条件下获得的两次独立测定结果的绝对差值不得超过算术平均值的10%。

8 其他

当称样量为2.00g时，本方法检出限为2mg/kg，定量限为5mg/kg。

硫脲的高效液相色谱图

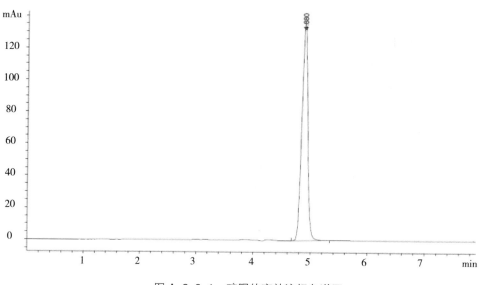

图 A. 3-2-1　硫脲的高效液相色谱图

第三节 常见问题释疑

1. 方法建立过程中不同小麦粉是否有差异？

方法随机选取了市售小麦粉作为基质进行试验，部分试样处理过程中出现提取过滤中澄清效果不同的问题，并未发现这一现象的发生规律，通过加入离心方法，可解决澄清效果不佳的问题。

2. 是否可以使用紫外扫描光谱定性？

光谱定性容易受到杂质和背景干扰，尤其在目标物浓度较低时准确度更差，所以光谱可以作为辅助定性，不能作为最后定性方法。

3. 是否可以将本方法用于小麦粉制品中？

从原理分析，本方法可以用于小麦粉制品，但是并未进行方法学验证。已有相关文献对小麦粉制品的检测进行研究，可以参考。

4. 硫脲标品稳定性如何？

硫脲在高温下容易分解，但是在较低温度下稳定性较好。标样在4℃下保存3个月，并未发现降解情况。

5. 是否可以使用质谱定量？

在没有内标的情况下质谱定量的准确性较差，而且硫脲在低量添加的情况下不能发挥效果。所以，使用液相紫外检测器定量可以满足检测需要，无需使用质谱定量。

执笔人：孙龙 吴燕涛

第四章

《食品中西布曲明等化合物的测定》（BJS 201701）

第一节　方法概述

近年来，随着饮食结构的变化，肥胖引发的疾病日益成为大众关注的焦点，随之而来的具有减肥降脂相关功效的食品和保健食品层出不穷。为了达到快速起效的目的，市场上出现了向食品和保健食品中添加减肥相关功效化学药品的不法行为。由于非法添加化学药品的种类和剂量不明，对服用者的健康和生命造成严重威胁。

常见的与减肥功效相关化学药物主要包括：刺激厌食及泻下类、中枢兴奋类、利尿类、降脂类等。刺激厌食类的代表化合物为西布曲明及其衍生物，西布曲明曾经是减肥药物，但由于其引起严重的心脑血管不良反应，在欧盟、美国和我国先后退市，目前该化合物依然检出率较高。另外，有些厂家为躲避监管，加入西布曲明新型衍生物，其不良反应无从考证，使得人体服用的危险性增加。中枢兴奋类化合物如安非他明和麻黄碱等，服用后会对中枢神经造成损伤。除此以外，利尿类、降脂类药物不明剂量的滥用均会对人体健康造成危害。

为保障食药安全，我国陆续颁布了几个保健食品中减肥相关功效化合物的检验标准，但存在检测化合物种类较少且相互交叉、基质适用范围仅局限在保健食品、方法零散检测效率低等问题，距离实际监管需求有较大差距。如：原国家食品药品监督管理局食药监办许［2010］114号文附件2- 减肥类保健食品违法添加药物的检测方法中仅检测咖啡因、呋塞米、酚酞、盐酸芬氟拉明、盐酸西布曲明5个化合物；原国家食品药品监督管理局药品检验补充检验方法和检验项目批准件（编号2012005）仅检测酚酞、西布曲明、N, N-双去甲基西布曲明和N- 单去甲基西布曲明4种化合物。

因此，本方法选取了33种减肥相关功效的化合物作为检测目标化合物，尽可能涵盖以往检测标准中的化合物、市场上常检出的化合物、常见的减肥相关功效化合物，较以往标准进一步扩展了检测化合物名单。查阅了非法添加检测有关文献报道，根据本方法需要同时实现33种化合物的定性定量测定要求，在显色法、薄层色谱法、高效液相色谱法、高效液相 – 离子阱质谱联用、超高效液相 – 串联质谱法、超高效液相 – 高分辨谱联用、液相核磁联用、酶联免疫法等技术中，选择了准确、灵敏、专属、高效的液相质谱联用技术。方法制订过程中，对代表性的食品基质类型进行了方法学研究，较以往标准扩展了基质适用范围，为食品中非法添加减肥相关功效化合物检测提供急需的检验依据。

第二节　方法文本及重点条目解析

1 范围

本方法规定了食品（含保健食品）基质中西布曲明等 33 种违法添加减肥降脂类化合物的高效液相色谱–串联质谱测定方法。

本方法适用于固体冲饮品（咖啡、奶茶、茶叶等）、饼干、液体饮品等食品（含保健食品）中 33 种减肥降脂类化合物的定性测定，必要时可参考本方法测定添加成分含量。其他低糖、低脂、低蛋白类基质可参照本方法定性检测。

含茶多酚、咖啡因等基质（如咖啡、奶茶、茶叶等）中，咖啡因不作检测，奥利司他仅作定性检测。含红曲的基质中，洛伐他汀不作检测。

本方法基质范围涵盖了市场常见的减肥类食品基质。其中，咖啡、奶茶、茶叶等基质因咖啡因为其固有成分，不作检测；又因其成分复杂，基质效应严重，奥利司他回收率较差，仅作定性检测。同样，洛伐他汀为红曲的固有成分，不作检测。

2 原理

试样经甲醇超声提取，过滤后，上清液供高效液相色谱–串联质谱测定，外标法定量。

3 试剂和材料

注：水为 GB/T 6682 规定的一级水。

3.1 乙腈：色谱纯。

3.2 甲酸：色谱纯。

3.3 甲醇（前处理）：分析纯。

3.4 0.1% 甲酸水溶液：取甲酸 1mL 用水稀释至 1000mL，用滤膜（4.2）过滤后备用。

3.5 0.1% 甲酸乙腈溶液：取甲酸 1mL 用乙腈稀释至 1000mL，用滤膜（4.2）过滤后备用。

3.6 标准品：盐酸苯丙醇胺、盐酸去甲伪麻黄碱、盐酸麻黄碱、盐酸伪麻黄碱、盐酸甲基麻黄碱、硫酸安非他明、氯噻嗪、氢氯噻嗪、盐酸甲基安非他明、咖啡因、盐酸分特拉明、盐酸氯卡色林、盐酸安非他酮、芬氟拉明、普伐他汀钠、呋塞米、盐酸 N，N– 双去甲基西布曲明、盐酸氟西汀、酚酞、盐酸 N– 单去甲基西布曲明、吲达帕胺、盐酸西布曲明、盐酸苄基西布曲明、盐酸豪莫西布曲明、比沙可啶、盐酸氯代西布曲明、苯扎贝特、布美他尼、洛伐他汀、辛伐他汀、盐酸利莫那班、非诺贝特、奥利司他。上述化合物去盐根后的中文名称、英文名称、CAS 号、分子式、相对分子质量、结构式详见附录 A，纯度均≥95%。

不同来源标准品的盐根可能不同，CAS 号不同，但不影响质谱检测。

3.7 标准储备液（500μg/mL）：分别精密称取盐酸苯丙醇胺、盐酸去甲伪麻黄碱、盐酸麻黄碱、盐酸伪麻黄碱、盐酸甲基麻黄碱、硫酸安非他明、氯噻嗪、氢氯噻嗪、盐酸甲基安非他明、咖啡因、盐酸分特拉明、盐酸氯卡色林、盐酸安非他酮、芬氟拉明、普伐他汀钠、呋塞米、盐酸 N，N– 双去甲基西布曲明、盐酸氟西汀、酚酞、盐酸 N– 单去甲基西布曲明、吲达帕胺、盐酸西布曲明、盐酸苄基西布曲明、盐酸豪莫西布曲明、比沙可啶、盐酸氯代西布曲明、苯扎贝特、布美他尼、洛伐他汀、辛伐他汀、盐酸利莫那班、非诺贝特、奥利司他（3.6）各 10mg，分别置于 20mL 容量瓶中，用甲醇溶解并稀释至刻度，摇匀，制成浓度为 500μg/mL 标准储备液，–20℃保存。

3.8 混合标准中间液 A（1μg/mL）：分别准确吸取盐酸苯丙醇胺、盐酸去甲伪麻黄碱、盐酸麻黄碱、盐酸伪麻黄碱、盐酸甲基麻黄碱、硫酸安非他明、盐酸甲基安非他明、咖啡因、盐酸分特拉明、盐酸氯卡色林、盐酸安非他酮、芬氟拉明、盐酸 N，N– 双去甲基西布曲明、盐酸氟西汀、酚酞、盐酸 N– 单去甲基西布曲明、吲达帕胺、盐酸西布曲明、盐酸苄基西布曲明、盐酸豪莫西布曲明、比沙可啶、盐酸氯代西布曲明、苯扎贝特、布美他尼、洛伐他汀、辛伐他汀、盐酸利莫那班、非诺贝特、奥利司他标准储备液（500μg/mL）（3.7）各 0.1mL，置于同一 50mL 容量瓶中，用甲醇稀释至刻度，摇匀，制成 1μg/mL 的标准使用溶液。

3.9 混合标准中间液 B（5μg/mL）：分别准确吸取氯噻嗪、氢氯噻嗪、普伐他汀钠、呋塞米标准储备液（500μg/mL）（3.7）各 1.0mL，置于同一 100mL 容量瓶中，用甲醇稀释至刻度，摇匀，制成 5μg/mL 的标准使用溶液。

混合标准中间液 A 中化合物为正离子模式采集，混合标准中间液 B 中化合物为负离子模式采集。若仪器可正负离子模式同时采集，可不分别配制。

3.10 空白基质提取液：称取空白试样适量，与样品同法处理（5.1），作为空白基质提取液。

3.11 混合标准工作溶液：分别准确吸取混合标准中间液 A（1μg/mL）（3.8）和混合标准中间液 B（5μg/mL）（3.9）适量，用甲醇稀释，摇匀，作为系列标准工作溶液 S1~S5，浓度依次为混合标准中间液 A（3.8）中各化合物 1μg/L、2μg/L、5μg/L、8μg/L、10μg/L 及混合标准中间液 B（3.9）中各化合物 5μg/L、10μg/L、25μg/L、40μg/L、50μg/L，临用新制或依仪器响应情况配制适当浓度的混合标准工作溶液。或根据需要采用空白基质提取液（3.10），配制适当浓度的基质混合标准工作溶液。

因不同品牌不同型号质谱的化合物信号响应差异较大，故可根据仪器响应情况配制适当浓度的混合标准工作溶液，但需通过方法学验证。

3.12 空白溶液：除不加试样外，均按试样同法操作，作为空白溶液。

空白溶液（3.12）用于专属性试验，空白基质提取液（3.10）用于配制基质混合标准工作溶液。

4 仪器和设备

4.1 高效液相色谱 – 串联质谱仪，配有电喷雾（ESI）离子源。

4.2 微孔滤膜：0.22μm，有机相型。

4.3 电子天平：感量分别为 0.01mg 和 0.01g。

5 分析步骤

5.1 试样制备

5.1.1 固体试样：取适量混匀，研细，称取粉末 1.0g（精确至 0.01g），精密称定，置具塞试管中，精密加入甲醇 10mL，密塞，称重，超声提取 10min，放冷，再次称重，用甲醇补足减失的重量，摇匀，用微孔滤膜（4.2）过滤，取续滤液，根据实际浓度适当稀释至线性范围内，备用。

5.1.2 液体试样：取适量摇匀，吸取 1.0mL，置具塞试管中，精密加入甲醇 9mL，密塞，称重，超声提取 10min，放冷，再次称重，用甲醇补足减失的重量，摇匀，用微孔滤膜（4.2）过滤，取续滤液，根据实际浓度适当稀释至线性范围内，备用。

参考原国家食品药品监督管理局药品检验补充检验方法和检验项目批件 2006004 中采用的是甲醇提取，考虑待测化合物极性差异大，为了同时兼顾高低极性化合物的提取效率，试样同样采用甲醇提取。综合评价回收率较高，最后采用甲醇提取方式。

5.2 仪器参考条件

5.2.1 色谱条件

a）色谱柱：Waters CORTECS T$_3$（2.1mm × 100mm，2.7μm），或性能相当者。

b）流动相：A 为含 0.1% 甲酸水溶液，B 为含 0.1% 甲酸乙腈溶液，梯度洗脱程序见表 4-2-1。

c）流速：300μL/min。

d）柱温：30℃柱。

e）进样量：1μL。

表 4-2-1　梯度洗脱程序表

时间 /min	流动相 A/%	流动相 B/%
0	95	5
5	95	5
22	2	98
27	2	98
27.5	95	5
32	95	5

由于本方法测定的化合物较多，所以不过于追求过短的采样时间，用较为缓和的流动相变化，能够发挥色谱的分离作用，尽量避免目标化合物与基质干扰成分共流出。苯丙醇胺等化合物极性较大，出峰较快，前半段以高比例水相保持延缓出峰时间，并且将两组出峰较快的同分异构体(苯丙醇胺和去甲伪麻黄碱，麻黄碱和伪麻黄碱)较好分离。非诺贝特、奥利司他等化合物非极性较强，在后半段以较高比例有机相洗脱时出峰，为尽可能减轻在

较高有机相比例洗脱时待测化合物与复杂基质中干扰化合物共流出情况，有机相比例设定为逐渐升高的过程。最终以 98% 有机相冲洗色谱柱再恢复到初始流动相比例。

验证过程中曾使用 Waters CORTECS T$_3$（2.1mm×100mm，2.7μm）、Waters ACQUITY UPLC® HSS T$_3$（2.1mm×100mm，1.8μm）、Waters XSelect® HSS T$_3$（2.1mm×100mm，2.5μm）、Waters ACQUITY UPLC HSS C$_{18}$（2.1mm×100mm，1.8μm）、Agilent Eclipse Plus C$_{18}$ RRHD（2.1mm×50mm，1.8μm）等色谱柱，对待测化合物的分离效果均尚可。在有共流出成分影响目标化合物检测时，可以适当调节流动相比例，使尽可能与干扰成分分离，减少干扰。

5.2.2 质谱条件

a）离子源：电喷雾离子源（ESI 源）。

b）扫描方式：多反应监测（MRM）。

c）干燥气、雾化气、鞘气、碰撞气等均为高纯氮气或其他合适气体，使用前应调节相应参数使质谱灵敏度达到检测要求，毛细管电压、干燥气温度、鞘气温度、鞘气流量、喷嘴电压、碰撞能量、碎裂电压等参数应优化至最佳灵敏度，监测离子对和定量离子对等信息详见附录 B。

方法提供的监测离子对等测定条件为推荐条件，各实验室可根据所配置仪器的具体情况作适当调整；在样品基质有测定干扰的情况下，可选用其他监测离子对。

为提高检测灵敏度，可根据保留时间分段监测各化合物，或使用动态多反应监测（Dynamic MRM）模式或类似模式。

5.3 定性测定

按照高效液相色谱－串联质谱条件测定试样和标准工作溶液，记录试样和标准溶液中各化合物的色谱保留时间，以相对于最强离子丰度的百分比作为定性离子对的相对丰度，记录浓度相当的试样与标准工作溶液中相应成分的相对离子丰度。当试样中检出与 33 种化合物中某标准品色谱峰保留时间一致的色谱峰（变化范围在±2.5% 之内），并且相对离子丰度允许偏差不超过表 4-2-2 规定的范围，可以确定试样中检出相应化合物。

表 4-2-2　定性确证时相对离子丰度的最大允许偏差

相对离子丰度 /%	>50	>20~50	>10~20	≤10
允许的相对偏差 /%	±20	±25	±30	±50

5.4 定量测定

5.4.1 标准曲线的制作

将混合标准工作溶液（3.11）分别按仪器参考条件（5.2）进行测定，得到相应的标准溶液的色谱峰面积。以混合标准工作溶液的浓度为横坐标，以色谱峰的峰面积为纵坐标，绘制标准曲线。

标准品提取离子色谱图参见附录 C。

5.4.2 试样溶液的测定

将试样溶液（5.1）按仪器参考条件（5.2）进行测定，得到相应的样品溶液的色谱峰面积。根据标准曲线得到待测液中组分的浓度，平行测定次数不少于两次。

如基质情况较为复杂并且可以获得空白基质（如固体冲饮品等），可采用基质混合标准工作溶液绘制标准曲线，以减少基质对测定带来的影响。

6 结果计算

将液相色谱 – 质谱测得浓度代入下式计算含量：

$$X = \frac{c \times V}{m} \times k \quad\cdots\cdots\cdots\cdots\cdots\cdots\cdots\cdots\cdots\quad (4\text{–}2\text{–}1)$$

式中：

X—试样中各待测物的含量，单位为微克每千克（µg/kg）；

c—从标准曲线中读出的供试品溶液中各待测物的浓度，单位为纳克每毫升（µg/L）；

V—样液最终定容体积，单位为毫升（mL）；

m—试样溶液所代表的质量，单位为克（g）；

K—稀释倍数；

计算结果以重复性条件下获得的两次独立测定结果的算术平均值表示，结果保留三位有效数字。

7 检测方法的灵敏度、精密度和专属性

7.1 灵敏度

当取样量为 1.0g 或 1.0mL，定容体积为 10mL 时，本方法中各化合物的测定低

限如下：

苯丙醇胺、去甲伪麻黄碱、麻黄碱、伪麻黄碱、甲基麻黄碱、安非他明、甲基安非他明、咖啡因、分特拉明、氯卡色林、安非他酮、芬氟拉明、N，N-双去甲基西布曲明、氟西汀、酚酞、N-单去甲基西布曲明、吲达帕胺、西布曲明、苄基西布曲明、豪莫西布曲明、比沙可啶、氯代西布曲明、苯扎贝特、布美他尼、洛伐他汀、辛伐他汀、利莫那班、非诺贝特、奥利司他检测限为 5μg/kg 或 5μg/L，定量限为 10μg/kg 或 10μg/L；氯噻嗪、氢氯噻嗪、普伐他汀、呋塞米检测限为 25μg/kg 或 25μg/L，定量限为 50μg/kg 或 50μg/L。

固体冲饮品（咖啡、奶茶、茶叶等）基质中，奥利司他仅作定性检测，检测限为 100μg/kg。

向空白基质中添加低含量的 33 种化合物，以能实际检出的最低含量作为检出限，以回收率符合 GB/T 27404-2008 要求的最低含量作为定量限。起草时的检出限比方法中规定的检出限更低，但考虑到方法推广时需保证多数主流仪器均达到相关灵敏度要求，本方法最终确定的检出限有适当提高。若少数低配置仪器仍无法满足要求，可通过增大仪器增益值等来提高仪器灵敏度。

7.2 精密度

在重复性条件下获得的两次独立测定结果的绝对差值不得超过算术平均值的 15%。

7.3 专属性

取空白溶液（3.12）进样测定，应无干扰。

方法学验证中的准确度实验需符合 GB/T 27404-2008 要求，对于禁用物质，应在定量限、两倍定量限和十倍定量限进行三水平加样试验，回收率范围见 GB/T 27404-2008 附录 F。多数简单基质直接使用溶剂配制标准曲线测定，即可符合要求；如基质复杂，基质效应严重，导致回收率偏差较大，可采用基质混合标准工作溶液绘制标准曲线。因本方法测定化合物较多，如个别化合物回收率达不到要求，应以针对性的色谱质谱条件单独另行实验。复杂基质中回收率要求可适当放宽。

附录 A

西布曲明等 33 种化合物相关信息

表 A.4-2-1　33 种化合物中文名称、英文名称、CAS 号、分子式、相对分子质量、结构式

序号	中文名称	英文名称	CAS 号	分子式	分子量	结构式
1	苯丙醇胺	Phenylpropanolamine	37577-28-9	$C_9H_{13}NO$	151.21	
2	去甲伪麻黄碱	Norpseudoephedrine	37577-07-4	$C_9H_{13}NO$	151.21	
3	麻黄碱	Ephedrine	299-42-3	$C_{10}H_{15}NO$	165.23	
4	伪麻黄碱	Pseudoephedrine	321-97-1	$C_{10}H_{15}NO$	165.23	
5	甲基麻黄碱	Methylephedrine	552-79-4	$C_{11}H_{17}NO$	179.26	
6	安非他明	Amphetamine	300-62-9	$C_9H_{13}N$	135.21	
7	氯噻嗪	Chlorothiazide	58-94-6	$C_7H_6ClN_3O_4S_2$	295.72	

续　表

序号	中文名称	英文名称	CAS 号	分子式	分子量	结构式
8	氢氯噻嗪	Hydrochlorothiazide	58-93-5	$C_7H_8ClN_3O_4S_2$	297.74	
9	甲基安非他明	Methylamphetamine	4846-07-5	$C_{10}H_{15}N$	149.23	
10	咖啡因	Caffeine	58-08-2	$C_8H_{10}N_4O_2$	194.19	
11	分特拉明	Phentermine	122-09-8	$C_{10}H_{15}N$	149.23	
12	氯卡色林	Lorcaserin	616202-92-7	$C_{11}H_{14}ClN$	195.69	
13	安非他酮	Bupropion	34841-39-9	$C_{13}H_{18}ClNO$	239.74	
14	芬氟拉明	Fenfluramine	458-24-2	$C_{12}H_{16}F_3N$	231.26	
15	普伐他汀	Pravastatin	81093-37-0	$C_{23}H_{36}O_7$	424.53	
16	呋塞米	Furosemide	54-31-9	$C_{12}H_{11}ClN_2O_5S$	330.74	
17	N,N-双去甲基西布曲明	N-Didesmethyl Sibutramine	84467-54-9	$C_{15}H_{22}ClN$	251.79	

序号	中文名称	英文名称	CAS 号	分子式	分子量	结构式
18	氟西汀	Fluoxetine	54910-89-3	$C_{17}H_{18}F_3NO$	309.33	
19	酚酞	Phenolphthalein	77-09-8	$C_{20}H_{14}O_4$	318.32	
20	N-单去甲基西布曲明	N-monodesmethyl sibutramine	168835-59-4	$C_{16}H_{25}ClN$	266.83	
21	吲达帕胺	Indapamide	26807-65-8	$C_{16}H_{16}ClN_3O_3S$	365.83	
22	西布曲明	Sibutramine	106650-56-0	$C_{17}H_{26}ClN$	279.85	
23	苄基西布曲明	11-Desisobutyl-11-benzyl Sibutramine	1446140-91-5	$C_{20}H_{24}ClN$	313.86	
24	豪莫西布曲明	Homosibutramine	935888-80-5	$C_{18}H_{28}ClN$	293.87	
25	比沙可啶	Bisacodyl	603-50-9	$C_{22}H_{19}NO_4$	361.39	
26	氯代西布曲明	Chloro Sibutramine	766462-77-5	$C_{17}H_{25}Cl_2N$	314.29	

续 表

序号	中文名称	英文名称	CAS 号	分子式	分子量	结构式
27	苯扎贝特	Bezafibrate	41859-67-0	$C_{19}H_{20}ClNO_4$	361.82	
28	布美他尼	Bumetanide	28395-03-1	$C_{17}H_{20}N_2O_5S$	364.42	
29	洛伐他汀	Lovastatin	75330-75-5	$C_{24}H_{36}O_5$	404.54	
30	辛伐他汀	Simvastatin	79902-63-9	$C_{25}H_{38}O_5$	418.57	
31	利莫那班	Rimonabant	168273-06-1	$C_{22}H_{21}Cl_3N_4O$	463.79	
32	非诺贝特	Fenofibrate	49562-28-9	$C_{20}H_{21}ClO_4$	360.83	
33	奥利司他	Orlistat	96829-58-2	$C_{29}H_{53}NO_5$	495.73	

附录 B

质谱参考条件

a）离子源：电喷雾离子源（ESI）。

b）检测方式：多反应监测（MRM）。

c）扫描方式：正离子模式和负离子模式。

d）毛细管电压：正离子模式，4000V；负离子模式，3500V。

e）离子源温度：200℃。

f）干燥气流量：12L/min。

g）雾化气压力：25psi。

h）鞘气温度：250℃；鞘气（N2）流量：10L/min。

i）喷嘴电压：正离子模式，500V；负离子模式，2000V。

j）其他质谱参数见表 B.4-2-1。

表 B.4-2-1　西布曲明等 33 种化合物定性、定量离子和质谱分析参数参考值

序号	化合物名称	电离方式	母离子（m/z）	子离子（m/z）	碰撞能量（V）	保留时间（min）
1	苯丙醇胺	ESI+	152.1	134.1* 117.1	9 17	2.52
2	去甲伪麻黄碱	ESI+	152.1	134.0* 117.0	9 21	2.81
3	麻黄碱	ESI+	166.1	148.0* 116.9	9 21	3.64
4	伪麻黄碱	ESI+	166.1	148.0* 117.0	9 21	3.97
5	甲基麻黄碱	ESI+	180.1	162.1* 147.0	13 25	4.50

序号	化合物名称	电离方式	母离子 （m/z）	子离子 （m/z）	碰撞能量 （V）	保留时间 （min）
6	氯噻嗪	ESI–	293.9	214.0* 178.7	37 49	4.75
7	安非他明	ESI+	136.1	91.0* 119.0	21 5	5.23
8	氢氯噻嗪	ESI–	296.0	268.8* 204.9	17 25	5.89
9	甲基安非他 明	ESI+	150.1	91.0* 119.0	29 9	6.82
10	咖啡因	ESI+	195.1	138.0* 110.1	21 29	7.46
11	分特拉明	ESI+	150.1	91.0* 133.0	17 9	7.74
12	氯卡色林	ESI+	196.1	128.9* 144.1	37 21	9.76
13	安非他酮	ESI+	240.1	184.0* 131.0	9 33	10.08
14	芬氟拉明	ESI+	232.1	158.9* 187.0	33 13	10.51
15	普伐他汀	ESI–	423.2	303.1* 321.2	17 17	11.81
16	呋塞米	ESI–	329.0	284.9* 205.0	17 25	11.98
17	吲达帕胺	ESI+	366.1	132.1* 117.1	13 53	12.38
18	酚酞	ESI+	319.1	225.1* 140.9	21 45	12.50
19	N,N– 双去甲 基西布曲明	ESI+	252.2	124.9* 138.9	33 9	12.52

序号	化合物名称	电离方式	母离子 （m/z）	子离子 （m/z）	碰撞能量 （V）	保留时间 （min）
20	氟西汀	ESI+	310.1	44.2*	13	12.68
				148.0	5	
21	N-单去甲基 西布曲明	ESI+	266.2	124.9*	29	12.69
				138.9	13	
22	比沙可啶	ESI+	362.1	183.9*	37	12.73
				226.0	17	
23	西布曲明	ESI+	280.2	124.9*	33	12.91
				138.9	13	
24	苄基西布曲 明	ESI+	314.2	91.0*	49	13.23
				124.9	25	
25	豪莫西布曲 明	ESI+	294.2	124.9*	41	13.26
				138.9	17	
26	氯代西布曲 明	ESI+	314.2	159.0*	33	13.53
				172.8	17	
27	苯扎贝特	ESI+	362.1	138.9*	33	13.82
				316.1	13	
28	布美他尼	ESI+	365.1	240.0*	21	14.01
				184.1	25	
29	洛伐他汀	ESI+	405.3	285.1*	9	17.18
				199.1	9	
30	辛伐他汀	ESI+	419.3	285.0*	9	17.97
				199.1	21	
31	利莫那班	ESI+	463.1	362.8*	37	18.04
				84.1	33	
32	非诺贝特	ESI+	361.1	233.0*	17	18.86
				138.9	33	
33	奥利司他	ESI+	496.4	319.2*	17	22.62
				337.1	9	

*定量离子对。

标准色谱图

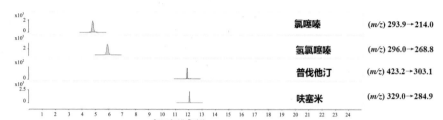

	氯噻嗪	(*m/z*) 293.9→214.0
	氢氯噻嗪	(*m/z*) 296.0→268.8
	普伐他汀	(*m/z*) 423.2→303.1
	呋塞米	(*m/z*) 329.0→284.9

图 C.4-2-1　负离子模式 4 种化合物标准品的提取离子（定量）色谱图

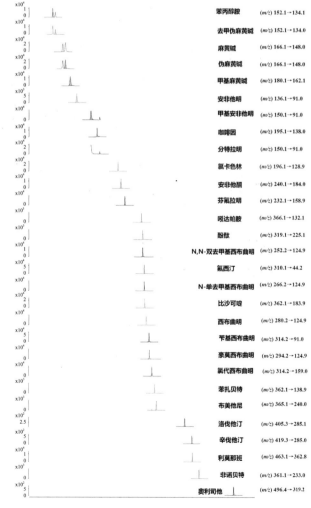

	苯丙醇胺	(*m/z*) 152.1→134.1
	去甲伪麻黄碱	(*m/z*) 152.1→134.0
	麻黄碱	(*m/z*) 166.1→148.0
	伪麻黄碱	(*m/z*) 166.1→148.0
	甲基麻黄碱	(*m/z*) 180.1→162.1
	安非他明	(*m/z*) 136.1→91.0
	甲基安非他明	(*m/z*) 150.1→91.0
	咖啡因	(*m/z*) 195.1→138.0
	分特拉明	(*m/z*) 150.1→91.0
	氯卡色林	(*m/z*) 196.1→128.9
	安非他酮	(*m/z*) 240.1→184.0
	芬氟拉明	(*m/z*) 232.1→158.9
	吲达帕胺	(*m/z*) 366.1→132.1
	酚酞	(*m/z*) 319.1→225.1
	N,N-双去甲基西布曲明	(*m/z*) 252.2→124.9
	氟西汀	(*m/z*) 310.1→44.2
	N-单去甲基西布曲明	(*m/z*) 266.2→124.9
	比沙可啶	(*m/z*) 362.1→183.9
	西布曲明	(*m/z*) 280.2→124.9
	苄基西布曲明	(*m/z*) 314.2→91.0
	羟基西布曲明	(*m/z*) 294.2→124.9
	氯代西布曲明	(*m/z*) 314.2→159.0
	苯扎贝特	(*m/z*) 362.1→138.9
	布美他尼	(*m/z*) 365.1→240.0
	洛伐他汀	(*m/z*) 405.3→285.1
	辛伐他汀	(*m/z*) 419.3→285.0
	利莫那班	(*m/z*) 463.1→362.8
	非诺贝特	(*m/z*) 361.1→233.0
	奥利司他	(*m/z*) 496.4→319.2

图 C.4-2-2　正离子模式 29 种化合物标准品的提取离子（定量）色谱图

第三节 常见问题释疑

1. 方法建立过程中是否验证了每种基质？

方法前期建立中针对适用范围中酵素梅、泡腾片、减肥胶囊、酵素饮品、代餐饼、减肥奶茶、减肥茶、咖啡粉几种基质中 33 种物质分别进行了 3 个浓度的方法学验证。由于食品的类型非常多，方法验证的基质有限，对其他低糖、低脂、低蛋白类基质也可参照本方法定性检测。

2. 为何选择该33种待测化合物？

方法起草过程中主要针对具有减肥降脂等功效的化合物进行了调研，结合参与单位前期研究基础以及课题组近年来检出化合物名单和国际上减肥药的研发使用情况，整合了 33 种化合物的名单，从化合物功效方面主要包括刺激厌食及泻下类、利尿类、降脂类三大类减肥密切相关功效，囊括了常检出化合物（如：西布曲明、酚酞、咖啡因、氟西汀等），目前国际上主要的减肥药（如：安非他明类、奥利司他、氯卡色林等）以及文献中有报道的西布曲明的衍生物（西布曲明 5 个衍生物）。按照功效分类的化合物归属情况见下表。

表 4-3-1　待测化合物按功效分类

刺激厌食及泻下类			利尿类	降脂类
西布曲明	酚酞	安非他明	布美他尼	辛伐他汀
N- 去二甲基西布曲明	比沙可啶	甲基安非他明	吲达帕胺	洛伐他汀
N- 去甲基西布曲明	利莫那班	分特拉明	氢氯噻嗪	普伐他汀
苄基西布曲明	氟西汀	苯丙醇胺	氯噻嗪	非诺贝特
氯代西布曲明	奥利司他	去甲伪麻黄碱	呋塞米	苯扎贝特
豪莫西布曲明	氯卡色林	麻黄碱		
咖啡因	芬氟拉明	伪麻黄碱		
	安非他酮	甲基麻黄碱		

3. 测定复杂基质时如何改善基质效应，获得准确定量结果？

本方法一般是采用溶剂配制标准工作溶液进行定量。如果部分样品基质复杂，基质效应严重，导致回收率严重偏低或偏高，在可以获得空白基质的情况下采用空白基质配制标准工作溶液消除基质效应。必要时可采用标准加入法等其他方式准确定量，但均应注意实际样品基质效应的影响。

另外，在满足灵敏度的前提下稀释样品；或微调流动相梯度，将待测物与共流出成分有效分离，均可改善基质效应。

4. 质谱检测的注意点

（1）应注意待测化合物的进样浓度。不同品牌不同型号质谱最佳响应浓度差异较大，且实际检测样品中待测物含量差异也较大，可根据实际情况，适当稀释样品至标准曲线范围内，避免高浓度对仪器造成污染。

（2）可根据仪器具体情况，适当调整方法提供的离子源参数、监测离子对等测定条件。在样品基质有测定干扰的情况下，可选用其他监测离子对。

（3）综合灵敏度、专属性等因素，避免假阳性或假阴性结果。

执笔人：胡青　孙健

第五章

《原料乳及液态乳中舒巴坦的测定》（BJS 201702）

第一节　方法概述

舒巴坦（Sulbactam）是不可逆的竞争性 β–内酰胺酶抑制剂，对革兰氏阳性及阴性菌（除铜绿假单胞菌外）所产生的 β–内酰胺酶均有抑制作用，与 β–内酰胺酶发生不可逆的反应后使酶失活，舒巴坦清除后酶的活性也不能得到恢复。在此种情况下，酶抑制剂作用于酶的过程中本身不可避免地遭到破坏，故称自杀性抑制剂；由于抑制酶作用随着时间的延长而增强，所以也称进行性抑制剂。

β–内酰胺酶是指能催化水解 6–氨基青霉烷酸（6–APA）和 7–氨基头孢烷酸（7–ACA）及其 N–酰基衍生物分子中 β–内酰胺环酰胺键的灭活酶。β–内酰胺酶分为染色体介导酶和耐药质粒介导酶两大类，以其水解对象的不同可分为青霉素酶、头孢菌素酶、广谱酶和超广谱酶四种。β–内酰胺酶因可以分解牛奶中残留的 β–内酰胺类抗生素，掩盖抗生素痕迹，故被列入《食品中可能违法添加的非食用物质》名单，不能在牛奶中添加。

β–内酰胺类抗生素（Beta–lactam antibiotic）（青霉素及其衍生物、头孢菌素、单酰胺环类、碳青霉烯类和青霉烯类酶抑制剂等）是治疗牛乳腺炎的首选药物，同时也是牛乳中最常见的残留抗生素。根据《无公害食品生鲜牛乳》行业标准规定，生鲜乳中不得检出抗生素。为了分解生鲜乳中残留的抗生素，市场上出现了以 β–内酰胺酶为主要成分的抗生素分解剂。近期有业内人士称，不法企业或养殖者在牛乳中添加 β–内酰胺酶抑制剂——舒巴坦以干扰 β–内酰胺酶的检测。舒巴坦（Sulbactam）作为不可逆的 β–内酰胺酶抑制剂，成为掩蔽违法添加 β–内酰胺酶的最佳选择。目前，对于舒巴坦检测方法的研究多是集中在药学和临床医学领域，比如药物制剂中的含量测定或稳定性研究以及实验动物或人体内的药代动力学研究，采用的方法多为液相色谱法或液相色谱 – 质谱法。为了预防奶农、不法商贩违规添加舒巴坦以干扰 β–内酰胺酶的检测，我们采用高效液相色谱 – 串联质谱法建立了原料乳及液态乳（酸奶除外）中舒巴坦残留量的检测方法，为加强市场监管提供了技术服务。

第二节 方法文本及重点条目解析

1 范围

本方法规定了原料乳及液态乳中舒巴坦的高效液相色谱－串联质谱测定方法。

本方法适用于原料乳及液态乳（酸奶除外）中舒巴坦的测定。

根据市场调研，本方法选择了最易添加舒巴坦的原料乳和液态乳基质进行研究。

2 原理

原料乳或液态乳用酸性水溶液超声提取，离心后上清液用固相萃取小柱净化，经液相色谱－串联质谱法测定和确证，外标法定量。

实验中对比了两种沉淀体系（①乙酸锌－亚铁氰化钾、②高氯酸、③乙酸水溶液和①乙腈、②甲醇、③酸性甲醇、④酸性乙腈）对原料乳和液态乳的提取效果。实验发现，采用乙腈作沉淀试剂，在乙腈：试样达到 1.5∶1 体积比时能获得良好的沉淀效果，但峰形较差。采用甲醇作沉淀试剂，峰形要好于乙腈系统，但需要在甲醇：试样达到 4∶1 体积比时才会有较好的沉淀蛋白效果，稀释倍数高，灵敏度受到限制。乙酸锌－亚铁氰化钾和高氯酸系统的沉淀效果良好，但检测灵敏度低。相比而言，0.2% 乙酸水溶液能获得良好的沉淀蛋白效果，而且舒巴坦在 0.2% 乙酸水溶液中的回收率高，酸性水溶液也刚好可以作为下一步固相萃取净化的待净化溶液，不用转换溶剂和调节 pH 值。

在净化过程选择上，考察了 HLB、MCX、WAX 等多种类型，最终综合考虑回收率高低、操作繁复程度以及净化成本等方面，选用 HLB 固相萃取小柱，HLB 吸附剂是由亲脂性二乙烯苯和亲水性 N– 乙烯基吡咯烷酮两种单体按一定比例聚合成的大孔共聚物，具有高吸附容量，高而稳定的回收率，即使柱床干涸也不影响回收率等优点。HLB 固相萃取小柱对极性物质也有很好的保留，在酸性环境下对舒巴坦的吸附能力较强，而且经甲醇洗脱后，可以实现接近 100% 的回收，净化液除去了大部分的基质干扰。同时甲醇洗脱液经氮吹浓缩，进一步提高了检测灵敏度。

③ 试剂和材料

注：水为 GB/T 6682 规定的一级水。

3.1 试剂

3.1.1 甲醇（CH_3OH）：色谱纯。

3.1.2 乙腈（CH_3CN）：色谱纯。

3.1.3 乙酸（CH_3COOH）：分析纯。

3.2 舒巴坦标准品

舒巴坦标准品的分子式、相对分子量、CAS 登录号见表 5-2-1，纯度≥99%。

表 5-2-1　舒巴坦标准品的中文名称、英文名称、CAS 登录号、分子式、相对分子量

中文名称	英文名称	CAS 登录号	分子式	相对分子量
舒巴坦	Sulbactam	68373-14-8	$C_8H_{11}NO_5S$	233.24

3.3 标准溶液配制

3.3.1 舒巴坦标准储备液：称取舒巴坦标准品（3.2）0.01g（精确至 0.0001g），用水溶解并定容至 100mL，标准储备液的浓度为 0.1mg/mL，贮存于 4℃冰箱中，有效期 3 个月。

3.3.2 舒巴坦标准工作液：吸取舒巴坦标准储备液（3.3.1）1.00mL 于 100mL 的容量瓶中，用水定容至刻度，配得浓度为 1.0μg/mL 的标准工作溶液，此溶液现配现用。

3.4 0.2% 乙酸水溶液：准确量取 2mL 乙酸（3.1.3），用水定容至 1000mL。

3.5 HLB 固相萃取小柱，200mg/6mL，或相当者。

3.6 微孔滤膜，0.22μm，有机相。

标准储备溶液稀释倍数超过 100 倍时需要配置标准溶液中间液，然后由中间液稀释配制标准工作溶液。标准储备液使用前应当对溶液性状和含量进行核查。

④ 仪器和设备

4.1 液相色谱 - 串联质谱仪：配有电喷雾离子源（ESI）。

4.2 超声波清洗器。

4.3 涡旋混合仪。

4.4 分析天平：感量分别为 0.01g 和 0.0001g。

4.5 氮吹仪。

4.6 离心机：转速≥8000r/min。

感量0.01g分析天平用来称量试样，感量0.0001g分析天平用来称量标准物质。

5 分析步骤

5.1 试样制备

5.1.1 提取

称取试样5g（精确至0.01g），至25mL比色管中，加入15mL 0.2%乙酸水溶液（3.4），涡旋30s，超声提取20min，用0.2%乙酸水溶液（3.4）定容至25mL，涡旋混匀，转移至50mL离心管内，8000r/min离心10min，取上清液待净化。

5.1.2 净化

HLB固相萃取小柱（3.5）预先用5mL甲醇（3.1.1）和5mL0.2%乙酸水溶液（3.4）进行活化，取10mL离心上清液（5.1.1）流经小柱，待上清液自然流尽后，用5mL0.2%乙酸水溶液（3.4）淋洗，用吸耳球吹出小柱中残留液体，加5mL甲醇（3.1.1）洗脱，收集洗脱液，采用氮气将洗脱液缓慢吹干，准确吸取2mL水溶解残渣，经0.22μm滤膜（3.6）过滤作为测定液，用液相色谱－串联质谱仪测定。

5.2 空白试验

除不加试样外，均按5.1测定步骤进行。

根据试样中舒巴坦的含量，试样称量质量和最终的定容体积可以根据实际情况做出适当的调整，使测定液中舒巴坦的浓度与标准曲线浓度范围相匹配。空白实验是为了排除使用试剂中可能带入的和仪器系统中可能残留的污染，进一步提高检测的可靠性和稳定性。

5.3 仪器参考条件

5.3.1 液相色谱分离条件

a）色谱柱：C_{18}色谱柱，50mm×4.6mm（i.d.），1.8μm，或性能相当者。

b）流动相：A：水，B：乙腈（3.1.2），梯度洗脱条件见表5-2-2。

c）柱温：25℃。

d）流速：0.3mL/min。

e）进样量：20μL。

表 5-2-2　梯度洗脱表

时间（min）	流动相 A（%）	流动相 B（%）	流速（mL/min）
0.0	95	5	0.3
1.0	95	5	0.3
3.0	5	95	0.3
5.0	5	95	0.3
5.1	95	5	0.3
8.0	95	5	0.3

不同的 C_{18} 色谱柱在分离性能上可能存在差异，造成峰型变差，在满足准确定性和定量，能够达到检出限和定量限的情况下，可以在流动相中适当添加甲酸、乙酸铵等试剂。

5.3.2 质谱参考条件

a）离子源：电喷雾离子源（ESI）。

b）扫描方式：负离子扫描。

c）干燥气：氮气，温度 350℃，流速 10L/min。

d）雾化器：氮气，压力 40 psi。

e）毛细管电压：4000V。

f）检测方式：多反应监测（MRM）。

g）质谱参数见表 5-2-3。

表 5-2-3　舒巴坦的质谱参数

化合物	定性离子对 m/z	定量离子对 m/z	裂解电压 V	碰撞能量 eV
舒巴坦	232.1>140.1 232.1>64.0	232.1>140.1	70	4 30

质谱参数是在安捷伦 6410 三重四极杆质谱仪上获的，不同的仪器，具体参数可能存在差异，实验中可根据实际仪器情况做出调整，以满足实验要求。

5.4 标准曲线的制作

取空白试样按照 5.1 步骤制备空白基质溶液，将标准工作溶液（3.3.2）用空白基质溶液逐级稀释得到所需浓度系列的标准溶液，按浓度从低到高依次经液相色谱 – 串联质谱测定，以定量离子的峰面积为纵坐标，以标准溶液的浓度为横坐标，得标准工作曲线。

舒巴坦的 LC–MS/MS 多反应监测质量色谱图参见附录 A 中的图 A.5–2–1。

5.5 定性测定

在相同试验条件下，试样中待测物质的保留时间与标准溶液中对应的保留时间偏差在 ±2.5% 之内；且试样中定性、定量离子的相对丰度比与浓度接近的标准溶液中对应的定性、定量离子的相对丰度比进行比较，若偏差不超过表 5–2–4 规定的范围，可判定为试样中含有对应的待测物。

表 5–2–4　定性确证时相对离子丰度的最大允许偏差

相对丰度（%）	> 50	> 20~50	> 10~20	≤10
允许偏差（%）	± 20	± 25	± 30	± 50

5.6 定量测定

本方法采用外标标准曲线法定量。以不同浓度的标准溶液浓度为横坐标，对应的峰面积为纵坐标，作标准曲线线性回归方程，以试样的峰面积与标准曲线比较定量。待测物的响应值均应在线性范围内。

不同来源的试样可能存在差异，基质空白溶液应当尽量采用同一来源的空白试样制备，当同一来源空白试样无法获得时，推荐使用标准加入法扣除本底后制作标准曲线。

6 结果计算

试样中舒巴坦的含量由色谱数据处理软件或按式（5–2–1）计算获得：

$$X = \frac{c \times V \times f}{m} \quad\cdots\cdots\cdots\cdots\cdots\cdots\cdots\cdots\cdots\cdots\cdots\cdots（5–2–1）$$

式中：

X—— 试样中舒巴坦的含量，单位为微克每千克（μg/kg）；

C—— 试样中舒巴坦峰面积对应的浓度，单位为纳克每毫升（ng/mL）；

V—— 试样定容体积，单位为毫升（mL）；

m—— 试样的质量，单位为克（g）；

f—— 稀释倍数；

计算结果保留三位有效数字。

7 精密度

在重复性条件下获得的两次独立测定结果的绝对差值不得超过算术平均值的15%。

8 其他

本方法对原料乳和液态乳（酸奶除外）中舒巴坦的检测限为 0.3μg/kg，定量限为 1.0μg/kg。

检测限和定量限是在安捷伦 6410 三重四极杆质谱仪上测得，实际检测中检测限和定量限可能有差异，但应当适当调整稀释倍数，达到本方法规定的检测限和定量限为宜。

舒巴坦标准溶液 LC-MS/MS 多反应监测质量色谱图

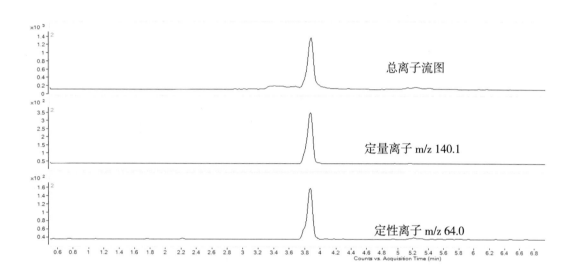

图 A. 5-2-1　舒巴坦标准溶液 LC-MS/MS 多反应监测质量色谱图

　　附录 A 所示色谱图只表示在方法建立过程中所使用仪器和标准物质情况下获得的色谱图，具有一定的参考价值，不具有普遍的指导意义。

第三节 常见问题释疑

1. 方法建立过程中是否验证了每种基质？

方法前期建立中针对适用范围中原料乳和液体乳等几种基质中的舒巴坦分别进行了 3 个浓度的方法学验证。在方法的验证阶段，邀请了大连市食品检验所、山东省食品药品检验研究院、辽宁省食品检验检测院、广州质量监督检测研究院、中国检验检疫科学研究院综合检测中心 5 家实验室进行了方法验证工作。

2. 质谱参数是否可根据实际机器情况进行修改？

因各检验机构所使用的高效液相 – 质谱联用仪的品牌各不相同，仪器的参数指标各不相同，对于仪器参数部分可根据所使用的仪器实际情况进行测定，可满足方法要求即可。

3. 试样制备稀释倍数问题？

因实际检测过程中不同的试样中舒巴坦的浓度可能存在比较大的差异，实际检测过程中可根据试样中的浓度对称样量和最终定容体积进行适当的调整，使试样测定液中舒巴坦浓度在标准曲线浓度范围内以方便计算，且不宜造成因浓度过高对质谱仪的污染。需要注意的是用来配制基质标准曲线的基质空白提取液也需要同时进行一样的调整。

4. 试样提取液净化过程使用固相萃取柱型号问题？

在固相萃取小柱的选择上，考察了 HLB、MCX、WAX 等多种类型，最终综合考虑回收率高低、操作繁复程度，以及净化成本等方面，选用了 HLB 固相萃取小柱，HLB 具有高吸附容量，高而稳定的回收率，即使柱床干涸也不影响回收率等特点。HLB 固相萃取小柱对极性物质也有很好的保留，在酸性环境下对舒巴坦的吸附能力较强，而且经甲醇洗脱后，可以实现接近 100% 的回收。在实际的检测过程中优先推荐使用。

5. 试样分离过程中使用色谱柱选择型号的问题？

舒巴坦的极性较大，在反相色谱柱上的保留较弱，比较多种色谱柱（BEH-C$_{18}$、BEH-HILIC、SILICA-HILIC、MG Ⅲ、SB-C$_{18}$、XDB-C$_{18}$ 等）后，综合考虑分离度和保留时间等因素最终选择了 ZORBAX SB C$_{18}$ 色谱柱，50mm × 4.6mm（i.d.），1.8μm（图 5-3-1）。

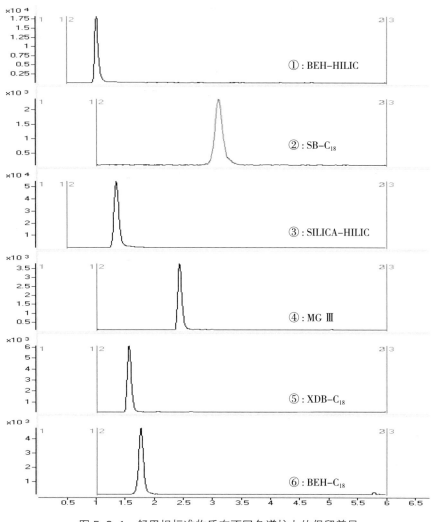

图 5-3-1　舒巴坦标准物质在不同色谱柱上的保留差异

6. 舒巴坦定量离子,定性离子选择的有关问题?

采用直接进样方式将标准工作溶液注入电喷雾离子源中，在负离子检测方式下进行母离子全扫描，得到化合物的准分子离子（m/z 232.1）；以准分子离子峰为母离子，进行二级质谱扫描，得到碎片离子信息；对碎片离子进行筛选发现丰度最高的三个子离子依次为 m/z 188.0、m/z 140.1 和 m/z 64.0。对三个离子继续考察，发现 m/z 188.0 离子在空白样品中有一定的响应值（图 5-3-2），会对检测构成干扰；而 m/z 140.1、m/z 64.0 两个离子在空白样品中没有响应，满足质谱定性定量要求，最终选定 m/z 140.1 作为定量离子，m/z 64.0 作为定性离子。

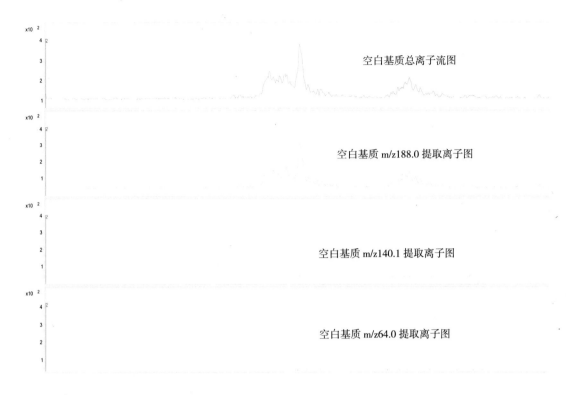

空白基质总离子流图

空白基质 m/z188.0 提取离子图

空白基质 m/z140.1 提取离子图

空白基质 m/z64.0 提取离子图

图 5-3-2　空白样品 m/z188.0，m/z140.1，m/z64.0 离子色谱图

执笔人：史海良　赵丽

第六章

《豆芽中植物生长调节剂的测定》
（BJS 201703）

第一节　方法概述

植物生长调节剂（plant growth regulators，PGRs）是用于调节植物生长发育的一类农药，能够缩短水果、蔬菜的成熟期，增强作物抗逆性，提高产量和改良品质，是农业现代化的重要措施之一。但近年来植物生长调节剂在豆芽中的滥用及使用不当等问题受到广泛关注。植物生长调节剂与传统农药一样，也具有一定毒性。例如，2，4-二氯苯氧乙酸（2，4-D）具有急性神经毒性，对肾脏有损害。超量使用植物生长调节剂，可引起人畜的急、慢性中毒，导致疾病发生。2014年农业部发布《农业部办公厅关于豆芽制发有关问题的函》（农办农函［2014］13号）中明确不受理植物生长调节剂在豆芽制发中登记。2015年4月国家食品药品监督管理总局、农业部和国家卫生计生委联合发布了关于豆芽生产过程中禁止使用6-苄基腺嘌呤等物质的公告（2015第11号），明确规定豆芽生产和经营过程中禁止使用6-苄基腺嘌呤、4-氯苯氧乙酸钠、赤霉素等植物生长调节剂。

当前，我国有关植物生长调节剂的多残留检测方法和相关限量标准的基础研究还比较匮乏，多组分植物生长调节剂的国家检测标准尚未建立。由于植物生长调节剂化学结构和性质各异，待测组分复杂，残留水平较低，因此，需要选择更为灵敏的检测技术和更有效的前处理方法进行多组分植物生长调节剂的同时测定。

目前，国内外关于植物生长调节剂的检测方法主要采用酶联免疫法、毛细管电泳法、气相色谱法、气相色谱－质谱法、液相色谱法、离子色谱法、液相色谱－质谱法等。酶联免疫法易产生假阳性，不能同时分析多种待测物；毛细管电泳法重现性较差；气相色谱法和气相色谱－质谱法前处理较繁琐，常需要衍生化，重复性差；液相色谱法灵敏度低，选择性差，基质干扰大；离子色谱法灵敏度较低。高效液相色谱－串联质谱法（HPLC-MS/MS）灵敏度高、专属性强，不仅可以满足复杂基质的痕量检测要求，还能实现对多种植物生长调节剂的同时测定和结构确证。但国内外关于液相色谱－质谱法测定植物生长调节剂的标准和文献报道所涉及的化合物种类较少，难以满足食品安全监测工作的需要。

本方法基于化合物的化学特性，综合考虑成本、环保、快速等因素，采用QuEChERS前处理技术，建立了通用性强、重复性好的前处理方法；选择专属性强的HPLC-MS/MS作为分析手段，考察确定质谱和液相色谱分析条件，建立了分离效果良好的HPLC-MS/MS检测方法，最终形成了一个适用范围广、灵敏度高、检验结果准确可靠的检测方法，可同时测定11种植物生长调节剂，为豆芽中植物生长调节剂的检测提供有力的技术支撑。

第二节　方法文本及重点条目解析

1　范围

本方法规定了豆芽中 11 种植物生长调节剂的高效液相色谱－串联质谱测定方法。

本方法适用于豆芽中 6- 苄基腺嘌呤、4- 氯苯氧乙酸、赤霉素、吲哚乙酸、吲哚丁酸、2，4- 二氯苯氧乙酸、4- 氟苯氧乙酸、异戊烯腺嘌呤、氯吡脲、多效唑和噻苯隆的检测。

本方法根据豆芽中植物生长调节剂机理和残留量安全性的研究、法规中重点关注的植物生长调节剂以及技术适用性等方面，确立了研究对象为 6- 苄基腺嘌呤、4- 氯苯氧乙酸、赤霉素、吲哚乙酸、吲哚丁酸、2，4- 二氯苯氧乙酸（2，4-D）、4- 氟苯氧乙酸、异戊烯腺嘌呤、氯吡脲、多效唑、噻苯隆。上述 11 种植物生长调节剂覆盖了豆芽生产中大部分可能使用的植物生长调节剂的种类。其中多效唑为延缓剂，其余 10 种植物生长调节剂均为生长促进剂，均有可能在豆芽生产过程中滥用。

2　原理

试样经含 1% 甲酸的乙腈溶液匀浆提取，脱水，离心后，上清液经分散固相萃取净化，用高效液相色谱－串联质谱测定，外标法定量。

本方法结合化合物的化学特性，综合考虑成本、环保、效率等因素，采用 QuEChERS 作为前处理方法，高效、快速、简便完成方法的提取和净化。

3　试剂和材料

除另有规定外，本方法所用试剂均为分析纯，水为 GB/T 6682 规定的一级水。

3.1 试剂

3.1.1 甲醇：色谱纯。

3.1.2 乙腈：色谱纯。

3.1.3 甲酸：色谱纯。

3.1.4 乙酸铵：色谱纯。

3.1.5 无水硫酸镁。

3.1.6 无水乙酸钠。

3.1.7 十八烷基键合硅胶吸附剂（C18）：粒径范围为 40~60μm。

3.2 试剂配制

3.2.1 含 1% 甲酸的乙腈溶液：量取 10mL 甲酸，加乙腈稀释至 1000mL，混匀。

3.2.2 含 0.1% 甲酸的 5mmol/L 乙酸铵溶液：称取 0.3854g 乙酸铵，用水溶解并稀释至 1000mL，加入 1mL 甲酸，混匀。

3.3 标准品

6- 苄基腺嘌呤、4- 氯苯氧乙酸、赤霉素、吲哚乙酸、吲哚丁酸、2，4- 二氯苯氧乙酸、4- 氟苯氧乙酸、异戊烯腺嘌呤、氯吡脲、多效唑、噻苯隆标准品，纯度均≥90%。标准品的中文名称、英文名称、CAS 登录号、分子式、相对分子质量详见附录 A 中的表 A.6-2-1。

3.4 标准溶液的配制

3.4.1 植物生长调节剂标准储备液（1mg/mL）：精密称取 6- 苄基腺嘌呤、4- 氯苯氧乙酸、赤霉素、吲哚乙酸、吲哚丁酸、2，4- 二氯苯氧乙酸、4- 氟苯氧乙酸、异戊烯腺嘌呤、氯吡脲、多效唑、噻苯隆标准品（3.3）各 10mg，分别置于 10mL 容量瓶中，用甲醇溶解并稀释至刻度，摇匀，制成浓度各为 1mg/mL 标准贮备液，-20℃保存。

3.4.2 混合标准中间液 A（10μg/mL）：分别精密量取 11 种植物生长调节剂标准储备液（1mg/mL）（3.4.1）各 1mL，置于同一 100mL 容量瓶中，用甲醇稀释至刻度，摇匀，制成浓度均为 10μg/mL 的混合标准中间液 A。

3.4.3 混合标准中间液 B（1μg/mL）：精密量取混合标准中间液 A（10μg/mL）（3.4.2）1mL，置于 10mL 容量瓶中，用甲醇稀释至刻度，摇匀，制成浓度均为 1μg/mL 的混合标准中间液 B。

3.4.4 空白基质提取液：称取空白试样各 10.0g（精确至 0.01g），分别置于 50mL 具塞离心管中，自"加入 20mL 含 1% 甲酸的乙腈溶液"起与样品同法处理（6.1 和 6.2），作为空白基质提取液。

3.4.5 基质混合标准工作溶液：分别精密量取混合标准中间液 B（1μg/mL）（3.4.3）0μL、10μL、20μL 和 40μL，及混合标准中间液 A（10μg/mL）（3.4.2）10μL、15μL 和 20μL，用空白基质提取液（3.4.4）定容至 1.0mL，作为基质混合标准工作溶液 S0、S1-S6。浓度依次为 0ng/mL、10ng/mL、20ng/mL、40ng/mL、100ng/mL、

150ng/mL 和 200ng/mL，或依需要配制适当浓度的基质混合标准工作溶液。临用新制。

豆芽基质对植物生长调节剂的测定具有电离抑制作用，为提高目标分析物测定的准确性，本方法采用空白基质提取液配制系列标准工作溶液以消除基质效应。由于市售豆芽多含有植物生长调节剂，需进行大量样本的筛选选择空白豆芽样品。或从市场购买优质黄豆、绿豆和豌豆，于实验室避光培养 4~6 天发制黄豆芽、绿豆芽和豌豆芽，作为空白豆芽样品。

4 仪器和设备

4.1 高效液相色谱–串联质谱仪，配有电喷雾离子源（ESI 源）。

4.2 涡旋混合器。

4.3 离心机：转速≥10000r/min。

4.4 电子天平：感量分别为 0.01mg 和 0.01g。

4.5 氮吹浓缩仪。

4.6 高速匀浆机。

4.7 具塞离心管：50mL 和 15mL。

4.8 QuEChERS 离心管：内含 300mg 无水硫酸镁和 100mg C18。

4.9 微孔滤膜：孔径为 0.22μm 有机相型微孔滤膜。

QuEChERS 吸附剂可选用商品化的 QuEChERS 净化管，或是按方法要求分别称取各净化成分，作为净化吸附剂。

5 试样制备与保存

将豆芽切碎后用组织粉碎机充分粉碎混匀，均分成两份，作为试样和留样，分别装入洁净容器中，密封并标记，于 –18℃保存。

6 测定步骤

6.1 提取

准确称取 10.0g（精确至 0.01g）试样置于 50mL 具塞离心管（4.7）中，加入 20mL 含 1% 甲酸的乙腈溶液（3.2.1），高速匀浆 2min，加入 4g 无水硫酸镁（3.1.5）

和 1g 无水乙酸钠（3.1.6），立即涡旋混合 1min，以 10000r/min 离心 5min 使乙腈和水相分层。

6.2 净化

精密量取上层乙腈溶液 4mL 置于 QuEChERS 离心管（含 300mg 无水硫酸镁和 100mg C18）（4.8）中，涡旋混合 2min，以 14000r/min 离心 5min，移取全部上清液于 15mL 离心管（4.7）中，于 45℃水浴中氮吹至近干，用甲醇定容至 1mL，涡旋混匀 1min，以 14000r/min 离心 5min，上清液经 0.22μm 有机相滤膜（4.9）过滤后，取续滤液供高效液相色谱－串联质谱测定。

QuEChERS 方法主要包括提取、分配和净化 3 部分。11 种植物生长调节剂在水中溶解性均较小，因此，本方法采用有机溶剂作为提取溶剂。以甲醇、乙腈、1% 甲酸乙腈、1% 甲酸甲醇、5% 甲酸乙腈为提取溶剂，每组提取溶剂平行操作 3 份，考察 5 种提取溶剂的提取效果。当提取溶剂为含 1% 甲酸的乙腈溶液时 11 种植物生长调节剂的回收率均大于 75%，优于其他 4 种提取溶剂，这是由于酸性条件抑制了植物生长调节剂中羧基的电离，从而增加其在乙腈中的溶解度。同时与甲醇相比，试样经乙腈提取后干扰物质较少。因此，本方法选择用含 1% 甲酸的乙腈溶液作为提取溶剂。

分配步骤中加入的盐可以促使有机相与水相分层，降低待测物在水相中的溶解度，并除去提取液中的水分。方法考察了未加入缓冲盐（4g MgSO₄、1g NaCl）和加入乙酸钠缓冲盐（4g MgSO₄、1g NaAc）的 2 种提取方法对提取效果的影响。结果表明，加入缓冲盐的方法可提高易受 pH 值影响化合物的提取效率，减少不稳定酸性（如赤霉素和 4- 氟苯氧乙酸）植物生长调节剂的降解，可使豆芽基质中样品提取液处于 pH 为 5~5.5 的平衡缓冲状态，使大部分遇酸和遇碱不稳定的植物生长调节剂保持稳定，获得较高回收率。因此，本方法选择在提取过程中加入缓冲盐的方法。

在分配步骤中，当豆芽样品加入无水硫酸镁时，可能会有发热和产生气体的现象出现，建议振摇一段时间后间断地打开离心管放气后继续振摇和后续操作。对于含水量大的豆芽样品，宜先将缓冲盐（4g 无水硫酸镁和 1g 无水乙酸钠）与提取溶剂混合后，再倒入已经高速匀浆的豆芽样品管中，继续后续操作，防止样品与无水硫酸镁产生结块影响提取效率。

与传统的固相萃取方法不同，QuEChERS 技术是将适量的吸附剂直接作用于提取液中以除去样品提取液中大部分杂质。常用的吸附剂材料有 C18、石墨化炭黑（GCB）和 N- 丙基乙二胺（PSA），其中 PSA 可消除样品中的糖、脂肪酸和有机酸的干扰，但对含有羧基的化合物会产生一定的吸附作用，GCB 可有效去除提取液中的色素，C18 对非极性物质有较强的吸附作用。以 $MgSO_4$+PSA、$MgSO_4$+C18、$MgSO_4$+GCB 和 $MgSO_4$+PSA+GCB 4 组吸附剂作为净化剂，每组净化剂平行操作 3 份，考察吸附剂的净化效果。结果表明，C18+$MgSO_4$ 净化剂能有效地去除样品中基质杂质，11 种植物生长调节剂的回收率较高，而 $MgSO_4$+PSA、$MgSO_4$+GCB 和 $MgSO_4$+PSA+GCB 作为吸附剂时，含羧基的植物生长调节剂（如赤霉素、2，4–D、4–氯苯氧乙酸、1–萘乙酸和吲哚 –3– 丁酸）和具有平面结构的植物生长调节剂（如噻苯隆、氯吡脲和异戊烯腺嘌呤）回收率明显降低，表明对其有一定的保留。综合考虑，本方法选取 $MgSO_4$+C18 作为净化剂。

6.3 色谱测定

6.3.1 液相色谱 – 串联质谱检测

6.3.1.1 液相色谱条件

a）色谱柱：C_{18} 柱，100mm×3.0mm，粒径 2.7μm，或性能相当者。

本方法对比了 Waters Xbridge C_{18}（2.1mm×150mm，3.5μm）、Waters Atlantis C_{18}（2.1mm×150mm，3μm）、Agilent XDB C_{18}（4.6mm×150mm，5μm）和 Agilent Poroshell 120 EC–C_{18}（3.0mm×100mm，2.7μm）等色谱柱对待测化合物的分离效果。综合考虑各待测化合物的峰形、响应和分离度，最终选取 Agilent Poroshell 120 EC–C_{18} 色谱柱来分析待测物。本方法的 5 家验证单位分别采用 Waters Atlantis T_3（2.0mm×100mm，5μm）、Waters Acquity HSS T_3（2.1mm×100mm，1.8μm）和 Waters Acquity BEH C_{18}（100mm×2.1mm，1.7μm）等不同品牌型号色谱柱对方法进行验证，方法适用性均满足要求。

b）流动相：A 为含 0.1% 甲酸的 5mmol/L 乙酸铵溶液（3.2.2），B 为甲醇。梯度洗脱程序见表 6–2–1。

c）流速：300μL/min。

d）柱温：35℃。

e）进样量：5μL。

表 6-2-1　梯度洗脱程序

时间（min）	流动相 A（%）	流动相 B（%）
Initial	95	5
3.00	95	5

时间（min）	流动相 A（%）	流动相 B（%）
3.10	90	10
19.00	20	80
21.00	20	80
21.10	95	5
24.00	95	5

本方法考察了甲醇、乙腈作为有机相和不同浓度的甲酸溶液、不同浓度的乙酸铵溶液和含有不同浓度的甲酸的乙酸铵溶液作为水相时，不同流动相组成对待侧化合物峰形及离子化效率的影响。结果表明，当甲醇作为流动相时，各待测化合物响应好，灵敏度高，离子化效率优于乙腈，故采用甲醇作为有机相。分别考察 2mmol/L 乙酸铵、5mmol/L 乙酸铵和 10mmol/L 乙酸铵作为水相时对待测物的影响，结果表明水相中含乙酸铵时，可显著改善各待测化合物的峰形，并且乙酸铵的浓度变化对结果影响不大。另外，考察了含 0.05% 甲酸溶液、0.1% 甲酸溶液、0.2% 甲酸溶液作为水相时对待测物的影响，结果表明一定比例的甲酸可有效改善各待测化合物的峰形，提高分离度，以及提高部分化合物的响应。不同的甲酸浓度会对结果产生影响，当水相中含有过高浓度的甲酸时会对化合物响应产生抑制作用，浓度过低的甲酸改善峰形和分离度不明显。故本方法确定以含甲酸的乙酸铵溶液作为水相，并进一步摸索确定了水相中甲酸和乙酸铵的比例，当采用含 0.1% 甲酸的 5mmol/L 乙酸铵溶液作为水相时，可以增加目标化合物的保留、提高分离度，并改善峰形。因此，本方法采用甲醇 – 含 0.1% 甲酸的 5mmol/L 乙酸铵溶液作为流动相进行梯度洗脱。

6.3.1.2 质谱条件

a）离子源：电喷雾离子源（ESI 源）。

b）检测方式：多反应监测（MRM）。

c）扫描方式：6- 苄基腺嘌呤、4- 氯苯氧乙酸、赤霉素、2，4- 二氯苯氧乙酸、4- 氟苯氧乙酸、异戊烯腺嘌呤、氯吡脲、噻苯隆采用负离子模式扫描；吲哚乙酸、吲哚丁酸、多效唑采用正离子模式扫描。

d）雾化气（GS1）、气帘气（CUR）、辅助气（GS2）、碰撞气（CAD）均为高纯氮气或其他合适气体，使用前应调节相应参数使质谱灵敏度达到检测要求，参考条件详见附录 B。

e）电喷雾电压（IS）、碰撞电压（CE）、去簇电压（DP）、碰撞室入口电压（EP）、碰撞室出口电压（CXP）等参数使用前应优化至最佳灵敏度，监测离子对和定量离子对等信息详见附录 B 中的表 B.6-2-1 和表 B.6-2-2。

11 种植物生长调节剂的电喷雾离子化效果均较好，故质谱采用电喷雾离子源。6-苄基腺嘌呤、氯吡脲、异戊烯腺嘌呤、噻苯隆、吲哚丁酸、吲哚乙酸在正、负离子模式下均有较强响应，综合考虑各待测化合物的灵敏度和基质干扰程度，6-苄基腺嘌呤、氯吡脲、异戊烯腺嘌呤、噻苯隆选用负离子模式扫描，吲哚丁酸、吲哚乙酸选用正离子模式扫描。赤霉素、2，4-D、4-氯苯氧乙酸、4-氟苯氧乙酸仅在负离子模式下有响应，多效唑仅在正离子模式下有响应，故赤霉素、2，4-D、4-氯苯氧乙酸、4-氟苯氧乙酸选用负离子模式扫描，多效唑选用正离子模式扫描。

6.3.2 标准工作曲线制作

将基质混合标准工作溶液（3.4.5）按仪器参考条件（6.3.1）进行测定。以基质混合标准工作溶液的浓度为横坐标，以峰面积为纵坐标绘制标准工作曲线。

6.3.3 定性测定

在相同试验条件下测定试样和基质混合标准工作溶液，记录试样和标准工作溶液中植物生长调节剂的色谱保留时间，以相对于最强离子丰度的百分比作为定性离子的相对离子丰度。若试样中检出与基质混合标准溶液（3.4.5）中植物生长调节剂保留时间一致的色谱峰，且其定性离子与浓度相当的标准溶液中相应的定性离子的相对丰度相比，偏差不超过表 6-2-2 规定的范围，则可以确定试样中检出相应植物生长调节剂。

表 6-2-2　定性确证时相对离子丰度的最大允许偏差

相对离子丰度（%）	>50	>20~50	>10~20	≤10
允许的相对偏差（%）	± 20	± 25	± 30	± 50

6.3.4 定量测定

若试样检出与基质混合标准工作溶液一致的植物生长调节剂，根据标准工作曲线按外标法以峰面积计算得到其含量。

空白样品加标试样参考色谱图见附录 C 中的图 C.6-2-1。

6.4 空白试验

除不加试样外，均按试样同法操作。

7 结果计算

结果按式（6-2-1）计算：

$$X=\frac{c \times V \times f}{m} \quad\text{.................................}（6-2-1）$$

式中：

X—试样中各待测组分的含量，单位为微克每千克（μg/kg）；

c—从标准工作曲线中读出的供试品溶液中各待测组分的浓度，单位为纳克每毫升（ng/mL）；

V—试样溶液最终定容体积，单位为毫升（mL）；

f—试样制备过程中的稀释倍数，本方法中为 5；

m—称样量，单位为克（g）。

计算结果以重复性条件下获得的两次独立测定结果的算术平均值表示，结果保留三位有效数字。

8 检测方法的灵敏度、准确度、精密度

8.1 灵敏度

本方法中 6- 苄基腺嘌呤、4- 氯苯氧乙酸、赤霉素、吲哚乙酸、吲哚丁酸、2, 4-二氯苯氧乙酸、4- 氟苯氧乙酸、异戊烯腺嘌呤、氯吡脲、多效唑、噻苯隆检出限均为 5μg/kg；定量限均为 10μg/kg。

11 种植物生长调节剂的响应均能较好满足检测限和定量限的要求，鉴于上述化合物存在禁用成分，兼顾监管需求和安全性，以及方法使用和结果研判过程中的可操作性，并考虑不同实验室仪器性能的差异，故将本方法中各植物生长调节剂的检出限（LOD）均定为 5μg /kg、定量限（LOQ）均定为 10μg /kg。在方法的实际应用过程中，由于各检测化合物在不同品牌和型号的质谱仪存在响应差异，实际检测时可根据各化合物响应程

度选择不同的线性范围对其进行准确定量。

> 8.2 准确度
>
> 本方法在 10~100μg/kg 添加浓度范围内，回收率为 60%~120%。
>
> 8.3 精密度
>
> 在重复性条件下获得的两次独立测定结果的绝对差值不得超过算术平均值的
> 20%。

根据方法验证要求，以黄豆芽、绿豆芽和豌豆芽为代表基质，进行添加回收实验。准确称取 10g（精确至 0.01g）空白样品，添加 11 种植物生长调节剂标准品，分别制成添加水平为 10μg/kg、20μg/kg 和 100μg/kg 的样品各一式 6 份，按本方法进行加标回收率实验，计算平均回收率和相对标准偏差，考察方法的准确度和精密度，详见表 6-2-3。牵头单位和 5 家参与单位各检测化合物在 10~100μg/kg 线性范围内线性关系良好，相关系数均大于 0.990；各检测化合物的灵敏度均能达到方法检测限和定量限要求；各添加水平的平均回收率范围为 63.89%~116.7%，均能满足方法规定的回收率要求；各添加水平精密度范围为 0.42%~14.7%，均能满足方法规定的精密度要求。方法的灵敏度、准确度和精密度均满足残留分析的要求。方法使用者在使用本方法时，需进行方法学考察，当满足在 10~100μg/kg 添加浓度范围内，11 种植物生长调节剂回收率为 60%~120%，且在重复性条件下获得的两次独立测定结果的绝对差值不超过算术平均值的 20% 时，方可进行实验。

表 6-2-3 11 种植物生长调节剂在豆芽中的加标回收率和相对标准偏差（RSD）（n=6）

序号	分析物	添加水平（μg/kg）	黄豆芽		绿豆芽		豌豆芽	
			回收率（%）	相对标准偏差（%）	回收率（%）	相对标准偏差（%）	回收率（%）	相对标准偏差（%）
1	6-苄基腺嘌呤	10	84.81	4.0	96.19	4.0	74.54	4.5
		20	97.13	1.2	83.94	1.1	70.56	1.5
		100	90.21	3.9	72.01	1.4	75.63	2.5
2	赤霉素	10	76.27	4.0	83.10	5.3	82.92	6.1
		20	74.87	3.5	85.51	2.3	86.32	5.2
		100	73.81	2.3	74.22	2.0	73.35	2.7
3	2，4-D	10	75.05	5.7	94.15	4.0	82.78	2.7
		20	84.12	2.6	91.48	1.7	79.81	2.9
		100	78.55	4.7	73.73	3.9	66.81	2.2

序号	分析物	添加水平（μg/kg）	黄豆芽		绿豆芽		豌豆芽	
			回收率（%）	相对标准偏差（%）	回收率（%）	相对标准偏差（%）	回收率（%）	相对标准偏差（%）
4	4-氯苯氧乙酸	10	70.91	0.7	83.80	1.2	74.30	1.0
		20	79.56	2.7	85.37	1.4	78.73	2.5
		100	74.76	3.7	71.65	1.3	65.00	2.6
5	噻苯隆	10	86.24	2.9	93.63	2.5	76.39	4.4
		20	104.6	2.1	106.8	2.7	93.72	2.3
		100	80.56	2.0	76.17	1.0	71.83	1.5
6	氯吡脲	10	81.59	5.2	92.93	3.0	82.22	3.5
		20	91.43	2.2	107.7	1.4	96.54	1.5
		100	77.07	1.7	80.52	2.0	77.49	1.7
7	异戊烯腺嘌呤	10	72.71	4.7	97.18	2.7	72.16	2.1
		20	90.96	3.4	87.54	1.3	71.29	1.6
		100	86.42	3.0	71.39	2.4	71.73	1.8
8	4-氟苯氧乙酸	10	79.24	4.2	79.15	3.1	82.95	2.9
		20	88.09	2.8	82.38	2.1	83.96	1.9
		100	74.87	3.2	70.57	2.0	67.71	5.0
9	多效唑	10	86.69	6.7	99.64	2.2	75.82	0.7
		20	90.10	3.1	97.14	2.2	87.77	3.0
		100	77.05	1.5	79.72	2.8	71.38	1.9
10	吲哚乙酸	10	77.10	3.8	93.04	9.1	98.78	3.2
		20	75.66	1.5	94.17	7.3	86.09	2.0
		100	74.17	3.3	74.91	5.4	71.39	0.7
11	吲哚丁酸	10	86.43	3.5	98.66	5.5	78.94	1.6
		20	88.13	2.4	97.53	7.5	77.75	2.4
		100	75.88	2.6	80.08	2.7	71.95	1.2

附录 A

11 种植物生长调节剂的化合物相关信息

表 A.6-2-1　11 种化合物的中文名称、英文名称、CAS 登录号、分子式、相对分子质量

序号	中文名称	英文名称	CAS 登录号	分子式	相对分子质量
1	赤霉素	Gibberellic acid	77-06-5	$C_{19}H_{22}O_6$	346.37
2	6-苄基腺嘌呤	6-Benzylaminopurine	1214-39-7	$C_{12}H_{11}N_5$	225.25
3	吲哚乙酸	Indole-3-acetic acid	87-51-4	$C_{10}H_9NO_2$	175.18
4	噻苯隆	Thidiazuron	51707-55-2	$C_9H_8N_4OS$	220.25
5	2，4-二氯苯氧乙酸	2，4-Dichlorophenoxyacetic acid	94-75-7	$C_8H_6Cl_2O_3$	221.04
6	4-氯苯氧乙酸	4-Chlorophenoxyacetic acid	122-88-3	$C_8H_7ClO_3$	186.59
7	氯吡脲	Forchlorfenuron	68157-60-8	$C_{12}H_{10}ClN_3O$	247.68
8	多效唑	Paclobutrazol	76738-62-0	$C_{15}H_{20}ClN_3O$	293.79
9	吲哚丁酸	3-Indolebutyric acid	133-32-4	$C_{12}H_{13}NO_2$	203.24
10	4-氟苯氧乙酸	4-Fluorophenoxyacetic acid	405-79-8	$C_8H_7FO_3$	170.14
11	异戊烯腺嘌呤	N6-（delta 2-Isopentenyl）-adenine	2365-40-4	$C_{10}H_{13}N_5$	203.24

参考质谱条件

1）负离子模式扫描质谱条件

a）离子源：电喷雾离子源（ESI 源）。

b）检测方式：多反应监测（MRM）。

c）电喷雾电压（IS）：–5500 V（ESI–）。

d）气帘气（CUR）：20L/min。

e）雾化器（GS1）：45L/min。

f）辅助气压力（GS2）：35L/min。

g）离子源温度（TEM）：500℃。

表 B.6-2-1　负离子模式下 8 种植物生长调节剂定性、定量离子对和质谱分析参数

序号	分析物	离子对 m/z	去簇电压 V	碰撞能量 eV	入口电压 V	出口电压 V
1	6- 苄基腺嘌呤	224.2/133.0*	–77	–31	–4	–6
		224.2/106.0	–80	–46	–9	–18
		224.2/117.0	–76	–47	–9	–18
2	赤霉素	344.9/142.5*	–79	–33	–10	–12
		344.9/238.9	–78	–22	–8	–14
		344.9/220.6	–70	–35	–10	–14
3	2，4- 二氯苯氧乙酸	218.9/161.0*	–18	ß–16	–9	–26
		218.9/125.1	–34	–37	–6	–5
		218.9/89.1	–21	–49	–12	–10
4	4- 氯苯氧乙酸	184.8/126.7*	–43	–22	–6	–9
		184.8/110.7	–39	–22	–6	–9
5	噻苯隆	218.9/99.9*	–50	–16	–15	–15
		218.9/70.7	–51	–45	–15	–10
		218.9/91.9	–46	–49	–13	–13

序号	分析物	离子对 m/z	去簇电压 V	碰撞能量 eV	入口电压 V	出口电压 V
6	氯吡脲	245.9/126.6*	−40	−11	−3	−14
		245.9/90.9	−40	−37	−3	−14
7	异戊烯腺嘌呤	202.0/133.9*	−58	−23	−10	−10
		202.0/106.8	−58	−36	−10	−10
		202.0/157.9	−70	−31	−10	−10
8	4-氟苯氧乙酸	169.2/110.9*	−53	−16	−10	−22
		169.2/94.9	−46	−22	−8	−17

*定量离子对。

2）正离子模式扫描质谱条件

a）离子源：电喷雾离子源（ESI 源）。

b）检测方式：多反应监测（MRM）。

c）电喷雾电压（IS）：5500 V（ESI+）。

d）气帘气（CUR）：20L/min。

e）雾化器（GS1）：45L/min。

f）辅助气压力（GS2）：35L/min。

g）离子源温度（TEM）：500℃。

表 B.6-2-2　正离子模式下 3 种植物生长调节剂定性、定量离子对和质谱分析参数

序号	分析物	离子对 m/z	去簇电压 V	碰撞能量 eV	入口电压 V	出口电压 V
1	多效唑	294.2/70.1*	38	52	12	13
		294.2/125.0	52	52	12	8
2	吲哚乙酸	176.2/130.3*	60	20	10	8
		176.2/103.2	78	46	10	8
3	吲哚丁酸	204.1/186.2*	53	15	9	15
		204.1/130.4	58	30	7	10
		204.1/144.2	76	30	7	15

*定量离子对。

注：附录 B 所列参考质谱条件仅供参考，当采用不同质谱仪器时，仪器参数可能存在差异，测定前应将质谱参数优化到最佳。

11 种植物生长调节剂特征离子的提取离子流图

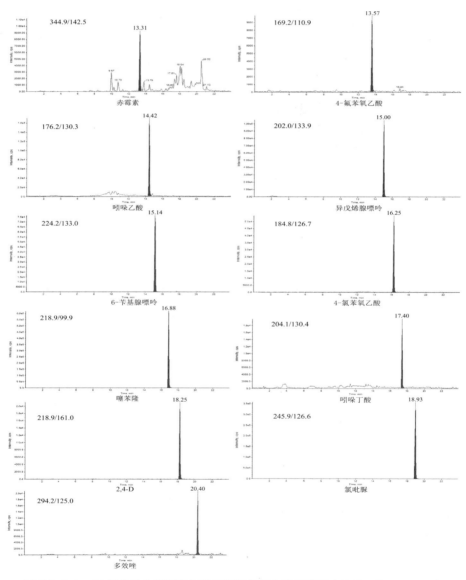

图 C 6-2-1 11 种植物生长调节剂特征离子的提取离子流图（浓度：均 10μg/kg）

第三节 常见问题释疑

1. 方法验证过程中考察了哪些基质?

方法验证过程选取实验室自行发制的黄豆芽、绿豆芽和豌豆芽，作为空白豆芽样品，针对每种基质中的 6- 苄基腺嘌呤、4- 氯苯氧乙酸、赤霉素、吲哚乙酸、吲哚丁酸、2，4- 二氯苯氧乙酸、4- 氟苯氧乙酸、异戊烯腺嘌呤、氯吡脲、多效唑和噻苯隆分别进行了 3 个浓度的方法学验证。

2. 质谱参数是否可根据实际仪器情况进行修改?

因各检验机构所使用的高效液相 - 质谱联用仪的品牌各不相同，仪器的参数指标各不相同，当采用不同质谱仪器时，仪器参数可能存在差异，测定前应将质谱参数优化到最佳，以满足方法要求。

3. 标准曲线浓度范围问题?

在方法的实际应用过程中，由于各检测化合物在不同品牌和型号的质谱仪存在响应差异，实际检测时可根据各化合物响应程度选择不同的线性范围对其进行准确定量，且不宜造成因浓度过高对质谱仪的污染。

4. 待测化合物是否存在本底值情况?

按照本方法对自发豆芽样品进行测定，黄豆芽、绿豆芽和豌豆芽中均检出吲哚乙酸，含量范围为 10~30μg/kg。豆芽本底中存在的吲哚乙酸会干扰检测限浓度附近添加回收率的考察结果。在方法的实际应用中，当吲哚乙酸检出值较小时，可将线性扣除本底值后，对其进行定量。另外，建议在实际检测过程中对吲哚乙酸的本底含量情况进行收集，分析确定其本底值范围，作为确定吲哚乙酸的参考限量值的依据。

5. 目标化合物正、负离子模式是如何选择的?

6- 苄基腺嘌呤、氯吡脲、异戊烯腺嘌呤、噻苯隆、吲哚丁酸、吲哚乙酸在正负离子模式下均有较强响应，综合考虑各待测化合物的灵敏度和基质干扰程度，6- 苄基腺嘌呤、氯吡脲、异戊烯腺嘌呤、噻苯隆选用负离子模式扫描。在方法前期研究过程中，吲哚丁酸、吲哚乙酸提供了正、负离子模式两种质谱条件，当质谱方法采用正离子模式和负离子模式分开扫描时，吲哚乙酸和吲哚丁酸用正离子模式扫描可获得较高响应值；为提高方法的检测效率，质谱方法可选用正离子模式和负离子模式分段切换扫描，此时吲哚乙酸和吲哚丁酸在负离子模式下扫描，但从方法操作性和推广性角度考虑，为确保方法使用者能按照统一的质谱方法进行检测，最终确定吲哚丁酸、吲哚乙酸采用较优的正离子模式。赤霉素、2, 4-D、4- 氯苯氧乙酸、4- 氟苯氧乙酸仅在负离子模式下有响应，多效唑仅在正离子模式下有响应，故赤霉素、2, 4-D、4- 氯苯氧乙酸、4- 氟苯氧乙酸选用负离子模式下扫描，多效唑选用正离子模式扫描。

执笔人：张泸文　夏苏捷

第七章

《食品中去甲基他达拉非和硫代西地那非的测定》（BJS 201704）

第一节　方法概述

那非类物质是最重要的一类磷酸二酯酶 5（phosphodiesterase 5，PDE-5）抑制剂，广泛应用于男性勃起功能障碍，目前全世界范围内抗疲劳类食品中添加那非类物质的情况频发。西地那非、他达拉非等化合物是 PDE-5 抑制剂的代表性药物，临床上必须在医生的指导下使用，否则将引起严重的不良反应甚至危及生命。

目前市场上频繁出现非法添加西地那非、他达拉非等新型衍生物的情况，这些衍生物具有已批准上市药物相同的母核，结构差异小，几乎没有药理和毒理的信息，对服用者将带来严重的潜在安全风险。

针对检出率较高的该类化合物，我国以往颁布了 11 个化合物的检测标准（西地那非、豪莫西地那非、羟基豪莫西地那非、那莫西地那非、硫代艾地那非、红地那非、那红地那非、伐地那非、伪伐地那非、他达拉非、氨基他达拉非），而实际近年来非法添加的那非类衍生物层出不穷，急需与时俱进不断扩展检测化合物名单，填补标准空白。

去甲基他达拉非和硫代西地那非分别是他达拉非衍生物、西地那非衍生物，近年来报道检出率日益增加。本方法密切根据监管实际需求，在参考国家食品药品监督管理总局食品补充检验方法《食品中那非类物质的测定》（BJS201601）基础上，采用液相质谱联用技术，另行建立了去甲基他达拉非和硫代西地那非检测方法，进一步扩展补充那非类物质检测的标准系列，为监管提供急需的技术依据。

第二节　方法文本及重点条目解析

① 范围

本方法规定了食品（含保健食品）基质中去甲基他达拉非和硫代西地那非的高效液相色谱－串联质谱测定方法。

本方法适用于酒、牡蛎粉等食品（含保健食品）中去甲基他达拉非和硫代西地那非的测定。其他低糖、低脂、低蛋白类基质可参照本方法定性检测。

本方法应监管实际需求，验证了酒和牡蛎粉两种主要代表性基质。另外验证了咖啡基质，因回收率不佳，未列入本方法范围，但可参照本方法进行定性检测。

② 原理

试样经甲醇超声提取，过滤后，滤液供高效液相色谱－串联质谱测定，外标法定量。

③ 试剂和材料

注：水为 GB/T 6682 规定的一级水。

3.1 试剂

3.1.1 乙腈（C_2H_3N）：色谱纯。

3.1.2 甲酸（HCOOH）：色谱纯。

3.1.3 甲醇（CH_3OH）：分析纯。

3.2 试剂配制

3.2.1 0.1% 甲酸水溶液：取甲酸 1mL 用水稀释至 1000mL。

3.2.2 0.1% 甲酸乙腈溶液：取甲酸 1mL 用乙腈稀释至 1000mL。

3.3 标准品

去甲基他达拉非、硫代西地那非对照品或标准物质的中文名称、英文名称、CAS 登录号、分子式、相对分子量见附录 A 表 A.6-1-1，纯度≥98%。

3.4 标准溶液配制

3.4.1 标准储备液（500μg/mL）：分别精密称取去甲基他达拉非、硫代西地那非

（3.3）各 10.0mg，用甲醇溶解并稀释至 20mL，摇匀，制成浓度为 500μg/mL 标准储备液，−20℃保存，保存期 1 个月。

3.4.2 混合标准中间工作液（1μg/mL）：分别准确吸取去甲基他达拉非、硫代西地那非标准储备液（500μg/mL）（3.4.1）各 0.1mL，用甲醇稀释至 50mL，摇匀，制成 1μg/mL 的混合标准中间工作液，−20℃保存，保存期 1 个月。

3.4.3 混合标准工作溶液：分别吸取混合标准中间工作液（1μg/mL）（3.4.2）0.1mL、0.2mL、0.4mL、1.0mL、2.0mL 于 10mL 容量瓶中，用甲醇定容至刻度，摇匀，作为系列混合标准工作溶液 S1~S5，浓度依次为各化合物 10μg/L、20μg/L、40μg/L、100μg/L、200μg/L，临用新制或依仪器响应情况配制适当浓度的混合标准工作溶液。

因不同品牌不同型号质谱的化合物信号响应差异较大，故可根据仪器响应情况配制适当浓度的混合标准工作溶液，但需通过方法学验证。

4 仪器和设备

4.1 高效液相色谱 – 串联质谱仪，配有电喷雾（ESI）离子源。

4.2 天平：感量分别为 0.1mg 和 1mg。

4.3 超声波发生器。

5 分析步骤

5.1 试样制备

5.1.1 固态试样

取适量混匀，研细，称取 1g 试样（精确至 0.01g）于具塞试管中，加入甲醇 10mL，密塞，称重，超声提取 10min，放冷，再次称重，用甲醇补足减失的重量，摇匀，用滤膜（0.22μm，有机相型）过滤，取续滤液，根据实际浓度适当稀释至标准曲线线性范围内，备用。

5.1.2 液态试样

取适量摇匀，吸取 1.0mL 于具塞试管中，加入甲醇 9mL，密塞，称重，超声提取 10min，放冷，再次称重，用甲醇补足减失的重量，摇匀，用滤膜（0.22μm，有机相型）过滤，取续滤液，根据实际浓度适当稀释至标准曲线线性范围内，备用。

5.1.3 空白试验

不加试样按试样同法处理，制得空白溶液。称取与试样等量的空白基质试样，按试样同法处理，制得空白基质试样溶液，备用。

空白溶液用于空白试验。空白基质试样溶液用于配制基质混合标准工作溶液。

5.2 仪器参考条件

5.2.1 色谱条件

a）色谱柱：Waters CORTECS T$_3$（2.1mm×100mm，2.7μm），或性能相当者。

b）流动相：A 为 0.1% 甲酸水溶液（3.2.1），B 为 0.1% 甲酸乙腈溶液（3.2.2），梯度洗脱程序见表 7-2-1。

c）流速：300μL/min。

d）柱温：30℃。

e）进样量：1μL。

表 7-2-1　梯度洗脱程序表

梯度时间 /min	流动相 A/%	流动相 B/%
0	90	10
1	90	10
4	60	40
7	10	90
9	10	90
9.1	90	10
12	90	10

为便于检验，本方法流动相梯度与 BJS201601 保持一致。验证过程中曾使用 Waters CORTECST$_3$（2.1mm×100mm，2.7μm）、Waters ACQUITYUPLC HSS T$_3$（2.1mm×100mm，1.8μm）等色谱柱，对待测化合物的分离效果及回收率等指标均尚可。在有共流出成分影响目标化合物检测时，可以适当调节流动相比例，使尽可能与干扰成分分离，减少干扰。

5.2.2 质谱条件

a）离子源：电喷雾离子源（ESI 源）。

b）检测方式：多反应离子监测（MRM）。

c）干燥气、雾化气、鞘气、碰撞气等均为高纯氮气或其他合适气体，使用前应调节相应参数使质谱灵敏度达到检测要求，毛细管电压、干燥气温度、鞘气温度、鞘气流量、喷嘴电压、碰撞能量、碎裂电压等参数应优化至最佳灵敏度，监测离子对和定量离子对等信息详见附录 B。

5.3 定性测定

按照高效液相色谱 – 串联质谱条件测定试样和标准工作溶液，记录试样和标准溶液中各化合物的色谱保留时间，当试样中检出与某标准品色谱峰保留时间一致的色谱峰（变化范围在 ±2.5% 之内），并且试样色谱图中所选择的监测离子对的相对丰度比与相当浓度标准溶液的离子相对丰度比的偏差不超过表 7-2-2 规定的范围，可以确定试样中检出相应化合物。

表 7-2-2 定性确证时相对离子丰度的最大允许偏差

相对离子丰度（k）	k>50%	50%≥k>20%	20%≥k>10%	k≤10%
允许的最大偏差	± 20%	± 25%	± 30%	± 50%

5.4 定量测定

5.4.1 标准曲线的制作

将混合标准工作溶液（3.4.3）分别按仪器参考条件（5.2）进行测定，得到相应的标准溶液的色谱峰面积。以混合标准工作溶液的浓度为横坐标，以色谱峰的峰面积为纵坐标，绘制标准曲线。必要时可用空白基质试样溶液（5.1.3）配制基质混合标准工作溶液绘制标准曲线。

5.4.2 试样溶液的测定

将试样溶液（5.1）按仪器参考条件（5.2）进行测定，得到相应的样品溶液的色谱峰面积。根据标准曲线得到待测液中组分的浓度，平行测定次数不少于两次。

对照品色谱图参见附录 C。

硫代西地那非在复杂基质（如咖啡等）中易降解，应在 20h 内进样测定。

6 分析结果的表述

将液相色谱—质谱测得浓度代入下式计算含量：

$$X=\frac{c\times V}{m\times 1000}\times K \quad\cdots\cdots\cdots\cdots\cdots\cdots\cdots\cdots\cdots\cdots\cdots\quad（7-2-1）$$

式中：

X—试样中各待测物的含量，单位为毫克每千克（mg/kg）；

c—从标准曲线中读出的供试品溶液中各待测物的浓度，单位为微克每升（μg/L）；

V—样液最终定容体积，单位为毫升（mL）；

m—试样溶液所代表的质量，单位为克（g）；

K—稀释倍数。

计算结果以重复性条件下获得的两次独立测定结果的算术平均值表示，结果保留三位有效数字。

7 精密度

在重复性条件下获得的两次独立测定结果的绝对差值不得超过算术平均值的10%。

8 其他

当称样量为 1g 或 1mL，定容体积为 10mL 时，本方法中去甲基他达拉非和硫代西地那非的检出限均为 50μg/kg 或 50μg/L，定量限均为 100μg/kg 或 100μg/L。

空白试验应无干扰。

向空白基质中添加低含量的 2 种化合物，以能实际检出的最低含量作为检出限，以回收率符合 GB/T 27404-2008 要求的最低含量作为定量限。起草时的检出限比方法中规定的检出限更低，但考虑到方法推广时需保证多数主流仪器均达到相关灵敏度要求，本方法最终确定的检出限有适当提高。若少数低配置仪器仍无法满足要求，可通过增大仪器增益值等来提高仪器灵敏度。

方法学验证中的准确度实验需符合 GB/T 27404-2008 要求，对于禁用物质，应在定量限、两倍定量限和十倍定量限进行三水平加样试验，回收率范围见 GB/T 27404-2008 附录F。多数简单基质直接使用溶剂配制标准曲线测定，即可符合要求；如基质复杂，基质效应严重，导致回收率偏差较大，可采用基质混合标准工作溶液绘制标准曲线，复杂基质中回收率要求可适当放宽。

附录 A

化合物相关信息

表 A.7-2-1　化合物中文名称、英文名称、CAS 号、分子式、相对分子质量、结构式

序号	中文名称	英文名称	CAS 号	分子式	分子量	结构式
1	去甲基他达拉非	Nortadalafil	171596-36-4	$C_{21}H_{17}N_3O_4$	375.38	
2	硫代西地那非	Thiosildenafil	479073-79-5	$C_{22}H_{30}N_6O_3S_2$	490.64	

质谱参考条件

a）离子源：电喷雾离子源（ESI）。

b）检测方式：多反应监测（MRM）。

c）扫描方式：正离子模式。

d）毛细管电压：正离子模式：4000V。

e）离子源温度：200℃。

f）干燥气流量：12L/min。

g）雾化气压力：25psi。

h）鞘气温度：250℃；鞘气（N2）流量：10L/min。

i）喷嘴电压：正离子模式：500V。

j）其他质谱参数见表 B. 7-2-1。

表 B.7-2-1　化合物定性、定量离子和质谱分析参数

序号	化合物名称	电离方式	母离子(m/z)	子离子（m/z）	碰撞能量(V)	保留时间（min）
1	去甲基他达拉非	ESI+	376.1	254.0*	13	5.42
				261.9	33	
2	硫代西地那非	ESI+	491.2	299.0*	41	5.72
				341.0	33	

*定量离子对。

附录 C

标准色谱图

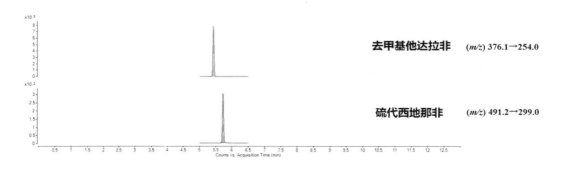

图 C. 7-2-1　去甲基他达拉非和硫代西地那非对照品的提取离子（定量）色谱图

第三节 常见问题释疑

1. 那非类物质检测发展趋势

目前，食品补充检验方法《食品中那非类物质的测定》（BJS201601）和本方法（BJS201704），共检测 13 种那非类物质，能够打击市场绝大多数非法添加那非类物质的行为。但那非类衍生物仍不断推陈出新，近年来国内报道的化合物有 Propoxyphenyl sildenafil、Propoxyphenyl aildenafil、Propoxyphenyl thioaildenafil、艾地那非、羟基硫代豪莫西地那非、甲羟基豪莫西地那非、2-Hydroxyethylnortadalafil 等，国际上报道的化合物更多。

美国药典（USP）通则〈2251〉提供膳食补充剂中非法添加药物及其类似物的检测方法，其附录 A 列出 64 种性功能类化合物的六种定性检测方法。检测方法包括靶标方法（目标物扫描）和非靶标方法（广谱筛查）。建议首先使用非靶标方法，然后再用靶标方法确认，并通过不断更新方法和化合物名单将非靶标方法转换为靶标方法。

我国食品补充检验方法《食品中那非类物质的筛查方法》已正式立项，采用液相质谱联用方法检测约 80 种那非类物质，方法包括高分辨质谱法和三重四极杆质谱法，供不同检测单位根据实际情况选用。

实际检测中，检验人员可参照美国药典广谱筛查理念，关注可疑色谱峰，比较可疑化合物与西地那非、他达拉非、伐地那非等经典化合物的紫外光谱图、二级质谱图，根据其相似规律推断化学结构，从而不断更新化合物名单，打击违法行为。

2. 方法建立过程中是否验证了每种基质？

方法前期建立中针对适用范围中牡蛎粉、酒、咖啡几种基质中去甲基他达拉非和硫代西地那非分别进行了 3 个浓度的方法学验证。由于食品的类型非常多，方法验证的基质有限，对其他低糖、低脂、低蛋白类基质也可参照本方法定性检测。

3. 测定复杂基质时如何改善基质效应，获得准确定量结果？

本方法一般是采用溶剂配制标准工作溶液进行定量。如果部分样品基质复杂，基质效应严重，导致回收率严重偏低或偏高，在可以获得空白基质的情况下采用空白基质配制标准工作溶液消除基质效应。必要时可采用标准加入法等其他方式准确定量，但均应注意实际样品基质效应的影响。

另外，在满足灵敏度的前提下稀释样品；或微调流动相梯度，将待测物与共流出成分有效分离，均可改善基质效应。

4. 质谱检测的注意点

（1）应注意待测化合物的进样浓度。不同品牌不同型号质谱最佳响应浓度差异较大，且实际检测样品中待测物含量差异也较大，可根据实际情况，适当稀释样品至标准曲线范围内，避免高浓度对仪器造成污染。

（2）可根据仪器具体情况，适当调整方法提供的离子源参数、监测离子对等测定条件。在样品基质有测定干扰的情况下，可选用其他监测离子对。

（3）综合灵敏度、专属性等因素，避免假阳性或假阴性结果。

执笔人：胡青　孙健

第八章

《食品中香兰素、甲基香兰素和乙基香兰素的测定》（BJS 201705）

第一节　方法概述

香兰素及其衍生物甲基香兰素和乙基香兰素是香料工业中重要的品种，因具有增香、抑菌、抗氧化、医药中间体等作用，在食品、化妆品、饲料、医药等方面用途广泛。在食品工业中作为重要的香味添加剂，常用于蛋糕、冰淇淋、饮料、糖果、饼干、面包及炒货等。为了有效地提高产品的感官品质，时常搭配使用，如香兰素往往搭配乙基香兰素。

目前，我国已是主要的香兰素生产国，其产量占全球产量的 70% 左右，我国食品工业中所使用的香兰素及其衍生物基本上均为人工合成。我国 GB2760-2014《食品安全国家标准食品添加剂使用标准》对香兰素和乙基香兰素的使用有明确的规定。规定指出，较大婴儿和幼儿配方食品中可以使用香兰素和乙基香兰素，最大使用量分别为 5mg/100mL，其中 100mL 以即食食品计，生产企业应按照冲调比例折算成配方食品中的使用量；婴幼儿谷类辅助食品中可以使用香兰素，最大使用量为 7mg/100g，其中 100g 以即食食品计，生产企业应按照冲调比例折算成谷类食品中的使用量；但凡使用范围涵盖 0 至 6 个月婴幼儿配方食品禁止添加任何食用香料。此外，杀菌乳、灭菌乳、大米、植物油脂中禁止添加任何食用香料。

现有研究指出，过量食用香兰素和乙基香兰素可以导致头晕、恶心、呕吐、呼吸困难，甚至能够损伤肝、肾，对人体有较大危害，同时香兰素及其衍生物含量过多也会影响食品的口感，因此食品中香兰素等香味剂的含量是评价食品安全的一个重要指标。现有文献报道食品中香兰素和乙基香兰素的检测方法很多，有分光光度法、电化学法、高效液相色谱法、气相色谱法、气相色谱－质谱联用法、液相色谱－质谱联用法以及毛细管电泳法等，但鲜有涉及香兰素、甲基香兰素和乙基香兰素同时检测的方法。与其他方法相比，采用液相色谱－质谱联用法具有前处理相对简单、检出限低、定性、定量准确等特点，本研究在液液提取的基础上采用高效液相色谱－串联质谱正离子模式测定方法对食品中的香兰素、甲基香兰素和乙基香兰素 3 种香味剂进行同时测定。鉴于在市场流通领域，香兰素及其衍生物的广泛使用及其存在非法添加的现象，建立食品中香兰素、甲基香兰素和乙基香兰素同时快速检测方法具有重要的意义。

第二节 方法文本及重点条目解析

1 范围

本方法规定了食品中香兰素、甲基香兰素和乙基香兰素的高效液相色谱–串联质谱的测定方法。

本方法适用于液体乳、稀奶油、婴幼儿配方乳粉（不包括特殊医学用途的婴幼儿配方乳粉）、婴幼儿谷类辅助食品、谷物碾磨加工品、植物油脂等食品中香兰素、甲基香兰素和乙基香兰素的测定。

本方法针对婴幼儿配方乳粉，其中涉及特殊医学用途的婴幼儿配方乳粉因其用量少、配方差异性大，本方法未将其列入。

2 原理

样品经乙腈提取后，再以正己烷除脂净化，高效液相色谱–串联质谱仪进行检测，外标法定量。

3 试剂和材料

除另有规定外，所有试剂均为分析纯，水为 GB/T6682 规定的一级水。

3.1 试剂

3.1.1 甲醇（CH_4O）：色谱纯。

3.1.2 乙腈（C_2H_3N）：色谱纯。

3.1.3 甲酸（CH_2O_2）：色谱纯。

3.1.4 正己烷（C_6H_{14}）：色谱纯。

3.1.5 氯化钠（NaCl）：在 550℃灼烧 4h 后备用。

3.1.6 0.1% 甲酸水溶液：量取 10mL 甲酸并加入水定容至 1000mL。

3.2 标准品

香兰素、甲基香兰素和乙基香兰素标准品纯度≥98.0%，中文名称、英文名称、CAS 登录号、分子式、相对分子质量和结构式等信息详见附录表 A.8–2–1。

3.3 标准溶液配制

3.3.1 标准储备液（1.00mg/mL）：分别称取香兰素、甲基香兰素和乙基香兰素0.1g（精确至0.0001g）标准物质于100mL容量瓶中，用甲醇溶解，并定容至刻度。避光于−18℃下保存，保存期为6个月。

3.3.2 混合标准储备溶液：分别吸取上述三种标准储备液1.00mL于同一100mL容量瓶中，用乙腈稀释到刻度配制成浓度为10μg/mL的混合标准储备溶液，避光于−18℃保存，保存期为1个月。

3.3.3 空白基质溶液：按照6.1规定的前处理方法操作制备空白基质溶液。

3.3.4 基质混合标准系列工作液：分别准确吸取香兰素、甲基香兰素和乙基香兰素混合标准储备液适量（3.3.2），用空白基质提取液（3.3.3）将其稀释为5ng/mL、10ng/mL、20ng/mL、40ng/mL、80ng/mL、160ng/mL标准系列工作溶液，临用时配制。

三种化合物的线性范围分别是香兰素5~400ng/mL、甲基香兰素5~200ng/mL、乙基香兰素5~400ng/mL，本方法兼顾三种化合物同时检测分析，故工作曲线选定200ng/mL以下进行配制。

4 仪器和设备

4.1 液相色谱－串联质谱仪：配有电喷雾离子源。

4.2 涡旋混合器。

4.3 超声波清洗器。

4.4 离心机：转速≥5000r/min。

4.5 分析天平：感量0.1mg和0.01g。

4.6 0.22μm滤膜。

5 试样制备

婴幼儿谷类辅助食品、谷物碾磨加工品需粉碎混匀，使其全部可以通过425μm的标准网筛；其他样品无需特殊制备。

6 分析步骤

6.1 样品的制备与提取

6.1.1 婴幼儿配方乳粉、婴幼儿谷类辅助食品：称取 1g 样品（精确至 0.01g），置于 50mL 聚丙烯离心管中，加入 3mL 水，涡旋振荡 30s，加入 7mL 乙腈（3.1.2），涡旋振荡 30s，超声处理 25min，10000r/min 离心 5min 后，取上层清液 2mL 于 10mL 玻璃离心管中，加入 1mL 正己烷（3.1.4），涡旋混合 30s，5000r/min 离心 3min 后，取下层清液，过滤膜（0.22μm，有机相），待分析。

6.1.2 液体乳（巴氏杀菌乳、灭菌乳、发酵乳等）、稀奶油：称取 2g 样品（精确至 0.01g），置于 50mL 聚丙烯离心管中，加入 20mL 乙腈（3.1.2），涡旋振荡 30s，超声处理 25min，加入 1g 氯化钠（3.1.5），10000r/min 离心 5min 后，取上层清液 2mL 于 10mL 玻璃离心管中，加入 1mL 正己烷（3.1.4），涡旋混合 30s，5000r/min 离心 3min 后，取下层清液，过滤膜（0.22μm，有机相），待分析。

6.1.3 谷物碾磨加工品（大米等）：称取 1g 样品（精确至 0.01g），置于 50mL 聚丙烯离心管中，加入 3mL 水，涡旋振荡 30s，加入 7mL 乙腈（3.1.2），涡旋振荡 30s，超声处理 25min，10000r/min 离心 5min 后，取上层清液过 0.22μm 滤膜（4.6），待分析。

6.1.4 植物油脂：称取 1g 样品（精确至 0.01g），置于 50mL 聚丙烯离心管中，加入 1mL 水和 10mL 乙腈（3.1.2），涡旋振荡 30s，超声处理 25min，加入 1g 氯化钠（3.1.5），10000r/min 离心 5min 后，取上层清液 2mL 于 10mL 玻璃离心管中，加入 1mL 正己烷（3.1.4），涡旋混合 30s，5000r/min 离心 3min 后，取下层清液，过滤膜（0.22μm，有机相），待分析。

本方法在样品前处理提取过程中选择乙腈作为提取剂。香兰素、甲基香兰素和乙基香兰素在乙腈中有很好的溶解度、在不同基质中乙腈有较好的提取效率，并且乙腈能沉淀基质中的蛋白质，可有效降低样品的基质效应。此外部分基质样品（液体乳和稀奶油）经乙腈提取后加入饱和氯化钠可实现液液分层，有利于进一步净化。

对于部分基质样品需添加一定量的水用于辅助乙腈提取。乳粉和谷类辅助食品添加一定量的水可以达到分散浸润的目的，能够促进三种香味剂的包埋释放，以利于乙腈的充分提取；谷物碾磨加工品添加一定量的水分能够促进乙腈在基质内的传质，增加提取效率。植物油脂中添加水分能够降低乙腈对油脂的溶解能力，同时也能溶解部分油脂中的极性成分，便于进一步净化。

上述不同基质样品经乙腈溶剂提取后，对于一些含脂肪较高的样品如乳粉、液体乳、稀奶油、植物油脂肪等，在用乙腈进行蛋白沉淀的同时，乙腈也易将样品中的少量脂肪提取出来，因此，为降低脂肪对检测结果的影响，选用正己烷进行净化。结果表明，试验添加正己烷的量（本研究选取 0.5~3.0mL）对样品的提取回收率没有影响，本方法中选取 1.0mL 正己烷进行净化处理后，样品再经离心过膜可用于上机。对于大米、小麦粉等谷物碾磨加工样品，因其脂肪含量低，小于 1g/100g，因此样品经乙腈沉淀蛋白后，不再进行正己烷除脂肪净化，直接离心过膜上机。

特别注意：实验中的溶剂量取要准确操作，涡旋振荡及溶剂转移要避免损失以降低实验检测值偏差。

6.2 仪器参考条件

6.2.1 色谱条件

a）色谱柱：XDB C$_{18}$ 柱，4.6mm×50mm，1.8μm，或性能相当者。

b）流动相：A：0.1% 甲酸水溶液，B：甲醇，梯度洗脱条件见表 8-2-1。

c）流速：0.3mL/min。

d）柱温：30℃。

e）进样量：2μL。

表 8-2-1　梯度洗脱条件

时间（min）	A 相（%）	B 相（%）
0	75	25
0.5	75	25
2	50	50
6	50	50
7	10	90
9	10	90
12	75	25

针对流动相的选择，主要考察常规试剂甲醇、乙腈和水。结果表明在甲醇／水体系和乙腈／水体系，三种化合物都有很好的色谱保留行为和峰响应强度。由于甲基香兰素和乙基香兰素为同分异构体，在甲醇／水体系中 50% 甲醇水溶液（黏度系数高）下能够实现很好的基线分离，为减少实际检测中对这两种化合物的错误识别，增加定性准确性，流动相选择水和甲醇。在此基础上进行酸性改性剂的比较，研究中在流动相中添加 0.1% 甲酸、0.2% 甲酸、0.1% 乙酸、0.2% 乙酸。结果表明有机酸的添加对色谱峰的保留行为并

没有显著影响，基于适当有机酸的添加有助于 ESI+ 模式下化合物的电离，因此，在水相中选择添加 0.1% 的甲酸。

> 6.2.2 质谱条件
>
> f）离子源：电喷雾离子源。
>
> e）扫描方式：正离子扫描（ESI+）。
>
> h）检测方式：多反应监测（MRM）。
>
> i）离子化电压、雾化气、辅助气、气帘气压力、雾化温度应优化至最佳灵敏度，监测离子对和定量离子对及其他质谱参数见附录 8–B 中表 8–B–1。

上述检测分析方法是基于 AB QTRAP 5500 质谱检测仪建立的，此外在 Agilent 6460、Agilent 6495、Waters xevo TQ–S 质谱检测仪上同样建立了香兰素、甲基香兰素和乙基香兰素三种化合物的检测分析方法，四种型号质谱仪所分析的标准品谱图见图 8-2-1。此外，方法验证单位分别选用 AB QTRAP 4500、Agilent 6410 、Agilent 6460 和 Thermo TSQ Endura 等不同型号的质谱仪。结果表明，本方法能够满足相应的质谱检测。

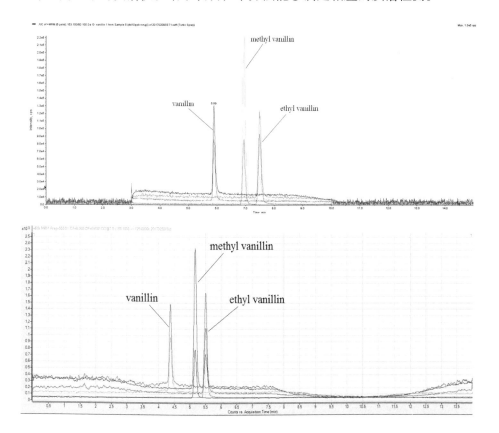

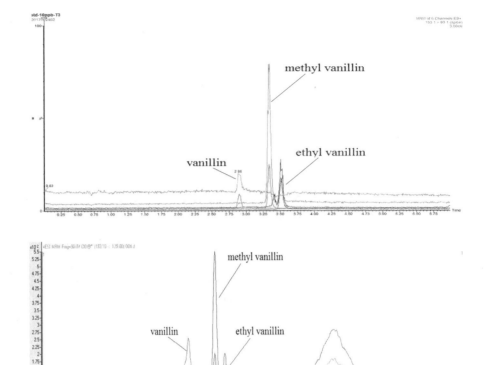

图 8-2-1　三种化合物在不同型号质谱检测仪上的色谱图（10ng/mL）

6.3 测定

6.3.1 标准曲线的制作

用混合标准系列工作溶液（3.3.4）分别按仪器参考条件（6.2）进行测定，得到相应的标准溶液的色谱峰面积，以混合标准工作液的浓度为横坐标，以色谱峰的峰面积为纵坐标，绘制标准曲线。

6.3.2 定性测定

在相同试验条件下测定样品和基质混合标准工作溶液，记录样品和标准工作溶液中目标物的保留时间。若样品中检出与基质混合标准溶液（3.3.4）中待测物保留时间一致的色谱峰，且其定性离子与浓度相当的标准溶液中相应的定性离子的相对丰度相比偏差不超过表 8-2-2 规定的范围，则可以确定样品中检出相应的待测物。

表 8-2-2　定性确定时相对离子丰度的最大允许偏差

相对离子丰度 /%	> 50	20~50	10~20	≤ 10
允许的相对偏差 /%	± 20	± 25	± 30	± 50

6.3.3 定量测定

将样品溶液（6.1）按仪器参考条件（6.2）进行测定，得到相应的样品溶液的色谱峰面积，根据标准曲线查得待测液中各组分的浓度。样品中各待测组分的响应值应在标准曲线的线性响应范围内，如果含量超出线性范围，则重新取样分析，用乙腈稀释到适当浓度后测定。混合标准工作溶液的高效液相色谱 - 串联质谱 MRM 色谱图参见图 8-C-1。

实际样品检测结果显示，婴幼儿配方乳粉（> 6 个月）、婴幼儿谷类辅助食品中香兰素和乙基香兰素常有检出，且数值较大，建议采用一步稀释法进行定量检测（参考稀释倍数 200~500 倍），以便于减少计算结果偏差。

7　结果计算

按下式（8-2-1）计算样品中单种目标化合物的含量：

$$X = \frac{c \times V \times 1000}{m \times 1000} \quad\cdots\cdots\cdots\cdots\cdots\cdots\cdots\cdots\cdots\cdots\cdots\cdots \quad（8\text{-}2\text{-}1）$$

式中：

X——样品中待测组分的含量，单位为微克每千克（μg/kg）；

c——从标准曲线中读出的测定液中各待测组分的浓度，单位为微克每升（μg/L）；

m——样品称取的质量，单位为克（g）；

V——样品溶液定容体积，单位为毫升（mL）。

计算结果以重复性条件下获得的两次独立测定结果的算术平均值表示，结果保留至小数点后一位。

8　检测方法的灵敏度、准确度、精密度

8.1 灵敏度

当液体乳称样量为 2g，植物油脂、稀奶油、谷物碾磨加工品、婴幼儿配方乳粉、

婴幼儿谷类辅助食品称样量 1g 时，香兰素、甲基香兰素和乙基香兰素的检出限为 30.0μg/kg，定量限为 100.0μg/kg。

根据国际纯粹和应用化学联合会（IUPAC）对检出限的定义，稀释并检测系列混合标准溶液，计算信噪比（S/N）。以 S/N=3 为检出浓度，以 S/N=10 为最低定量浓度。向不含目标物质的空白样品中定量添加混合标准溶液，按前处理方法处理后，进行检测，计算信噪比（S/N）。以 S/N=3 为检出限，以 S/N=10 为定量下限。由此分别得到 3 种目标物的方法检出限和定量限。方法的检出限为 30μg/kg，方法的低定量限为 100μg/kg，结果如表 8-2-3 所示。在方法的实际应用过程中，由于各检测化合物在不同品牌和型号的质谱仪存在响应差异，实际检测时可根据各化合物响应程度选择不同的线性范围对其进行准确定量。

表 8-2-3　方法的检出浓度、最低定量浓度、检出限和定量限

序号	化合物	检出浓度（ng/mL）	最低定量浓度（ng/mL）	检出限（μg/kg）	定量限（μg/kg）
1	香兰素	3	10	30	100
2	甲基香兰素	3	10	30	100
3	乙基香兰素	3	10	30	100

8.2 准确度

本方法婴幼儿配方乳粉、液体乳、植物油脂、稀奶油、谷物碾磨加工品、婴幼儿谷类辅助食品在 100.0~1000.0μg/kg 添加浓度范围内回收率为 78.6%~118.4%。

8.3 精密度

在重复性条件下获得的两次独立测定结果的绝对差不得超过算数平均值的 10%。

按照方法文本称取液体乳、乳粉、婴幼儿谷类辅助食品、稀奶油、植物油和大米空白或本底较低的样品，按照三个浓度水平 100μg/kg、200μg/kg、1000μg/kg 分别添加适量的三种化合物标准品，每个水平做 6 个平行，按照方法规定的操作步骤进行测定，考察方法的回收率。结果表明在 100.0~1000.0μg/kg 添加浓度范围内回收率为 78.6%~118.4%，相对标准偏差（RSD）介于 0.9%~6.6%，均满足残留分析要求。

附录 A

香兰素、甲基香兰素和乙基香兰素标准品信息

表 A.8-2-1　三种标准品的中文名称、英文名称、CAS 登录号、分子式、相对分子量

序号	中文名称	英文名称	CAS 登录号	分子式	相对分子量
1	香兰素	Vanillin	121–33–5	$C_8H_8O_3$	152.14
2	甲基香兰素	Methyl vanillin	120–14–9	$C_9H_{10}O_3$	166.17
3	乙基香兰素	Ethyl vanIllin	121–32–4	$C_9H_{10}O_3$	166.17

参考质谱条件

质谱参数：

a）离子源：电喷雾离子源。

b）扫描方式：正离子扫描（ESI+）。

c）检测方式：多反应监测（MRM）。

d）离子化电压（IS）：5500V。

e）雾化气（Gas1）:50psi。

f）辅助气（Gas2）:50psi。

g）气帘气压力（CUR）：35psi。

h）雾化温度（TEM）：500℃。

i）定性离子对、定量离子对及其他质谱参数见表8-B-1。

表 8-B-1　三种化合物的定性离子对、定量离子对和质谱分析参数

序号	分析物	离子对 m/z	去簇电压 V	碰撞能量 eV	入口电压 V	出口电压 V
1	香兰素	153.1/93.1*	90	19	10	13
		153.1/125.0	90	14	10	13
2	甲基 香兰素	167.2/139.0*	100	17	10	13
		167.2/124.0	100	25	10	13
3	乙基 香兰素	167.2/111.0*	90	17	10	13
		167.2/93.0	90	23	10	13

*：定量离子

注：附录 B 所列参考质谱条件仅供参考，当采用不同质谱仪器时，仪器参数可能存在差异，测定前应将质谱参数优化到最佳。

附录 C

香兰素、甲基香兰素和乙基香兰素的标准色谱图

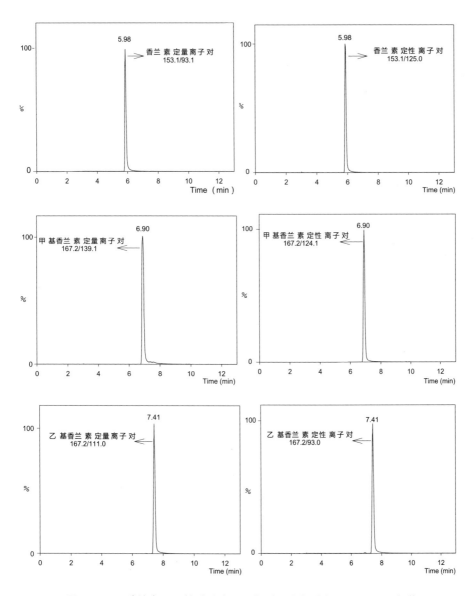

图 8-C-1 香兰素、甲基香兰素和乙基香兰素标准物质的 MRM 色谱图

第三节　常见问题释疑

1. 方法建立过程中是否验证了每种基质？

方法建立过程中针对液体乳、稀奶油、婴幼儿配方乳粉（不包括特殊医学用途的婴幼儿配方乳粉）、婴幼儿谷类辅助食品、谷物碾磨加工品、植物油脂几种基质中的香兰素、甲基香兰素和乙基香兰素 3 种化合物，分别考察了基质效应，并进行了 3 个浓度的方法学验证，结果符合 GB/T 27404—2008 的要求。

2. 质谱参数是否可根据实际机器情况进行修改？

因各检验机构所使用的高效液相色谱 – 质谱联用仪的品牌各不相同，仪器的参数指标各不相同，对于质谱参数部分（定性和定量离子对的选择除外）可根据所使用的仪器实际情况进行适当调整，满足方法要求即可。

本方法开发中针对香兰素、甲基香兰素和乙基香兰素三种化合物分别建立了 AB QTRAP 5500、Agilent 6460、Agilent 6495、Waters xevo TQ–S 四种质谱检测仪的质谱分析参数，相应标准品谱图见图 8-2-1。此外，方法验证单位分别选用 AB QTRAP 4500、Agilent 6410、Agilent 6460 和 Thermo TSQ Endura 等不同型号的质谱仪，结果表明，根据所使用的仪器实际情况进行质谱参数优化能够满足相应的质谱检测。

3. 试样制备稀释倍数问题？

因实际检测过程中不同的食品中添加香兰素、甲基香兰素和乙基香兰素的浓度不同，在检测过程中可根据样品的浓度进行稀释，使样品测定浓度在标准曲线浓度范围内以方便计算。样品稀释建议采用一步稀释。

4. 分析方法中的基质效应问题？

液相色谱 – 串联质谱的检测中，基质效应的存在会影响电喷雾离子源的离子化效率，导致被分析物的信号强度有不同程度的增强或减弱，从而影响分析结果的准确性。本方法为评价基质效应，分别绘制了三种化合物的溶剂标准曲线和基质匹配标准曲线。根据基质标准曲线与溶剂标准曲线的斜率比值来评价不同食物基质对三种化合物的基质效应差异。结果表明，所检测的三种化合物在所研究的 6 种食物基质中的基质效应较弱（–4.4%~–16.5%），总体表现为基质减弱效应，见图 8-3-1。为了更加准确地定量测定被分析物，本方法采用空白基质匹配标准曲线来补偿基质效应。

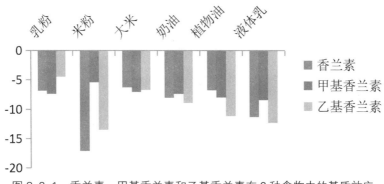

图 8-3-1　香兰素、甲基香兰素和乙基香兰素在 6 种食物中的基质效应

5. 如何实现空白基质配制曲线？

欧盟委员会指令 2002/657/EC 中指出，在使用外标的情况下，校准标样必须是制备于尽可能与样品溶液中组分相同的溶液当中。由于基质效应依赖于所分析的基质，那么获得精确结果的最好方式就是对每种基质使用其基质匹配标液。由于基质效应与基质的类型有很大的关系，因而欲应用基质校准法获得最准确的结果时，需要有与每种类型样品都严格匹配的基质，这对常规检验实验室来说并不容易实行。为了避免每个样品种类都要配制其基质匹配标样，若能有一种或几种可用于校准多种样品基质效应的标准物质或可通用的基质是非常有意义的。

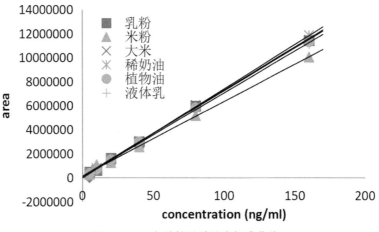

图 8-3-2　六种基质香兰素标准曲线

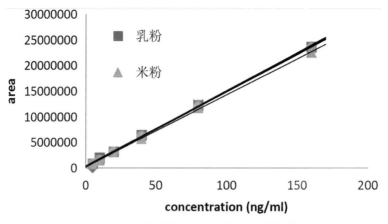

图 8-3-3　六种基质甲基香兰素标准曲线

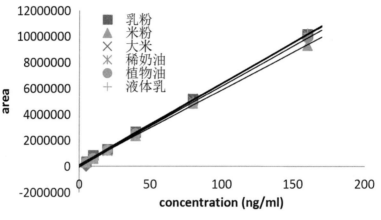

图 8-3-4　六种基质乙基香兰素标准曲线

　　在本方法研究中，三种化合物在六种基质的匹配标准曲线见图 8-3-2～图 8-3-4，由图可见，除米粉外，在本研究规定的浓度范围内，对组成成分差异较大的 5 种样品，三种化合物标准曲线斜率较为接近，说明样品组成成分的差异未对化合物的定量产生较大影响。但是为了定量的准确性，我们最终还是按样品性质确定 6 类空白基质进行配制基质标曲并用外标法定量。

　　进一步的，本研究针对六种基质样品进行了共 170 批次检测。其中甲基香兰素没有检出，乙基香兰素仅在部分婴幼儿配方乳粉和婴幼儿谷物辅助食品中有检出，香兰素在大多数基质中都有检出。尽管我们的检出批次有限，但根据已有的数据，我们可以对不同种类的食品给出建议基质选择。对于乳粉而言，由于婴儿配方奶粉中香兰素和乙基香兰素检出率低且含量较低，对婴儿配方奶粉、较大婴儿配方奶粉、幼儿配方奶粉选择婴儿配方奶粉作为基质实现基质匹配校准法。液体乳包含巴氏杀菌乳、灭菌乳和发酵乳，可选择巴氏杀菌乳作为基质实现基质匹配校准法。稀奶油可直接选取市售样品作为基质实现基质匹配校准法。植物油酯可选择玉米油或大豆油作为基质实现基质匹配校准法。谷物碾磨加工品尽管大部分样品均有香兰素检出，但一般含量很低，因该化合物为天然产物（其内源性还有待于进一步确认），由此可选择大米或小麦粉作为基质，通过基质加标扣除本底实现基质匹配校准法。对于婴幼儿谷物辅助食品因其主要配方来源为谷物碾磨加工品，在所检样品中香兰素的含量与谷物碾磨加工品也基本一致，因此我们采用与谷物碾磨加工品一样的方法，通过基质加标扣除本底实现基质匹配校准法。

6. 方法对色谱柱的选择要求？

香兰素、乙基香兰素和甲基香兰素的极性均较弱，因此主要考察常规反相色谱柱的柱分离效果，分别选用 Waters HSS T$_3$ 柱（2.1mm × 100mm，2.5μm）、Agilent poroshell 120 EC C$_{18}$ 柱（4.6mm × 50mm，2.7μm）、Kinretex F$_5$ 柱（3.0mm × 50mm，2.6μm）、Agilent XDB C$_{18}$ 柱（4.6mm × 50mm，1.8μm）和 Agilent SB C$_{18}$（2.1mm × 100mm，1.8μm）5 种不同柱填料和不同封端色谱柱。结果表明，在本研究设定的流动相梯度洗脱条件下，3 种化合物在 5 种色谱柱上都有较好的色谱保留行为，除甲基香兰素和乙基香兰素在 Kinretex F5 柱上表现出较弱的分离度外，3 种化合物在其他 4 种色谱柱上都能达到较好的色谱峰分离效果，如图 8-3-5 所示。相比较而言 3 种化合物在 Agilent XDB C$_{18}$ 色谱柱上有最大的分离度和较好的色谱峰保留行为，因此作为本研究的首选色谱柱。此外 5 家验证单位分别采用 InertSustain AQ-C$_{18}$ HP（2.1mm × 50mm，3μm）、Agilent XDB C$_{18}$（2.1mm × 150mm，5μm）、Agilent Eclipse XDB-C$_{18}$（2.1mm × 100mm 1.8um）、资生堂 MG Ⅲ -C$_{18}$ 柱（5μm，2.0mm × 150mm）和 Agilent XDB C$_{18}$（4.6mm × 50mm，2.7μm）等不同品牌型号色谱柱对方法进行验证，方法适用性均满足要求。

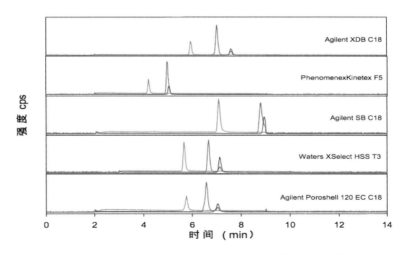

图 8-3-5 3 种化合物在 5 种不同反相 C$_{18}$ 色谱柱上的色谱图

7. 本方法的回收率及准确度？

A：方法回收率

按照方法文本称取液体乳、乳粉、婴幼儿谷类辅助食品、稀奶油、植物油和大米空白或本底较低的样品，按照三个浓度水平 100μg/kg、200μg/kg、1000μg/kg 分别添加适量的三种化合物标准品，每个水平做 6 个平行，按照方法规定的操作步骤进行测定，考察方法的回收率，具体数据见表 8-3-1。结果表明：在乳粉、婴幼儿谷类辅助食品、液体乳三种基质中，三种化合物添加水平在 100~1000μg/kg 时，回收率介于 80.5% ~105.1%，相对标准偏差（RSD）介于 0.9%~6.6%；在稀奶油、植物油、大米三种基质中添加水平在 100~1000μg/kg 时，回收率介于 83.4%~96.8%，相对标准偏差（RSD）介于 2.0%~5.6%，均满足残留分析要求。

表 8-3-1　方法回收率检验结果

样品种类	化合物	加标水平（μg/kg）	回收率范围（%）	平均值（%）	相对标准偏差（%）
乳粉	香兰素	100	99.2~105.1	100.7	3.3
		200	98.6~101.4	99.9	0.9
		1000	97.5~101.8	99.6	1.7
	甲基香兰素	100	92.8~97.3	95.3	1.9
		200	94.0~96.2	95.5	4.4
		1000	96.0~100.1	96.9	3.9
	乙基香兰素	100	99.2~105.6	101.7	2.4
		200	98.3~101.8	100.4	1.2
		1000	97.5~100.5	99	1.2
米粉	香兰素	100	86.2~101.6	94.8	6.6
		200	88.2~100.5	94.6	6
		1000	83.0~94.0	88.7	5
	甲基香兰素	100	86.5~94.2	90.1	3.4
		200	88.4~96.8	92.4	3.3
		1000	84.6~87.9	86.6	1.7
	乙基香兰素	100	85.8~96.0	91.3	4.3
		200	85.5~96.4	91.4	4.4
		1000	80.5~96.0	88.4	5.6

续　表

样品种类	化合物	加标水平（μg/kg）	回收率范围（%）	平均值（%）	相对标准偏差（%）
液体乳	香兰素	100	98.5~103.4	100.8	1.9
		200	93.0~105.0	97.7	4.4
		1000	92.4~98.0	94.6	2.1
	甲基香兰素	100	91.3~98.6	95.3	3.2
		200	89.8~98.1	94.7	3.1
		1000	93.2~99.0	96.4	2.3
	乙基香兰素	100	91.5~99.8	95.6	4
		200	92.0~97.5	94.3	2.4
		1000	89.1~100.3	95.2	4.6
稀奶油	香兰素	100	85.7~92.3	89.6	2.6
		200	85.9~94.8	90.8	3.9
		1000	87.1~93.9	90.3	2.7
	甲基香兰素	100	84.3~91.1	87.8	3.3
		200	84.4~93.3	88.5	3.9
		1000	83.9~90.9	87.6	2.9
	乙基香兰素	100	84.6~93.0	89.3	3.9
		200	86.5~95.7	92.4	3.7
		1000	85.5~92.6	89.0	2.9
植物油	香兰素	100	84.1~93.0	89	3.4
		200	89.3~96.8	92.8	3.1
		1000	85.8~94.3	90.1	3.7
	甲基香兰素	100	83.4~94.2	89.1	4.5
		200	84.8~92.2	89.5	3.1
		1000	87.0~95.1	91	3.6
	乙基香兰素	100	84.0~94.2	89.4	4.6
		200	87.2~96.6	92.3	4.4
		1000	86.9~96.1	90.9	3.4

样品种类	化合物	加标水平（μg/kg）	回收率范围（%）	平均值（%）	相对标准偏差（%）
大米	香兰素	100	84.1~96.5	90	5.3
		200	90.7~95.6	92.6	2
		1000	88.0~95.3	91.6	3.2
	甲基香兰素	100	87.0~93.6	90.2	2.6
		200	85.4~93.7	89.7	4.6
		1000	89.9~96.5	92.8	2.6
	乙基香兰素	100	84.3~93.5	88.3	4.1
		200	83.4~90.8	87.4	3.1
		1000	83.4~90.8	92	3.2

B：方法准确度（组内实验）

为考察不同检测人员对方法的重复性，本实验室不同检测人员分别进行添加回收实验，添加浓度为100μg/kg，检测结果如表8-3-2所示，结果表明组内数据均无显著性差异。

表8-3-2　实验室不同检测人员的检测结果（添加浓度为100μg/kg）

基质名称	化合物	A（n=3）		B（n=3）		C（n=3）	
		平均值 μg/kg	相对标准偏差 %	平均值 μg/kg	相对标准偏差 %	平均值 μg/kg	相对标准偏差 %
乳粉	香兰素	100.7	3.3	98.6	0.9	97.3	5.6
	甲基香兰素	95.3	1.9	97.5	2.7	102.3	5.4
	乙基香兰素	101.7	1.7	100.3	2.5	98.9	1.1
米粉	香兰素	94.8	6.6	93.6	2.4	95.3	3.0
	甲基香兰素	90.1	3.4	92.7	3.1	89.7	1.8
	乙基香兰素	91.3	4.3	93.3	5.2	92.2	5.9
液体乳	香兰素	100.8	1.9	94.7	3.1	96.3	2.3
	甲基香兰素	95.3	3.2	96.1	3.9	94.4	4.3
	乙基香兰素	95.6	4.0	92.5	4.2	95.1	1.1
稀奶油	香兰素	89.6	2.6	90.5	1.3	92.2	2.3
	甲基香兰素	87.8	3.3	92.1	4.3	89.5	1.3
	乙基香兰素	89.3	3.9	88.4	5.2	91.6	5.3

续　表

基质名称	化合物	A（n=3）		B（n=3）		C（n=3）	
		平均值 µg/kg	相对标准偏差 %	平均值 µg/kg	相对标准偏差 %	平均值 µg/kg	相对标准偏差 %
大米	香兰素	90	5.3	92.3	4.9	92.0	4.0
	甲基香兰素	90.2	2.6	87.3	5.4	91.7	1.6
	乙基香兰素	88.3	4.1	91.8	5.6	92.8	6.4
植物油	香兰素	89	3.4	87.5	1.5	89.8	3.0
	甲基香兰素	89.1	4.5	90.4	2.7	93.4	3.5
	乙基香兰素	89.4	4.6	91.7	3.7	92.8	4.2

C：方法准确度（组间实验）

根据方法验证要求，牵头单位组织中国食品药品检定研究院、北京市食品安全监控和风险评估中心、深圳出入境检验检疫局食品检验检疫技术中心、上海市食品药品检验所、辽宁省出入境检验检疫局食品检验检疫技术中心五家参与单位对食品中香兰素、甲基香兰素和乙基香兰素的检测方法进行了方法学验证。反馈结果表明，仪器参数条件、前处理方法和各项性能指标均能满足方法要求。各参与单位选取 6 种食品基质（乳粉、米粉、液体乳、稀奶油、大米、植物油）进行添加回收实验和精密度实验。准确称取 1g 或 2g（精确至 0.01g）空白样品，添加 3 种香味剂标准品，分别制成添加水平为 100µg/kg、200µg/kg 和 1000µg/kg 的样品各一式 6 份，按本方法进行重复性实验，计算平均回收率和相对标准偏差。结合牵头单位六家单位的验证结果汇总见表 8-3-3，并据此依据 GB/T6379.2 进行相关的统计分析，结果见表 8-3-4~8-3-10。

表 8-3-3　六家单位的验证结果汇总

样品种类	化合物	加标水平（µg/kg）	回收率范围（%）	相对标准偏差范围（%）
乳粉	香兰素	100	81.8~108.7	3.3~6.7
		200	92.5~112.2	2.2~6.8
		1000	82.3~108.9	1.2~4.9
	甲基香兰素	100	83.9~109.5	1.8~6.6
		200	84.0~114.0	1.0~8.6
		1000	85.1~108.8	1.5~7.5
	乙基香兰素	100	80.3~108.2	1.5~4.7
		200	93.0~110.3	1.4~4.1
		1000	84.8~109.6	0.9~4.5

样品种类	化合物	加标水平（μg/kg）	回收率范围（%）	相对标准偏差范围（%）
		100	84.8~118.4	3.4~6.6
	香兰素	200	83.5~107.6	3.1~8.2
		1000	84.6~107.9	1.3~7.8
		100	84.1~104.0	2.1~4.7
米粉	甲基香兰素	200	82.8~106.0	1.9~7.4
		1000	80.5~107.0	1.1~7.3
		100	81.7~108.0	2.2~4.8
	乙基香兰素	200	81.5~105.0	1.4~5.5
		1000	81.8~102.0	0.8~8.1
		100	92.2~117.2	1.9~6.7
	香兰素	200	91.4~112.7	1.3~5.7
		1000	88.1~106.0	1.9~4.4
液体乳		100	87.2~111.1	1.6~5.1
	甲基香兰素	200	84.0~111.0	1.8~5.2
		1000	80.8~101.5	1.4~2.3
		100	85.6~105.9	2.0~4.7
液体乳	乙基香兰素	200	84.9~110.3	2.1~5.0
		1000	88.5~104.0	1.0~5.3
		100	81.3~118.0	2.6~5.6
	香兰素	200	85.9~114.7	2.0~9.3
		1000	86.6~108.8	2.3~5.8
		100	81.9~103.1	1.6~4.4
稀奶油	甲基香兰素	200	82.1~108.0	1.1~5.1
		1000	80.2~104.0	2.0~3.4
		100	84.6~106.5	3.2~5.3
	乙基香兰素	200	84.4~105.1	2.5~4.4
		1000	84.6~101.9	1.0~3.7

续 表

样品种类	化合物	加标水平（μg/kg）	回收率范围（%）	相对标准偏差范围（%）
植物油	香兰素	100	83.0~107.7	2.5~5.1
		200	89.3~107.4	2.6~6.2
		1000	82.5~107.0	1.8~3.7
	甲基香兰素	100	83.4~105.0	2.6~5.3
		200	80.7~109.0	1.4~3.6
		1000	83.1~108.0	1.4~4.0
	乙基香兰素	100	79.5~106.5	2.0~5.6
		200	82.0~102.5	2.4~5.3
		1000	85.1~104.5	1.7~3.3
大米	香兰素	100	78.6~106.7	1.9~7.0
		200	87.5~109.2	2.0~4.6
		1000	86.9~114.8	1.1~5.4
	甲基香兰素	100	79.5~106.0	1.7~5.5
		200	84.5~107.0	1.9~5.2
		1000	86.4~110.5	1.1~5.3
	乙基香兰素	100	84.3~107.9	2.5~6.3
		200	83.4~110.4	1.4~4.4
		1000	89.2~109.6	0.6~4.7

表 8-3-4 香兰素数据检验结果汇总表

基质名称	添加水平（μg/kg）	科克伦检验（C）			格拉布斯检验（G）		
		计算结果	临界值		计算结果	临界值	
			5%	1%		5%	1%
乳粉	100	0.336	0.445	0.520	1.928	2.823	3.191
	200	0.344	0.445	0.520	2.061	2.823	3.191
	1000	0.313	0.445	0.520	2.259	2.823	3.191
米粉	100	0.255	0.445	0.520	2.333	2.823	3.191
	200	0.428	0.445	0.520	2.384	2.823	3.191
	1000	0.426	0.445	0.520	2.571	2.823	3.191

基质名称	添加水平 （μg/kg）	科克伦检验（C）			格拉布斯检验（G）		
		计算结果	临界值		计算结果	临界值	
			5%	1%		5%	1%
液体乳	100	0.411	0.445	0.520	2.774	2.823	3.191
	200	0.286	0.445	0.520	2.256	2.823	3.191
	1000	0.457*	0.445	0.520	1.784	2.823	3.191
稀奶油	100	0.273	0.445	0.520	2.308	2.823	3.191
	200	0.378	0.445	0.520	2.828*	2.823	3.191
	1000	0.287	0.445	0.520	2.055	2.823	3.191
大米	100	0.274	0.445	0.520	1.931	2.823	3.191
	200	0.251	0.445	0.520	1.990	2.823	3.191
	1000	0.295	0.445	0.520	2.007	2.823	3.191
植物油	100	0.299	0.445	0.520	2.054	2.823	3.191
	200	0.260	0.445	0.520	1.999	2.823	3.191
	1000	0.402	0.445	0.520	2.610	2.823	3.191

表 8-3-5　甲基香兰素数据检验结果汇总表

基质名称	添加水平 （μg/kg）	科克伦检验（C）			格拉布斯检验（G）		
		计算结果	临界值		计算结果	临界值	
			5%	1%		5%	1%
乳粉	100	0.425	0.445	0.520	2.163	2.823	3.191
	200	0.363	0.445	0.520	2.205	2.823	3.191
	1000	0.266	0.445	0.520	2.083	2.823	3.191
米粉	100	0.396	0.445	0.520	2.139	2.823	3.191
	200	0.233	0.445	0.520	2.288	2.823	3.191
	1000	0.472*	0.445	0.520	2.288	2.823	3.191
液体乳	100	0.349	0.445	0.520	2.395	2.823	3.191
	200	0.464*	0.445	0.520	2.339	2.823	3.191
	1000	0.233	0.445	0.520	2.302	2.823	3.191

基质名称	添加水平 （μg/kg）	科克伦检验（C）			格拉布斯检验（G）		
		计算结果	临界值		计算结果	临界值	
			5%	1%		5%	1%
稀奶油	100	0.315	0.445	0.520	1.653	2.823	3.191
	200	0.264	0.445	0.520	2.005	2.823	3.191
	1000	0.355	0.445	0.520	1.575	2.823	3.191
大米	100	0.363	0.445	0.520	1.842	2.823	3.191
	200	0.280	0.445	0.520	2.016	2.823	3.191
	1000	0.321	0.445	0.520	1.879	2.823	3.191
植物油	100	0.373	0.445	0.520	2.365	2.823	3.191
	200	0.282	0.445	0.520	1.973	2.823	3.191
	1000	0.437	0.445	0.520	2.187	2.823	3.191

表 8-3-6　乙基香兰素数据检验结果汇总表

基质名称	添加水平 （μg/kg）	科克伦检验（C）			格拉布斯检验（G）		
		计算结果	临界值		计算结果	临界值	
			5%	1%		5%	1%
乳粉	100	0.412	0.445	0.520	2.340	2.823	3.191
	200	0.358	0.445	0.520	2.030	2.823	3.191
	1000	0.412	0.445	0.520	1.854	2.823	3.191
米粉	100	0.259	0.445	0.520	2.100	2.823	3.191
	200	0.385	0.445	0.520	2.497	2.823	3.191
	1000	0.433	0.445	0.520	1.817	2.823	3.191
液体乳	100	0.313	0.445	0.520	2.113	2.823	3.191
	200	0.345	0.445	0.520	2.514	2.823	3.191
	1000	0.479*	0.445	0.520	2.075	2.823	3.191
稀奶油	100	0.262	0.445	0.520	1.880	2.823	3.191
	200	0.325	0.445	0.520	2.090	2.823	3.191
	1000	0.414	0.445	0.520	2.027	2.823	3.191

基质名称	添加水平（μg/kg）	科克伦检验（C）			格拉布斯检验（G）		
		计算结果	临界值		计算结果	临界值	
			5%	1%		5%	1%
大米	100	0.382	0.445	0.520	1.896	2.823	3.191
	200	0.314	0.445	0.520	1.901	2.823	3.191
	1000	0.321	0.445	0.520	1.957	2.823	3.191
植物油	100	0.298	0.445	0.520	1.822	2.823	3.191
	200	0.354	0.445	0.520	2.029	2.823	3.191
	1000	0.441	0.445	0.520	2.463	2.823	3.191

表 8-3-7　香兰素重复性和再现性数据汇总表

基质名称	添加水平（μg/kg）	实验室内重复性标准差（Sr）	实验室间重复性标准差（SR）	实验室内重复性相对标准差（%）	实验室间重复性相对标准差（%）
				验证结果	验证结果
乳粉	100	4.298	7.680	4.5	8.1
	200	7.094	11.554	3.5	5.7
	1000	35.812	77.950	3.6	7.9
米粉	100	5.055	9.316	5.1	9.4
	200	10.115	12.729	5.1	6.5
	1000	46.815	59.948	5.0	6.5
液体乳	100	4.696	6.612	4.7	6.6
	200	8.456	13.040	4.3	6.6
	1000	26.471	57.043	2.7	5.9
稀奶油	100	4.175	9.635	4.3	9.9
	200	7.914	12.592	4.1	6.4
	1000	28.603	72.655	3.0	7.6
大米	100	4.720	7.860	5.0	8.4
	200	7.795	12.177	4.0	6.2
	1000	27.071	97.276	2.7	9.8

基质名称	添加水平 （μg/kg）	实验室内重复 性标准差（Sr）	实验室间重 复性标准差 （SR）	实验室内重复性相对标 准差（%）	实验室间重复性相对标 准差（%）
				验证结果	验证结果
植物油	100	3.906	7.679	4.1	8.0
	200	6.550	10.350	3.4	5.3
	1000	35.169	64.650	3.7	6.9

表 8-3-8　甲基香兰素重复性和再现性数据汇总表

基质名称	添加水平 （μg/kg）	实验室内重复 性标准差（Sr）	实验室间重 复性标准差 （SR）	实验室内重复性相对标 准差（%）	实验室间重复性相对标 准差（%）
				验证结果	验证结果
乳粉	100	3.879	8.442	4.0	8.7
	200	6.870	14.756	3.4	7.4
	1000	38.441	58.918	3.9	6.0
米粉	100	3.014	5.882	3.3	6.4
	200	8.712	11.544	4.7	6.2
	1000	37.443	67.676	4.1	7.3
液体乳	100	3.373	6.400	3.5	6.6
	200	6.666	14.797	3.5	7.7
	1000	18.465	58.544	2.0	6.3
稀奶油	100	3.252	7.110	3.5	7.6
	200	7.272	15.724	3.9	8.4
	1000	28.455	87.925	3.1	9.4
大米	100	3.570	7.452	3.9	8.0
	200	7.543	13.193	3.9	6.8
	1000	32.277	72.459	3.3	7.3
植物油	100	3.314	6.942	3.7	7.7
	200	7.298	15.020	3.9	8.1
	1000	33.680	66.958	3.6	7.1

表 8-3-9　乙基香兰素重复性和再现性数据汇总表

基质名称	添加水平（μg/kg）	实验室内重复性标准差（Sr）	实验室间重复性标准差（SR）	实验室内重复性相对标准差（%）验证结果	实验室间重复性相对标准差（%）验证结果
乳粉	100	2.876	8.401	2.9	8.5
	200	6.072	9.774	3.0	4.8
	1000	27.514	74.630	2.8	7.7
婴幼儿配方食品	100	3.951	7.440	4.2	8.0
	200	6.264	11.334	3.3	6.0
	1000	44.766	61.820	4.9	6.7
液体乳	100	3.284	5.107	3.4	5.3
	200	7.251	12.126	3.8	6.3
	1000	30.254	44.630	3.2	4.7
稀奶油	100	4.243	6.149	4.4	6.4
	200	6.320	10.985	3.3	5.8
	1000	21.011	55.767	2.3	6.0
大米	100	4.325	6.561	4.5	6.8
	200	6.281	15.448	3.2	7.9
	1000	23.240	69.464	2.4	7.1
植物油	100	3.570	7.866	3.8	8.5
	200	6.819	12.731	3.6	6.8
	1000	29.364	60.996	3.2	6.6

表 8-3-10　重复性限（r）和再现性限（R）数据汇总表

化合物	基质名称	添加水平 100（μg/kg）重复性限（r）	再现性限（R）	添加水平 200（μg/kg）重复性限（r）	再现性限（R）	添加水平 1000（μg/kg）重复性限（r）	再现性限（R）
香兰素	乳粉	12.0	21.5	19.9	32.4	100.3	218.3
	婴幼儿配方食品	14.2	26.1	28.3	35.6	131.1	167.9
	液体乳	13.1	18.5	23.7	36.5	74.1	159.7
	稀奶油	11.7	27.0	22.2	35.3	80.1	203.4
	大米	13.2	22.0	21.8	34.1	75.8	272.4
	植物油	10.9	21.5	18.3	29.0	98.5	181.0

续 表

化合物	基质名称	添加水平 100（μg/kg）		添加水平 200（μg/kg）		添加水平 1000（μg/kg）	
		重复性限（r）	再现性限（R）	重复性限（r）	再现性限（R）	重复性限（r）	再现性限（R）
甲基香兰素	乳粉	10.9	23.6	19.2	41.3	107.6	165.0
	婴幼儿配方食品	8.4	16.5	24.4	32.3	104.8	189.5
	液体乳	9.4	17.9	18.7	41.4	51.7	163.9
	稀奶油	9.1	19.9	20.4	44.0	79.7	246.2
	大米	10.0	20.9	21.1	36.9	90.4	202.9
	植物油	9.3	19.4	20.4	42.1	94.3	187.5
乙基香兰素	乳粉	8.1	23.5	17.0	27.4	77.0	209.0
	婴幼儿配方食品	11.1	20.8	17.5	31.7	125.3	173.1
	液体乳	9.2	14.3	20.3	34.0	84.7	125.0
	稀奶油	11.9	17.2	17.7	30.8	58.8	156.1
	大米	12.1	18.4	17.6	43.3	65.1	194.5
	植物油	10.0	22.0	19.1	35.6	82.2	170.8

结合牵头单位实验数据，试验共产生 1944 个原始数据，形成 324 个试验平均值，经统计分析，试验重复性相对标准差和实验室间再现性相对标准差结果均小于 15%，本方法的重复性和再现性均能满足 GB/T6379.2 的准确度要求，表明本方法具有较好的重复性和再现性，检测结果满意。

执笔人：曲宝成　张敬波

第九章

《食品中氯酸盐和高氯酸盐的测定》
（BJS 201706）

第一节　方法概述

高氯酸盐又称为"强力甲状腺毒素"，对人类健康有较大危害，因其具有极易溶于水和稳定性强等特点，1997 年被美国国家环境保护局公布为环境污染物。与其相近的化学物质氯酸盐也引起了大众们的关注。欧洲食品安全管理局于 2015 年 6 月 15 日发布的"氯酸盐危害报告"中提出，氯酸盐也有类似于高氯酸盐的毒理作用。研究发现地下水、饮用水、肉制品、谷物、果蔬、饮料等食品中普遍存在高氯酸盐和氯酸盐的污染，近年来输欧茶叶中首次发现的"新型污染物"高氯酸盐事件唤起了国内公众的高度关注，氯酸盐、高氯酸盐已成为世界范围内的污染问题。因此，建立简单快速、准确可靠的氯酸盐和高氯酸盐检测方法已迫在眉睫。

目前，高氯酸盐和氯酸盐的检测方法有：离子色谱法、分光光度法、离子色谱 – 质谱法和高效液相色谱 – 质谱法。针对高氯酸盐，分光光度法和离子谱法的检出限也只能达到 50μg /L，无法满足 EPA 推荐的限量浓度（10μg/L）。虽然离子色谱 – 质谱法灵敏度较高、检出限低，但是该设备在食品检测行业配备较少，不利于推广应用。高效液相色谱 – 质谱法具有前处理简单、检测速度快、检测结果准确可靠等优点，已逐渐成为无机阴离子的重要检测手段。因此建立食品中氯酸盐和高氯酸盐的高效液相色谱 – 质谱检测方法，能够有效解决无机阴离子检测过程中前处理复杂、定性判定困难、检测结果误差大等问题。

第二节　方法文本及重点条目解析

① 范围

本方法规定了食品中氯酸盐和高氯酸盐含量的液相色谱－串联质谱测定方法。

本方法适用于包装饮用水、液体乳、大米、胡萝卜、哈密瓜、猪肉、鱼肉、茶叶、婴幼儿配方乳粉（不包括特殊医学用途的婴幼儿配方乳粉）中氯酸盐和高氯酸盐的测定。

参考欧洲食品安全局发布的科学观点（SCIENTIFIC OPINION）及氯酸盐、高氯酸盐风险报告，结合我国的膳食特性及婴幼儿食品安全风险，本方法选择了包装饮用水、液体乳、大米、胡萝卜、哈密瓜、猪肉、鱼肉、茶叶、婴儿配方乳粉基质作为研究对象进行研究。

② 原理

试样经提取、离心后，上清液经固相萃取柱净化，用液相色谱－串联质谱测定，内标法定量。

③ 试剂和材料

3.1 试剂

3.1.1 乙腈（CH_3CN）：色谱纯。

3.1.2 甲醇（CH_3OH）：色谱纯。

3.1.3 甲酸（HCOOH）：色谱纯。

3.1.4 甲酸铵（$HCOONH_4$）：液质联用级。

3.1.5 超纯水（H_2O）：电阻率为 $18.2M\Omega \cdot cm$。

3.2 试剂配制

3.2.1 含 0.1% 甲酸的水溶液：量取 1.0mL 甲酸（3.1.3）至 1000mL 容量瓶，用超纯水（3.1.5）稀释至刻度，混匀。

3.2.2 20mmol/L 甲酸铵溶液：称取 0.63g 甲酸铵（3.1.4），用超纯水（3.1.5）溶

解并稀释至 500mL，混匀。

3.2.3 甲酸铵甲醇溶液：取 100mL 甲酸铵溶液（3.2.2），加入 200mL 甲醇（3.1.2），混匀。

3.3 标准品

3.3.1 氯酸钠盐标准品：采用具有证书的标准品或高纯试剂，纯度＞99%。中文名称、英文名称、CAS 登录号、分子式、相对分子量详见表 9-2-1。

3.3.2 高氯钠盐标准品：采用具有证书的标准品或高纯试剂，纯度＞99%。中文名称、英文名称、CAS 登录号、分子式、相对分子量详见表 9-2-1。

表 9-2-1　氯酸盐和高氯酸盐的中文名称、英文名称、CAS 登录号、分子式、相对分子量

中文名称	英文名称	CAS 登录号	分子式	相对分子量
氯酸钠	Sodium chlorate	7775-09-9	$NaClO_3$	106.44
高氯酸钠	Sodium perchlorate	7601-89-0	$NaClO_4$	122.45

3.4 同位素内标

3.4.1 氯酸盐同位素内标：氯酸盐 $-^{18}O_3$（200μg/mL，以氯酸根 $-^{18}O_3$ 离子计，北京振祥提供，EURL-SRM Lot No：024），4℃保存。

3.4.2 高氯酸盐同位素内标：高氯酸盐 $-^{18}O_4$（100μg/mL，以高氯酸根 $-^{18}O_4$ 离子计，美国剑桥提供，CIL OLM-7310-1.2），4℃保存。

3.5 标准溶液的配制

3.5.1 氯酸盐标准储备液（1mg/mL，以氯酸根计）：精密称取氯酸钠 0.128g（精确至 0.0001g），置于 100mL 容量瓶中，用超纯水（3.1.5）溶解并稀释至刻度，摇匀，制成浓度为 1mg/mL 标准储备液，4℃保存。

3.5.2 高氯酸盐标准储备液（1mg/mL，以高氯酸根计）：精密称取高氯酸钠 0.123g（精确至 0.0001g），置于 100mL 容量瓶中，用超纯水（3.1.5）溶解并稀释至刻度，摇匀，制成浓度为 1mg/mL 标准储备液，4℃保存。

3.5.3 混合标准中间液：分别准确量取 0.2mL 氯酸盐标准储备液（3.5.1）、0.1mL 高氯酸盐标准储备液（3.5.2），置于同一 100mL 容量瓶中，用超纯水（3.1.5）稀释至刻度，摇匀，制成氯酸盐、高氯酸盐浓度分别为 2.0μg/mL、1.0μg/mL 的混合标准中间液，4℃保存。

3.5.4 混合同位素内标液：分别准确量取 75μL 氯酸盐同位素内标（3.4.1）、20μL 高氯酸盐同位素内标（3.4.2）置于同一 10.0mL 容量瓶中，用超纯水（3.1.5）稀释至

刻度，摇匀，制成氯酸盐 $-^{18}O_3$、高氯酸盐 $-^{18}O_4$ 浓度分别为 1500ng/mL、200ng/mL 的混合同位素内标液，4℃保存。

3.5.5 混合标准工作溶液：分别准确量取混合标准中间液（3.5.3）0μL、10μL、25μL、50μL、75μL、100μL、250μL、500μL、750μL、1000μL，及混合同位素内标液（3.5.4）100μL，用甲酸铵甲醇溶液（3.2.3）稀释并定容至 10mL，作为混合标准工作溶液 S0、S1~S9。氯酸盐浓度依次为：0.00ng/mL、2.00ng/mL、5.00ng/mL、10.0ng/mL、15.0ng/mL、20.0ng/mL、50.0ng/mL、100ng/mL、150ng/mL、200ng/mL，高氯酸盐浓度依次为：0.00ng/mL、1.00ng/mL、2.50ng/mL、5.00ng/mL、7.50ng/mL、10.0ng/mL、25.0ng/mL、50.0ng/mL、75.0ng/mL、100ng/mL，混合标准工作液中氯酸盐 $-^{18}O_3$、高氯酸盐 $-^{18}O_4$ 浓度分别为 15.0ng/mL、2.0ng/mL，或依需要配制适当浓度的混合标准工作液。临用新制。

由于氯酸盐和高氯酸盐污染较普遍，部分试剂中有氯酸盐和高氯酸盐污染。因此试剂在使用前必须做氯酸盐和高氯酸盐本底值检测。

4 仪器和设备

4.1 液相色谱 – 串联质谱仪，配有电喷雾离子源（ESI 源）。

4.2 涡旋振荡器。

4.3 组织捣碎机。

4.4 均质器。

4.5 离心机：转速 ≥10000r/min。

4.6 电子天平：感量分别为 0.0001g 和 0.001g。

4.7 超声波恒温水浴振荡器。

4.8 具塞离心管：50mL。

4.9 PRiME HLB 固相萃取柱：3 cc，150mm，或性能相当者。

4.10 滤膜：0.22μm 再生纤维素材质。

通过前期实验，发现部分离心管、固相萃取柱和滤膜材料中有氯酸盐和高氯酸盐的污染。因此耗材在使用前必须做氯酸盐和高氯酸盐本底值检测。

5 试样制备与保存

5.1 包装饮用水

充分混匀，直接取用。

5.2 液体乳

充分摇匀，取适量有代表性的试样，均分成两份，作为试样和留样，分别装入洁净容器中，密封并标记，于4℃避光保存。

5.3 猪肉、鱼肉

取适量有代表性的可食部分试样，切成小块，组织捣碎机捣碎，均分成两份，作为试样和留样，分别装入洁净容器中，密封并标记，于–18℃避光保存。

5.4 胡萝卜、哈密瓜

取适量有代表性的试样，去皮去籽，切成小块，组织捣碎机捣碎，均分成两份，作为试样和留样，分别装入洁净容器中，密封并标记，于–18℃避光保存。

5.5 婴儿配方乳粉

充分混匀，取适量有代表性的试样，均分成两份，作为试样和留样，分别装入洁净容器中，密封并标记，于常温避光保存。

5.6 大米、茶叶

取适量有代表性的试样，粉碎机粉碎后过40目筛，均分成两份，作为试样和留样，分别装入洁净容器中，密封并标记，于常温避光保存。

试样制备前，选用超纯水对制备器械进行清洗，避免二次污染。

6 测定步骤

6.1 提取

6.1.1 包装饮用水：准确称取1.0mL试样，加入10.0μL混合同位素内标液（3.5.4），涡旋震荡10s，经0.22μm再生纤维素滤膜过滤后，取续滤液供液相色谱–串联质谱仪测定。

6.1.2 胡萝卜、哈密瓜、茶叶：准确称取1g（精确至0.001g）试样置于50mL具塞离心管（4.8）中，加入200μL混合同位素内标液（3.5.4），准确加入7.0mL超纯水（3.1.5），涡旋振荡5min，再准确加入13.0mL甲醇（3.1.2），混匀，振荡超声提取30min，10000r/min常温离心10min，取上清液待净化。

6.1.3 大米：准确称取 2g（精确至 0.001g）试样置于 50mL 具塞离心管（4.8）中，加入 200μL 混合同位素内标液（3.5.4），准确加入 7.0mL 超纯水（3.1.5），涡旋振荡 5min，再准确加入 13.0mL 甲醇（3.1.2），混匀，振荡超声提取 30min，10000r/min 常温离心 10min，取上清液待净化。

6.1.4 婴儿配方乳粉：准确称取 2g（精确至 0.001g）试样置于 50mL 具塞离心管（4.8）中，加入 150μL 混合同位素内标液（3.5.4），准确加入 5.0mL 0.1% 甲酸水溶液（3.2.1），迅速混匀，置于 45℃ 水浴超声 20min，涡旋振荡 5min，再准确加入 10.0mL 甲醇（3.1.2），混匀，10000r/min 常温离心 10min，取上清液待净化。

6.1.5 液体乳：准确称取 5g(精确至 0.001g) 试样置于 50mL 具塞离心管(4.8)中，加入 150μL 混合同位素内标液（3.5.4），加入 1.0mL 0.1% 甲酸水溶液（3.2.1），9.0mL 甲醇（3.1.2），涡旋振荡 5min，10000r/min 常温离心 10min，取上清液待净化。

6.1.6 猪肉、鱼肉：准确称取 2g（精确至 0.001g）试样置于 50mL 具塞离心管（4.8）中，加入 200μL 混合同位素内标液（3.5.4），准确加入 7.0mL 超纯水（3.1.5），13.0mL 甲醇（3.1.2），10000r/min 均质 30 s，10000r/min 常温离心 10min，取上清液待净化。

6.2 净化

吸取约 3.0mL 上述上清液（6.1.2~6.1.6），按附录 A 中的图 A. 8-3-1 方式连接固相萃取柱（4.9）及 0.22μm 再生纤维素滤膜，弃去 1~2mL 流出液，收集续滤液，供液相色谱 – 串联质谱仪测定。

本方法在样品的前处理过程中选择超纯水对试样进行涡旋浸润，让试样的组织得以溶胀，以便于提取剂提取待测物。婴幼儿配方乳粉选用 0.1% 的甲酸进行提取，有利于试样中蛋白质的沉淀。

氯酸根和高氯酸根是无机阴离子，在 PRiME HLB 固相萃取柱无保留。而试样中的蛋白质、磷脂、脂肪、鞣质等杂质会被 PRiME HLB 固相萃取柱的填料所吸附，因此可实现试样提取液的净化。

按照图 A.9-2-1 示意图进行净化时，PRiME HLB 固相萃取柱无需进行活化。

6.3 色谱测定

6.3.1 液相色谱 – 串联质谱检测

6.3.1.1 参考液相色谱条件

a）色谱柱：Acclaim TRINITY P1 复合离子交换柱（50mm×2.1mm，3μm；100mm×2.1mm，3μm），或性能相当者。

b）流动相：A 为乙腈，B 为 20mmol/L 甲酸铵溶液。梯度洗脱程序见表 9-2-2。

c）样品系列运行完后，按表 9-2-3 的色谱柱清洗梯度程序对色谱柱进行清洗。

d）流速：0.5mL/min。

e）柱温：35℃。

f）进样量：3μL。

表 9-2-2　梯度洗脱程序

50mm×2.1mm，3μm 规格色谱柱			100mm×2.1mm，3μm 规格色谱柱		
时间（min）	流动相 A（%）	流动相 B（%）	时间（min）	流动相 A（%）	流动相 B（%）
Initial	35	65	Initial	70	30
0.5	35	65	0.2	70	30
4.0	65	35	3.0	90	10
5.0	90	10	7.0	90	10
7.0	90	10	8.0	70	30
8.0	35	65	10.0	70	30

表 9-2-3　色谱柱清洗梯度程序

50mm×2.1mm，3μm 规格色谱柱				100mm×2.1mm，3μm 规格色谱柱			
时间（min）	流速（mL/min）	流动相 A（%）	流动相 B（%）	时间（min）	流速（mL/min）	流动相 A（%）	流动相 B（%）
Initial	0.5	35	65	Initial	0.5	70	30
10.0	0.15	90	10	15.0	0.15	90	10
100.0	0.15	90	10	150.0	0.15	90	10

表 9-2-2 的左边为 50mm×2.1mm，3μm 规格色谱柱的梯度洗脱程序，右边为 100mm×2.1mm，3μm 规格色谱柱的梯度洗脱程序。液体乳、猪肉、鱼肉、茶叶、婴儿配方乳粉基质的样液建议选用 100mm×2.1mm，3μm 规格色谱柱进行检测，其他基质的样液均可选用这两种规格色谱柱进行检测。

表 9-2-3 左边为 50mm×2.1mm，3μm 规格色谱柱的清洗梯度程序，右边为 100mm×

2.1mm，3μm 规格色谱柱的清洗梯度程序。建议在检测完当天的试样后，色谱柱采用对应的清洗梯度程序对色谱柱进行清洗后保存。

在灵敏度足够高的情况下，尽量减少进样量，以利于色谱柱寿命的延长。

6.3.1.2 参考质谱条件

a）离子源：电喷雾离子源（ESI 源）。

b）检测方式：多反应监测（MRM）。

c）扫描方式：负离子模式扫描。

d）毛细管电压：200V。

e）锥孔电压：60V。

f）脱溶剂温度：500℃。

g）脱溶剂气流量：1000L/h。

h）锥孔气流量：150L/h。

i）采用多反应监测（MRM）模式采集数据，质谱参数见表 9-2-4。

表 9-2-4　氯酸盐和高氯酸盐定性、定量离子对和质谱分析参数

化合物	母离子（m/z）	子离子（m/z）	锥孔电压（V）	碰撞能量（eV）
氯酸根	83.0*	67.0*	60	15
	85.0	69.0	60	15
高氯酸根	99.0*	83.0*	60	18
	101.0	85.0	60	18
氯酸根内标	89.0*	71.0*	60	16
高氯酸根内标	107.0*	89.0*	60	18

毛细管电压对检测灵敏度的影响较大。在进行氯酸盐和高氯酸盐的质谱条件优化时，应采用氯酸盐或高氯酸盐单标进行优化，不能使用混合标准溶液进行质谱条件优化。

6.3.2 标准工作曲线制作

将混合标准工作溶液（3.5.5）按仪器参考条件（6.3.1）进行测定。以混合标准工作溶液的浓度为横坐标，以内标校正后的响应值为纵坐标绘制标准工作曲线。

6.3.3 定性测定

在相同试验条件下测定试样和混合标准工作溶液，记录试样和混合标准工作液

中氯酸盐、高氯酸盐的色谱保留时间，以相对于最强离子丰度的百分比作为定性离子的相对离子丰度。若试样中检出与混合标准工作液（3.5.5）中氯酸盐、高氯酸盐保留时间一致的色谱峰，且其定性离子与浓度相当的标准溶液中相应的定性离子的相对丰度相比，偏差不超过表 9–2–5 规定的范围，则可以确定试样中检出相应的氯酸盐、高氯酸盐。

表 9–2–5　定性确证时相对离子丰度的最大允许偏差

相对离子丰度（%）	>50	>20~50	>10~20	≤10
允许的相对偏差（%）	±20	±25	±30	±50

6.3.4 定量测定

若试样检出与混合标准工作液（3.5.5）一致的氯酸盐、高氯酸盐，根据标准工作曲线按内标法以内标校正后的响应值计算得到其含量。

空白样品加标特征离子色谱图见附录 B 中的图 B.9–2–1、图 B.9–2–2。

6.4 空白试验

除不加试样外，均按试样同法操作。

7 结果计算

结果按公式（9–2–1）计算：

$$X=\frac{c \times V \times f}{m} \quad\cdots\cdots\cdots\cdots\cdots\cdots\cdots\cdots\cdots\cdots\cdots\cdots（9–2–1）$$

式中：

X—试样中各待测组分的含量，包装饮用水单位为微克每升（μg/L），其他样品单位为微克每千克（μg/kg）；

c—从标准工作曲线中读出的供试品溶液中各待测组分的浓度，单位为纳克每毫升（ng/mL）；

V—试样溶液最终定容体积，单位为毫升（mL）；

f—试样制备过程中的稀释倍数；

m—称样量，包装饮用水单位为毫升（mL），其他样品单位为克（g）。

计算结果以重复性条件下获得的两次独立测定结果的算术平均值表示，结果保留三位有效数字。

8 检测方法的灵敏度、准确度、精密度

8.1 灵敏度

当试样量为 1.0mL 时，包装饮用水中氯酸盐的检出限为 0.6μg/L、定量限为 2.0μg/L；高氯酸盐的检出限为 0.4μg/L、定量限为 1.0μg/L。

当试样量为 1g（精确至 0.001g）、定容体积为 20.0mL 时，胡萝卜、哈密瓜、茶叶中氯酸盐的检出限为 12.0μg/kg、定量限为 40.0μg/kg；高氯酸盐的检出限为 8.0μg/kg、定量限为 20.0μg/kg。

当试样量为 2g（精确至 0.001g）、定容体积为 20.0mL 时，猪肉、鱼肉、大米中氯酸盐的检出限为 6.0μg/kg、定量限为 20.0μg/kg；高氯酸盐的检出限为 4.0μg/kg、定量限为 10.0μg/kg。

当试样量为 5g（精确至 0.001g）、定容体积为 15.0mL 时，液体乳中氯酸盐的检出限为 1.8μg/kg、定量限为 6.0μg/kg；高氯酸盐的检出限为 1.2μg/kg、定量限为 3.0μg/kg。

当试样量为 2g（精确至 0.001g）、定容体积为 15.0mL 时，婴儿配方乳粉中氯酸盐的检出限为 4.5μg/kg、定量限为 15.0μg/kg；高氯酸盐的检出限为 3.0μg/kg、定量限为 7.5μg/kg。

8.2 准确度

本方法在 5~800μg/kg 添加浓度范围内，回收率为 80%~110%。

8.3 精密度

在重复性条件下获得的两次独立测定结果的绝对差值不得超过算术平均值的 20%。

净化方式示意图

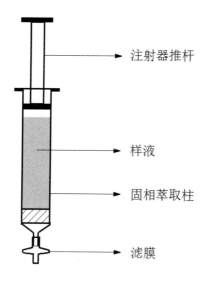

图 A.9-2-1　9 种基质样液净化方式示意图

氯酸盐、高氯酸盐特征离子色谱图

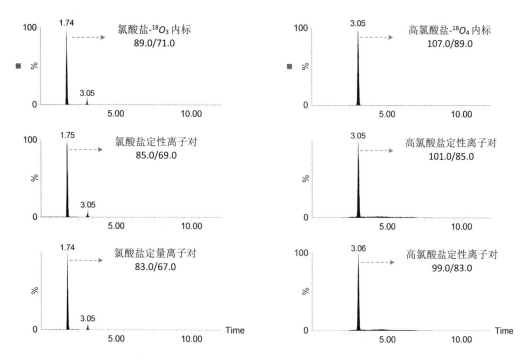

图 B.9-2-1　氯酸盐、高氯酸盐特征离子色谱图（50mm×2.1mm，3μm 规格色谱柱）

注：氯酸盐 $-^{18}O_3$ 内标、氯酸盐特征离子色谱图中，3.05min 处为高氯酸盐 $-^{18}O_4$ 内标、高氯酸盐的碎片离子峰。

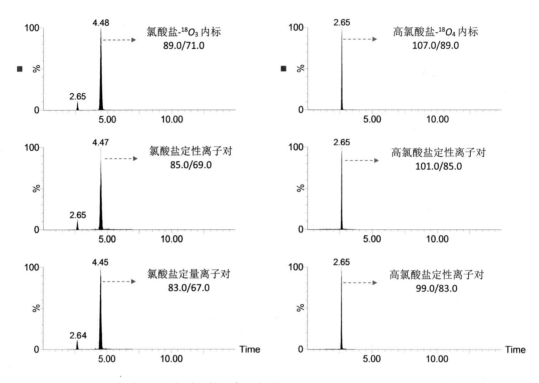

图 B.9-2-2 氯酸盐、高氯酸盐特征离子色谱图（100mm×2.1mm，3μm 规格色谱柱）

注：氯酸盐 $-^{18}O_3$ 内标、氯酸盐特征离子色谱图中，2.65、2.64min 处为高氯酸盐 $-^{18}O_4$ 内标、高氯酸盐的碎片离子峰。

第三节　常见问题释疑

1. 表9-2-3的色谱柱清洗梯度程序有什么作用？

无论正向色谱柱或反向色谱柱在进完样后，都需要设置清洗程序对色谱柱进行清洗，以清洗出色谱柱中富集的杂质，从而延长色谱柱的寿命。本方法使用的色谱柱为复合离子交换柱，该色谱柱不同于正向色谱柱或反向色谱柱，如果采用纯水或纯有机试剂进行清洗会造成色谱柱的损伤，因此在方法文本中给出了该色谱柱的清洗梯度程序。

2. 标准溶液中待测物保留时间和样液中待测物的保留时间有差异

由于方法使用的色谱柱为复合离子交换柱，待测物在该色谱柱中的保留极易受流动相中盐浓度的影响。对应 2.1mm 柱内径的复合离子交换柱，如果样液中有其他盐存在时，进样量大于 4μL 就会影响色谱柱中盐的浓度，从而造成保留时间的偏移。因此，在保证足够灵敏度的情况下，进样量越低越好。

3. 可否使用其他固相萃取柱来进行样液的净化

随着技术的进步，越来越多的固相萃取柱在不需要活化的情况下，对弱极性到中等极性的物质均具有较好的吸附能力。为什么本方法选用 PRiME HLB 固相萃取柱，就是因为该固相萃取柱在含有 60%~70% 甲醇的溶剂条件下，能够有效地吸附基质效应较强的磷脂、蛋白和鞣质等非极性组分，从而最大限度降低样液带入的基质效应以及基质对离子源的影响。因此，只要选用的固相萃取柱具备除去非极性基质干扰物的功能，就可用于样液的净化。

执笔人：李绍波　万渝平

第十章

《植物蛋白饮料中植物源性成分鉴定》
（BJS 201707）

第一节　方法概述

植物蛋白饮料在 GB/T 10798-2015 饮料通则中有准确的定义，即植物蛋白饮料是用植物果仁、果肉为原材料，经过一系列的调配加工，再通过高温灭菌工艺，用无菌包装制成的富含丰富的植物蛋白质饮料。植物蛋白饮料口感细腻、营养丰富，含有大量人体所需要的优质蛋白质、必需氨基酸、维生素、不饱和脂肪酸等，是老少皆宜的健康饮品，并得到了消费者的广泛认可，在饮料市场的占有率也逐年攀升。随着植物蛋白饮料市场份额的快速增长，一些不法商家在经济利益驱使下，采用价格低廉的花生或大豆为原材料仿造知名品牌的核桃乳饮料或杏仁乳饮料，以低价争抢市场，这种行为严重扰乱了市场秩序，侵害了消费者的合法权益，同时未标注的植物过敏原性成分也会对易敏体质消费者的健康造成伤害。因此引起了社会对植物蛋白饮料质量和安全的广泛关注，为保证植物蛋白饮料的的质量和保护消费者的合法权益，建立一种快捷、有效的检测植物蛋白饮料中掺杂其他植物蛋白的方法是十分迫切的，对社会的发展、人民生活质量的提高有着重要意义。

对于食品中植物源成分的检测，目前国内外有许多较为成熟的方法，主要有 ELISA、普通 PCR 和实时荧光定量 PCR 等。普通 PCR 的方法相对成熟，已有文献报道该方法应用于核桃乳（露）中大豆、花生的成分的检测。虽然这种方法较 ELISA 方法更为准确，避免了对大量抗体的需求，但是 PCR 方法在结果检测方面容易出现气溶胶污染，操作过程仍较为繁琐，费时费力，且对于亲缘性较近的物种进行检测时不够灵敏。实时荧光 PCR 具有很多优点，其准确性、特异性、精确性都较为突出，但目前该方法的研究主要集中在单一科属动植物的分类鉴定，对于食品掺假鉴定的相关文献较少，尤其是植物性食品掺假鉴定方面鲜有报道。本研究将实时荧光 PCR 技术应用于植物蛋白饮料的植物源性成分鉴定，旨在建立一种快速有效的检测方法，有效避免当前检测方法的不足，确保食品质量的安全性，提高相关部门的监管水平，稳定市场经济秩序。

第二节 方法文本及重点条目解析

植物蛋白饮料具有高营养价值。不法商家为谋取私利，采用价格低廉的花生或大豆等植物材料仿造核桃乳等饮料并以低价争抢市场。这种食品掺假行为严重侵害了生产者和消费者的合法权益，同时未标注的植物过敏原性成分也会对易敏体质消费者的健康造成危害。

1 范围

本方法规定了食品核桃源性成分、花生源性成分、杏仁源性成分、芝麻源性成分、榛子源性成分、大豆源性成分鉴定的实时荧光 PCR 方法。

本方法适用于核桃露（乳）、杏仁露、果仁露等复合植物蛋白饮料中标识含有核桃源性成分、花生源性成分、杏仁源性成分、芝麻源性成分、榛子源性成分、大豆源性成分的检测及鉴定。

根据市场调研，本方法选择了最易添加的植物源性物质核桃源性成分、花生源性成分、杏仁源性成分、芝麻源性成分、榛子源性成分、大豆源性成分进行研究。

2 原理

提取试样中基因组 DNA，以 DNA 为模板，利用物种特异性引物及探针进行实时荧光 PCR 扩增检测，同时设置阳性、阴性及空白对照。根据扩增的 Ct 值，判定试样中是否含有该源性成分。

本方法检测的基本原理，是以核桃、花生、杏仁、芝麻、榛子和大豆六大植物物种为检测目标，分别筛选其种源特异性基因，并设计引物及探针。利用实时荧光 PCR 检测，并设置阳性、阴性及空白对照，根据检测 Ct 值，进行结果判定。

3 试剂和材料

除另有规定外，试剂为分析纯或生化试剂。实验用水符合 GB 6682 的要求。所有试剂均用无 DNA 酶污染的容器分装。

3.1 核桃源性成分 *Jugr2* 基因检测用引物对序列为：

核桃 5' 端引物 :5'–CGCGCAGAGAAAGCAGAG–3'

核桃 3' 端引物 :5'–GACTCATGTCTCGACCTAATGCT–3'

核桃探针：5'–FAM–TTGTGCCTCTGTTGCTCCTCTTCCC–TAMRA–3'

3.2 花生源性成分 *Ara b2* 基因检测用引物（对）序列为：

花生 5' 端引物 :5'–GCAACAGGAGCAACAGTTCAAG–3'

花生 3' 端引物 :5'–CGCTGTGGTGCCCTAAGG–3'

花生探针：5'–FAM–AGCTCAGGAACTTGCCTCAACAGTGCG–Eclipse–3'

3.3 杏仁源性成分 *Prudu1* 基因检测用引物（对）序列为：

杏仁 5' 端引物：5'–TTTGGTTGAAGGAGATGCTC–3'

杏仁 3' 端引物：5'–TAGTTGCTGGTGCTCTTTATG–3'

杏仁探针：5'–FAM–TCCATCAGCAGATGCCACCAAC–Eclipse–3'

3.4 芝麻源性成分 2S albumim mRNA 基因检测用引物（对）序列为：

芝麻 5' 端引物：5'–CCAGAGGGCTAGGGACCTTC–3'

芝麻 3' 端引物：5'–CTCGGAATTGGCATTGCTG–3'

芝麻探针：5'–FAM–TCGCAGGTGCAACATGCGACC–TAMRA–3'

3.5 榛子源性成分 *oleosin* 基因检测用引物（对）序列为：

榛子 5' 端引物：5'–CCCCGCTGTTTGTGATAT–3'

榛子 3' 端引物：5'–ATGATAATAAGCGATACTGTGAT–3'

榛子探针：5'–FAM–TCCCGTTCTCGTCCCTGCGGT–Eclipse–3'

3.6 大豆源性成分 *Lectin* 基因检测用引物（对）序列为：

大豆 5' 端引物 :5'–GCCCTCTACTCCACCCCCA–3'

大豆 3' 端引物：5'–GCCCATCTGCAAGCCTTTTT–3'

大豆探针：5'–FAM–AGCTTCGCCGCTTCCTTCAACTTCAC–TAMRA–3'

3.7 真核生物 18SrRNA 内参照检测用引物（对）序列为：

内参照 5' 端引物：5'–TCTGCCCTATCAACTTTCGATGGTA–3'

内参照 3' 端引物：5'–AATTTGCGCGCCTGCTGCCTTCCTT–3'

内参照探针：5'–FAM–CCGTTTCTCAGGCTCCCTCTCCGGAATCGAAC–TAMRA–3'

3.8CTAB 缓 冲 液：55mmol/L CTAB，1400mmol/L NaCl，20mmol/L EDTA，100mmol/L Tris，用 10% 盐酸调节 pH 至 8.0，121℃高压灭菌 20min，备用。

3.9 蛋白酶 K：20mg/mL。

3.10 苯酚：氯仿：异戊醇（体积比：25:24:1）。

3.11 异丙醇。

3.12 70% 乙醇。

3.13 Taq DNA 聚合酶。

3.14 dNTP 混合液。

3.15 TE 缓冲液（Tris–HCl、EDTA 缓冲液）：10mmol/L Tris–HCl（pH8.0），1mmol/L EDTA（pH8.0）。

3.16 10×PCR 缓冲液：200mmol/L KCl，15mmol/L $MgCl_2$，200mmol/L Tris–HCl（pH8.8）。

引物贮存溶液配制方法：由于 Oligo DNA 呈很轻的干膜状附着在管壁上，打开前先离心 4000rmp：30~60s 可防止散失。慢慢打开管盖，加入适量的缓冲溶液，盖上盖子后充分振荡混匀，若暂时不用或长期贮存可放入 –20℃冷藏。

实验注意事项：引物应该用 TE 稀释。Oligo 在酸性条件下是不稳定的，容易降解，如果用水溶解引物，无法保证 pH 值，引物过一定时间就会降解而不能用了。而且高纯度的水本身就偏酸，也不利于储存，所以溶解引物在 TE 里，可以有 Buffer 保证 pH7.5~8.0，引物才能长久保存。如果要更长期保存，最好是干粉 –20℃。

④ 仪器和设备

4.1 组织研磨器。

4.2 核酸蛋白分析仪或紫外分光光度计。

4.3 恒温水浴锅。

4.4 离心机：离心力 12,000g。

4.5 微量移液器（0.5~10μL，10~100μL，10~200μL，100~1000μL）。

4.6 实时荧光 PCR 仪。

4.7 涡旋振荡器。

4.8 天平：感量 0.01g。

对于检测需要用到的仪器要定期进行计量检定，保证仪器的精准性。每次使用完仪器要进行日常维护，并及时填写设备使用记录。

⑤ 分析步骤

5.1 试样总 DNA 的提取

固体样品：将样品粉碎后称取 0.3~0.6g，按下列方法提取 DNA。也可用等效商品化 DNA 提取试剂盒提取 DNA。

液体样品：取 1mL 样品于 Eppordorf 管中，加入 1 倍体积的异丙醇，混合均匀，室温下沉淀 5min，室温下以 12,500rpm 离心 5min，弃去上清液。重复此操作一次。所得的沉淀用于提取 DNA。可按下列方法提取 DNA，也可用等效商品化 DNA 提取试剂盒提取 DNA。

（1）将处理后的样品加入 2mL 离心管中，加入 600μL CTAB 缓冲液和 40μL 蛋白酶 K 溶液，振荡混匀，65℃孵育 1h（过夜孵育更好），期间每隔 10min 振荡混匀；

（2）加入 500μL 的苯酚：氯仿：异戊醇（25:24:1），振荡抽提 10min，室温下以 12,500 rpm 离心 10min；

（3）小心吸取上清液，加入等体积的异丙醇，振荡均匀，12,500 rpm 离心 10min；

（4）弃去上清液，用 65℃预热的 TE 缓冲液溶解 DNA；

（5）小心吸取上清，加入 200μL 氯仿：异戊醇（24:1），振荡抽提，室温下以 12,500 rpm 离心 15min；

（6）小心吸取上清液，加入等体积的异丙醇，振荡均匀，12,500rpm 离心 10min；

（7）弃去上清液，沉淀用 70% 乙醇洗涤，离心 1min，晾干，溶于 50μLTE 缓冲液中。

5.2 DNA 浓度和纯度的测定

取 1μL DNA 溶液，使用核酸蛋白分析仪检测其浓度及质量，$OD_{260/280}$ 值应在 1.7~1.9 之间时，适宜于 PCR 扩增。

5.3 实时荧光 PCR 扩增

反应体系总体积为 25μL，其中 10×PCR 缓冲液 5μL，正反向引物（10μmol/L）各 1μL，探针（10μmol/L）1μL，dNTPs（10μmol/L）2μL，Taq DNA 聚合酶（2.5U）0.2μL，DNA 模板（10~100ng/μL）2μL，用灭菌去离子水补足至总体积 25μL。真核生物内参照的反应体系同上，仅替换相应的引物和探针。也可使用相应的商品化扩增试剂盒。

反应参数：50℃ 2min；95℃ 15min；95℃ 15s，60℃ 1min，40 个循环。

5.4 实验对照

检验过程分别设阳性对照、阴性对照、空白对照。以相应植物源物种提取的

DNA 为阳性对照，以已知不含该植物源的物种 DNA 为阴性对照，以灭菌水为空白对照。样品、内参照和对照设置两个平行的反应体系。

由于植物蛋白饮料中食品成分复杂多样，除含有多种原料组分外，还含有糖、油、色素等食品添加剂，此外，加工过程中的炸、煮、烤等工艺也会使原料中的 DNA 受到不同程度的损坏。因此，从加工食品中提取 DNA 比从原料中提取 DNA 相对困难。采用深加工食品 DNA 提取试剂盒提取效果较好。

DNA 的质量对后续荧光 PCR 的扩增效率至关重要，获得高纯度的 DNA 是准确检验的关键。

$OD_{260/280}$，该值在 1.7~1.9 之间时，适宜于 PCR 扩增，若比值太高说明 DNA 样品中的 RNA 尚未除尽，若比值太低说明样品中含有酚和蛋白质杂质。

阳性对照的意义在于排除实验系统出错造成的结果不符合预期的情况。如果不设置阳性对照，若样品组无杂交信号，就无法判断到底是由于样品中无目的分子，还是由于系统（药品、杂交条件、人为因素）的原因造成无信号的。阴性对照的意义则在于排除实验过程中外源污染的干扰造成的实验结果偏差。如果不设置阴性对照，就无法说明样品的杂交信号是否由于外源的污染造成。空白对照的意义则在于排除实验过程中灭菌水造成的实验结果偏差。

6 结果判断与表述

6.1 质量控制

以下条件有一条不满足时，结果视为无效：

（a）空白对照：无 FAM 荧光信号检出；

（b）阴性对照：无 FAM 荧光信号检出；

（c）阳性对照：有 FAM 荧光信号检出，且 FAM 通道出现典型的扩增曲线，Ct 值≤35.0；

（d）内参对照：有荧光对数增长，且荧光通道出现典型的扩增曲线，相应的 Ct 值＜30.0。

6.2 结果判定

（a）如 Ct 值≤35.0，则判定为被检样品阳性；

（b）如 Ct 值≥40.0，则判定为被检样品阴性；

（c）如 35.0＜Ct 值＜40.0，则重复试验一次。如再次扩增后 Ct 值仍为 35.0＜Ct

值＜ 40.0，则判定被检样品可疑。

6.3 结果表述

结果为阳性者，结合产品标识，表述为"检出 XX 源性成分"。

结果为阴性者，结合产品标识，表述为"未检出 XX 源性成分"。

结果为可疑者，结合产品标识，表述为"XX 源性成分可疑"。

在保证操作步骤准确无误的前提下，严格按照质量控制和结果判定分析实验数据，最终得出样品的判定结果。

7 防污染措施

检测过程中防止交叉污染的措施按照 GB/T 27403 中的规定执行。

实时荧光 PCR 的灵敏度有目共睹，然而高灵敏度也是一把双刃剑，实验中一不小心的污染会萦绕在实验室几个月甚至更长时间不能消退。所以要从源头上杜绝污染，从提取 DNA 开始要严格进行操作，尽量避免造成污染。

植物源性成分相应基因扩增靶标参考序列

胡桃：

CGCGCAGAGA AAGCAGAGGC CGGGAAGAGG AGCAACAGAG GCACAATCCC
TACTGGGGAG GCAGCGGCAG ATACGAGGAG GGAGAAGAGG AGCAAAGCGA
CAACCCCTAC TACTTTCACT CCCAGAGCAT TAGGTCGAGA CTAGAGTC

杏仁：

GAATTCGATT CGAGTCCACC TCAGTCATCC CCCCACCAAG ATTGTTCGAA
GCCCTTGTTC TTGAAGCTGA CACCCTCATC CCCAAGATTG CTCCCCAGTC AGTTAAAGT
GCTGAAGTTG TTGAAGGAGA TGGAGGTGTT GGAACCATCA AGAAGATTAG CTTTGGTGAA
GGTTGGTTTC TTCCACTGCC TCTTCTAAGT CTAACTTGTT TGCTTGATTA ACATAAACCT
TGAAAACAGT AAGCTCTTAA ATTTAATCA AATCTTCATT TTACAGGAAG TCATTACAGC
TATGTGAAGC ACCGGATCGA CGGGCTTGAC AAAGATAACT TTGTGTACAA CTACAGTTTG
TTTGAAGGAG ATGCTCTTTC AGACAAGGTT GAGAAAATCG CTTATGAGGAT
TAAGTTGGTG GCATCTGCTG ATGGAGGTTC CATCATAAAC AGCACCAGCA ACTACCACAC
CAAAGGAGAT GTTGAGATCA AGGAAGAGGA TCTTAAGGCT GGGAAACAAT
CACTAGTGAA TTC

芝麻：

CCAGAGGGCT AGGGACCTTC CTCGCAGGTG CAACATGCGA CCCCAGCAAT
GCCAATTCCG AGTTATCTTT GTGTAG

榛子：

ATGGCTGAGC ACCCAAGGCA ATTGTAGGAC CCGGCCCACC AACCCCGGTC
CCACCAAGTT GTCAAGGCGG CCACTGCTGC CACCGCCGGT GGGTCCCTCC TGGTCCCCTC

CGGTTTGATC CTAGCCGGCA CGGTCATTGC GTTGACCTTA GCCACCCCGC TGTTTGTGAT
ATTCAGTCCC GTTCTCGTCC CTGCGGTCAT CACAGTATCG CTTATTATCA TGGGGTTCTT
GGCCTCCGGC GGGTTCGGCG TGGCGGCGGT GACCGTTTTG TCGTCGATCT ACAGGTACGT
CACGGGGACG CACCCGCCTG GAGCCCATCA ACTTGACCAC GCGCGCATGA
AGCTGGCGAG TAAGGCTCGG GAGATGAACC ACAGGCTGA GCACTTTGGT
CAGCAGCATG TCACCGGTTC TCAGGGCTCTTAA

大豆:

GCCCTCTACT CCACCCCAT CCACATTTGG GACAAAGAAA CCGGTAGCGT
TGCCAGCTTC

GCCGCTTCCT TCAACTTCAC CTTCTATGCC CCTGACACAA AAAGGCTTGC AGATGGGC

第三节 常见问题释疑

1. 如何减少实验过程中的加量误差？

加样是每个实验操作过程中最基本的一项操作技能，受人为因素影响最大，是直接影响结果的关键环节。若吸头多沾一点，就有可能改变整个反应体系的成分比例，从而影响 PCR 扩增的准确性。对于此类问题，首先应寻找操作人员的自身原因，操作者必须具备该技术的基本知识和所需的基本操作机能，能清醒地认识实验操作过程中各个环节的具体要求，准确吸取各反应成分，并严格按照规范化程序进行操作并采取有效的预防措施，在反复的实践过程中熟练和领悟，以达到一个操作技术的稳定过程。其次，使用加样器时，应定期进行校准，对常用量应设专档专用，避免反复调档，以减少系统误差，保证加量的准确。

2. 实时荧光PCR为什么要有内参？

不论在核酸还是蛋白的检测中，都会涉及内参的问题。内参是为校正加样误差而设定的一个衡量标准。荧光定量 PCR 一般采用看家基因作为内参，因为它们在各组织和细胞中的表达相对恒定。本方法中检测植物源性成分采用的内参为真核生物 18SrRNA 内参。

3. 实验中出现阴性抬头及其解决方案

（1）实验室气溶胶污染，严格按照基因扩增检验实验室进行实验室建设，在实验操作过程中严防汽溶胶的产生。

（2）标本交叉污染，通过规范实验操作防止。

（3）移液器使用引起的交叉污染，通过使用带滤芯吸头和规范移液器使用方法来防止。

4. 实时荧光定量PCR实验无CT值出现或无扩增信号

（1）通道选择不对，应该仔细阅读产品说明书，根据说明书的要求选择采光通道。

（2）荧光采集位置设计有误，应该根据标准中要求设置荧光信号采集的位置采集信号。

（3）引物或探针降解，对于引物和探针要严格按照DNA的使用说明进行稀释和保存，防止引物降解，探针失效。

（4）模板量不足，增大模板的加入量。模板降解，尤其模板含量较少时很容易由于模板的降解而产生假阴性结果；通过缩短样本提取和加样时间进行改进。

（5）加入样品中存在PCR抑制物或影响探针发挥作用。

（6）PCR仪器故障，对仪器进行定期计量校准并及时维护保证仪器正常运行。

5. 实时荧光定量PCR实验操作中如何防止污染?

（1）应该带一次性乳胶手套并经常更换，在试剂准备室和样本处理室应该配备负压式生物安全柜，以防止对环境或对样品的污染。

（2）要严格防止气溶胶交叉污染。采取的措施有：使用一次性带滤芯移液枪吸头；不使用吸头吹打液体进行混匀；在生物安全柜中进行离心操作；尽量减少在生物安全柜以外开启试剂或PCR反应板；禁止在荧光定量PCR结束后打开PCR反应板。

（3）实验中牵涉的有毒有害及有污染的样本及试剂应该严格按照生物安全相关规定操作和处理。

（4）不要在荧光定量PCR管上做任何标记，不能用手接触PCR管盖上采光部位。

6. 扩增效率低

（1）反应试剂中部分成分特别是荧光染料降解，荧光探针应该避光保存，加入反应液后应尽快上机，以防探针粹灭。

（2）反应条件不佳：适当降低退火温度。

（3）反应体系中有抑制物：一般为模板中引入，应先把模板适当稀释再加入。

（4）所有试剂在开启之前都要瞬时离心；试剂配制完成后要瞬时离心以去除气泡。

执笔人：李月华　周巍

第十一章

《食用植物油中乙基麦芽酚的测定》（BJS 201708）

第一节 方法概述

乙基麦芽酚为白色或微黄色晶体，属于吡喃类香料，具有持久的焦糖和水果香气。迄今为止，未曾发现乙基麦芽酚存在于天然物质中，它必须通过化学合成的方法得到。1970年，世界卫生组织及联合国粮农组织确认乙基麦芽酚为食品添加剂，乙基麦芽酚也是我国 GB 2760-2014《食品安全国家标准 食品添加剂使用标准》允许使用的食品用合成香料，可作为烟草、食品、香精、日用化妆品等香味增效剂、香味改良剂。乙基麦芽酚是芝麻油香精的组成成分之一，虽然其安全无毒，但 GB 2760-2014 附录 B.1 中明确规定植物油脂中不得添加食品用香料、香精。

2014年底重庆市食品药品监督管理局某地分局执法人员在日常监管工作中发现当地有部分芝麻调和油价格低于市场价，随即采集样品送重庆市食品药品检验检测研究院检测。我院对这些疑似掺假的芝麻调和油进行分析检测，这些芝麻调和油产品按照植物油脂的标准检测都是合格产品，需要另寻途径找到假冒芝麻调和油的证据。大量的调查和研究表明目前市场上有部分芝麻调和油为芝麻油香精加其他油脂调和而成。我们利用高分辨液质联用仪对比分析芝麻油香精成分和纯芝麻油成分，发现芝麻油香精中的人工合成特征成分——乙基麦芽酚。经方法学验证，我院建立了食用植物油中乙基麦芽酚的定性确证和定量测定方法。

一些不法商家利用芝麻油香精价格低廉、用量少的特点，将其掺入到其他植物油脂中调香后冒充芝麻油，以假乱真，这是一种欺骗消费者的违法行为。因此，建立简便、快捷的食用植物油中乙基麦芽酚的检测方法来甄别真假芝麻油，对维护人民群众的健康和权益具有极其重要的意义。

第二节　方法文本及重点条目解析

1　范围

本方法规定了食用植物油中乙基麦芽酚的液相色谱 – 串联质谱定性确证和定量测定方法。

本方法适用于芝麻油、芝麻调和油、菜籽油等食用植物油中乙基麦芽酚的确证及测定。

根据市场调研，选择易添加芝麻油香精（含乙基麦芽酚）的芝麻油、芝麻调和油和菜籽油作为样品基质进行研究。

2　原理

用甲醇提取试样中的乙基麦芽酚后，采用液相色谱 – 串联质谱仪检测，外标峰面积法定量。

3　试剂和材料

注：水为 GB/T 6682 规定的一级水。

3.1 试剂

3.1.1 甲醇（CH_3OH）：色谱纯。

3.1.2 甲酸（HCOOH）：色谱纯。

3.2 标准品

乙基麦芽酚标准品的分子式、相对分子量、CAS 登录号见表 11–2–1，纯度≥99%。

表 11–2–1　乙基麦芽酚标准品的中文名称、英文名称、CAS 登录号、分子式、相对分子量

中文名称	英文名称	CAS 登录号	分子式	相对分子量
乙基麦芽酚	Ethyl maltol	4940–11–8	$C_7H_8O_3$	140.14

3.3 标准溶液配制

3.3.1 乙基麦芽酚标准储备溶液：准确称取乙基麦芽酚标准品（3.2）100.0mg（精

确至 0.0001g），用甲醇溶解并定容至 100mL，此溶液浓度为 1mg/mL。贮存于 4℃冰箱中，有效期 3 个月。

3.3.2 乙基麦芽酚标准系列工作溶液：将乙基麦芽酚标准储备溶液（3.3.1）用甲醇逐级稀释成 1.25μg/mL、2.5μg/mL、5μg/mL、25μg/mL、50μg/mL 标准系列溶液，准确称取与试样基质相应的阴性试样 10g（精确至 0.01g），分别加入标准系列溶液 200μL，与试样同时进行提取，制成最终浓度为 12.5ng/mL、25ng/mL、50ng/mL、250ng/mL、500ng/mL 标准系列工作溶液。临用时配制。

3.4 0.1% 甲酸水溶液：取甲酸 1mL 用水稀释至 1000mL，用滤膜（0.22μm，水相）过滤后备用。

3.5 0.1% 甲酸甲醇溶液：取甲酸 1mL 用甲醇稀释至 1000mL，用滤膜（0.22μm，有机相）过滤后备用。

4 仪器和设备

4.1 液相色谱 – 串联质谱仪：配有电喷雾离子源。

4.2 涡旋振荡混匀器。

4.3 分析天平：感量为 0.1mg 和 0.01g。

4.4 离心机：可冷却至 4℃，转速 9000r/min 以上。

4.5 具塞刻度试管：20mL。

4.6 聚丙烯离心管：50mL。

5 分析步骤

5.1 试样制备

准确称取 10g 试样（精确至 0.01g）置于 50mL 聚丙烯离心管中，用移液器准确加入 10mL 甲醇（3.1.1），涡旋振摇 2min，4℃条件下 9000r/min 离心 10min，将上清液移入 20mL 具塞刻度试管中，下层油液再用 10mL 甲醇重复提取一次，合并上清液，用甲醇定容至 20mL，经微孔滤膜（0.22μm，有机相）过滤，供液相色谱 – 串联质谱分析。

样品提取溶剂的选择

本方法的样品是食用植物油，具有一定的黏性，选择液 – 液萃取方法对植物油样品中的乙基麦芽酚进行提取较为合适。选用纯水、甲醇、甲醇溶液（含 0.1% 甲酸）、乙腈、乙醇为提取溶剂，经涡旋，4℃冷冻离心后，都能够较好地实现提取液与油液的分离，其中甲醇对乙基麦芽酚的提取效率最高，因此选取甲醇为该方法的提取溶剂。

样品提取方法的优化

本方法考察了三种不同的提取方法对样品中乙基麦芽酚提取效率的影响，其中方法一（提取溶剂：甲醇）和方法二（提取溶剂：0.1% 甲酸甲醇：0.1% 甲酸水溶液 =1:1）是样品用提取溶剂提取后，将提取液转移至具塞刻度试管中，用提取溶剂定容至 10mL，直接过滤待测；方法三是样品用 10mL 甲醇提取后，将提取液转移至具塞刻度试管中，用甲醇定容至 10mL，取 5mL 提取液经 40℃氮吹至近干，用 1mL 定容溶剂（0.1% 甲酸甲醇：0.1% 甲酸水溶液 =1:1）复溶后过滤待测。此外，本方法还考察了不同的样品基质在不同的乙基麦芽酚添加水平下，不同提取方法、不同提取次数对样品中乙基麦芽酚提取回收率的影响。结果表明：方法三提取效率较差，回收率为：19.7%~59.2%；方法二提取两次比提取一次的提取效率高，回收率为：77.8%~97.8%，但经离心后的提取液有较厚乳化层；方法一提取两次比提取一次的提取效率高，回收率为：97.6%~105.0%，且经离心完后的提取液与油层明显分层，而且方法一提取效率比方法二高。

5.2 仪器参考条件

5.2.1 色谱条件

a）色谱柱：C_{18} 色谱柱，21mm×100mm（i.d.），1.7μm，或性能相当者。

b）流动相：A 为 0.1% 甲酸水溶液（3.4），B 为 0.1% 甲酸甲醇溶液（3.5），梯度洗脱程序见表 11-2-2。

c）流速：0.3mL/min。

d）柱温：40℃。

e）进样量：2μL。

表 11-2-2　洗脱梯度

时间（min）	流速（mL/min）	流动相 A（%）	流动相 B（%）
0	0.3	50	50
0.5	0.3	50	50
1.5	0.3	15	85
2	0.3	15	85
4	0.3	5	95

时间（min）	流速（mL/min）	流动相 A（%）	流动相 B（%）
5	0.3	5	95
5.1	0.3	50	50
7	0.3	50	50

5.2.2 质谱条件

a）电离方式：电喷雾正离子模式。

b）监测方式：多反应监测（MRM）。

c）气帘气：40 psi。

d）碰撞气：7 psi。

d）离子喷雾电压：5500V。

e）离子源温度：600℃。

f）定性离子对、定量离子对、去簇电压和碰撞能见表 11-2-3。

表 11-2-3　乙基麦芽酚的定性离子对、定量离子对、去簇电压和碰撞能

中文名称	定性离子对 /（m/z） （母离子 / 子离子）	定量离子对 /（m/z） （母离子 / 子离子）	去簇电压 /V	碰撞能 /V
乙基麦芽酚	141.1/126.1	141.1/126.1	130	27
	141.1/71.0		130	37

色谱柱的选择

本方法比较了 4 种不同品牌、型号的 C_{18} 色谱柱，保留时间和分析效果均可以满足正常的分析需求，色谱柱型号见表 11-2-4。

表 11-2-4　实验中使用的色谱柱品牌、型号和规格

序号	品牌	型号	规格
1	Waters	ACQUITY UPLC BEH C_{18}	2.1mm × 50mm，1.7um
2	Waters	ACQUITY UPLC BEH C_{18}	2.1mm × 100mm，1.7um
3	Agilent	ZORBAX Eclipse Plus C_{18}	2.1mm × 100mm，1.8um
4	phenomenex	Kinetex 2.6u C_{18} 100A	50mm × 2.1mm

流动相的选择

本方法比较了两种流动相条件下乙基麦芽酚标准溶液线性最低点的质量色谱图。在其他条件相同条件下，流动相一［0.1% 甲酸甲醇溶液 +0.1% 甲酸水溶液］的响应值比流动相二［甲醇 +10mmol/L 乙酸铵（0.1% 甲酸）］的响应值大数倍。两种流动相条件下，样品的基质效应无显著差异。因此，本方法选用流动相一［0.1% 甲酸甲醇溶液 +0.1% 甲酸水溶液］梯度洗脱。其中洗脱梯度可以根据仪器和色谱柱的实际情况进行调整以满足分析需求。

5.3 定性测定

按照仪器参考条件（5.2）测定试样溶液和标准工作溶液，如果试样中的乙基麦芽酚质量色谱峰保留时间与标准工作溶液一致（变化范围在 ±2.5% 之内）；且试样中乙基麦芽酚的两个子离子的相对丰度比与浓度相当标准工作溶液中乙基麦芽酚的两个子离子的相对丰度比相比，其允许偏差不超过表 11-2-5 规定的范围，则可判定为试样中存在乙基麦芽酚。

表 11-2-5 定性确证时相对离子丰度的最大允许偏差

相对离子丰度（%）	k>50	50≥k>20	20≥k>10	k≤10
允许的最大偏差（%）	± 20	± 25	± 30	± 50

乙基麦芽酚的参考保留时间约为 1.35min，质量色谱图参见附录 A 图 A. 11-2-1 和图 A. 11-2-2。

5.4 定量测定

5.4.1 工作曲线的制作

将乙基麦芽酚标准系列工作溶液（3.3.2）按仪器参考条件（5.2）进行测定，得到相应的标准系列工作溶液的质量色谱峰面积。以标准系列工作溶液的浓度为横坐标，以质量色谱峰的峰面积为纵坐标，绘制工作曲线。

5.4.2 试样溶液的测定

将试样溶液（5.1）按仪器参考条件（5.2）进行测定，得到相应的试样溶液的质量色谱峰面积。根据工作曲线得到试样溶液中乙基麦芽酚的浓度。

6 结果计算

试样中乙基麦芽酚含量按式 11-2-1 计算：

$$X = \frac{c \times V \times 1000}{m \times 1000} \quad \cdots\cdots\cdots\cdots\cdots\cdots\cdots\cdots （式 11-2-1）$$

式中：

X—试样中乙基麦芽酚的含量，单位为微克每千克（μg/kg）；

c—由工作曲线得出的试样溶液中乙基麦芽酚的浓度，单位为纳克每毫升（ng/mL）；

V—试样溶液定容体积，单位为毫升（mL）；

m—试样质量，单位为克（g）；

计算结果以重复性条件下获得的两次独立测定结果的算术平均值表示，结果保留三位有效数字。

7 回收率及精密度

芝麻油、芝麻调和油、菜籽油中乙基麦芽酚加标浓度为 25μg/kg、50μg/kg 和 250μg/kg 时，乙基麦芽酚的回收率在 80.5%~109.3% 之间，精密度在 0.7%~6.2% 之间。

8 检出限

当取样量为 10.00g，定容体积为 20mL 时，本方法中乙基麦芽酚的检出限为 25.0μg/kg。

方法验证

使用本方法进行分析检测前需进行方法验证，其中回收率需达到 70%~120%。

附录 A

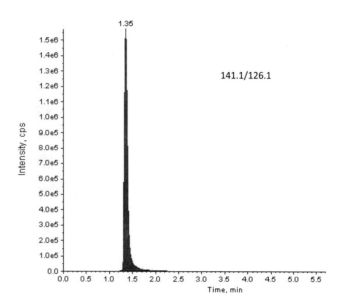

图 A. 11-2-1 乙基麦芽酚定量离子对质量色谱图 （m/z 141.1/126.1）

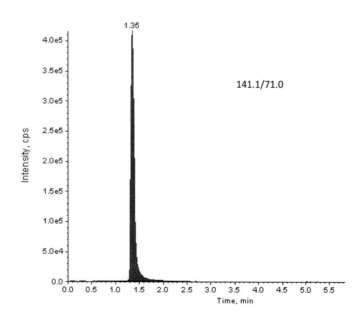

图 A. 11-2-2 乙基麦芽酚定性离子对质量色谱图 （m/z 141.1/71.0）

第三节　常见问题释疑

1. 液相色谱、质谱参数是否可根据实际机器情况进行修改？

因各检验机构所使用的液相色谱 – 质谱联用仪的品牌各不相同，仪器的参数指标各不相同，对于液相色谱参数（如：同类型色谱柱、流动相梯度）和质谱参数部分（如：离子源温度、去簇电压、碰撞能等）可根据所使用的仪器实际情况进行调整，可满足方法要求即可。

2. 试样称样质量可否根据实际情况进行修改？

在其他试验条件相同的条件下，本试验研究了 2g、5g 和 10g 试样称样质量对乙基麦芽酚加标回收率的影响，结果未见显著性差异。实际样品中添加香精（含乙基麦芽酚）的浓度不同，实际检测过程中可根据乙基麦芽酚的浓度调整称样质量，避免浓度过高对质谱仪的污染。

3. 基质效应的影响？

在仪器参考条件下，本试验研究了电喷雾离子源中芝麻油、芝麻调和油和菜籽油的基质效应，乙基麦芽酚在芝麻油、芝麻调和油和菜籽油中基质抑制，其中芝麻油和芝麻调和油中基质抑制较强，对样品测定的影响比较大，建议使用基质标线。

执笔人：杨小珊　白亚敏

第十二章

《乳及乳制品中硫氰酸根的测定》（BJS 201709）

第一节　方法概述

硫氰酸是无色、易挥发、有强烈气味的强酸性液体，略有毒性。硫氰酸稀溶液稳定，如加热或与氢硫酸及无机酸作用，可分解成为氰化物，有剧毒。牛乳中的硫氰酸添加的形式主要是硫氰酸盐，硫氰酸盐属于有毒有害物质，硫氰酸盐的毒性主要由其在体内释放的氰根离子而引起，氰根离子在体内能很快与细胞色素氧化酶中的三价铁离子结合，抑制该酶活性，使组织不能利用氧。氰根离子所致的急性中毒分为轻、中、重三级。轻度中毒表现为眼及上呼吸道刺激症状，有苦杏仁味，口唇及咽部麻木，继而可出现恶心、呕吐、震颤等；中度中毒表现为叹息样呼吸，皮肤、黏膜常呈鲜红色，其他症状加重；重度中毒表现为意识丧失，出现强直性和阵发性抽搐，血压下降，尿、便失禁，常伴发脑水肿和呼吸衰竭。过量摄入硫氰酸盐，可引起急性毒性，少量摄取可妨碍机体对碘的利用，引起甲状腺疾病，尤其对胎儿和婴儿的智力及神经系统发育存在较大的风险。

有文献研究发现加入微量的硫氰酸盐和过氧化氢（分别约为 12mg/L 和 8.5mg/L），会在牛奶中获得较好的抗乳过氧化物酶（LP）体系活动，可作为一种可靠的方法用于保存冷却过的或未冷却过的生奶。健康牛的奶中平均含有一定的硫氰酸根，是乳制品过氧化物酶抗菌体系的主要成分之一，奶中天然硫氰酸根 SCN^- 平均含量为 2~7μg/L，有些不法奶户为了延长原料乳的保质期，人为加入硫氰酸盐作为生牛奶保鲜剂。在 2008 年 12 月 12 卫生部发布的《食品中可能违法添加的非食用物质和易滥用的食品添加剂品种名单（第一批）》中，明确规定乳及乳制品中的硫氰酸钠属于违法添加物质，但至今尚未发布相应的检测方法标准。为给监督执法机构提供有力的技术支持和依据，以便在最大程度上保护消费者健康、维护我国产品在国际市场上的地位和信誉，相应的问题亟待解决。

第二节 方法文本及重点条目解析

① 范围

本方法规定了离子色谱－电导检测器检测乳和乳制品中硫氰酸根的方法。

本方法适用于乳及乳制品（包括婴幼儿配方乳粉，不包括特殊医学用途婴幼儿配方乳粉）中硫氰酸根的测定。

本方法在应用于特殊医学用途婴幼儿配方乳粉测定时，由于其基质比较复杂，部分样品采用该前处理方法无法完全沉降蛋白，因此本方法暂时不适用于特殊医学用途婴幼儿配方乳粉中硫氰酸根的测定。

② 原理

样品经过稀释，乙腈沉淀蛋白后，过脱脂柱净化，通过阴离子分析柱，根据分析柱对各离子的亲和力不同而进行分离，进入电导检测器进行检测，外标法定量。

由于硫氰酸根属于疏水性阴离子，相对于常规的阴离子（氟、氯、溴、硫酸根、硝酸根等）在阴离子交换色谱柱上保留相对较强，其在溶液中电导信号强，可采用离子色谱柱分离，电导检测器检测。

③ 试剂和材料

除另有规定外，所有试剂均为分析纯，水为符合 GB/T 6682 中规定的一级水。

3.1 试剂

3.1.1 乙腈（CH_3CN）：色谱纯。

3.1.2 45mmol/L 氢氧化钾溶液：称取 2.52g 氢氧化钾用水定容至 1000mL。

3.1.3 70mmol/L 氢氧化钾溶液：称取 3.92g 氢氧化钾用水定容至 1000mL。

3.2 标准品

硫氰酸钠标准样品的分子式、相对分子量、CAS 登记号见表 12-2-1，纯度≥99%。

表 12-2-1　硫氰酸钠标准样品的中文名称、英文名称、CAS 登录号、分子式、相对分子量

中文名称	英文名称	CAS 登录号	分子式	相对分子量
硫氰酸钠	Sodium sulfocyanate	540-72-7	NaSCN	81.0722

3.3 标准溶液配制

3.3.1 标准储备液：称取硫氰酸钠标准品（3.2）0.1397g，用水溶解，定容至 100mL，硫氰酸根离子含量为 1000mg/L。贮存于 4℃冰箱中，有效期 6 个月。

3.3.2 标准应用液：准确吸取硫氰酸根离子的标准储备液（3.3.1）1.0mL 于 1000mL 的容量瓶中，用水定容至刻度，硫氰酸根离子含量为 1.0mg/L。贮存于 4℃冰箱中，有效期 3 个月。

3.3.3 标准系列工作溶液：准确吸取硫氰酸根离子的标准应用液（3.3.2）0.0mL、2.0mL、4.0mL、10.0mL、20.0mL 于一组 100mL 的容量瓶中，用水定容至刻度，配得浓度分别为 0.0μg/mL、0.020μg/mL、0.040μg/mL、0.100μg/mL、0.200μg/mL 的标准系列溶液。现用现配。

3.4 聚二乙烯基苯聚合物反相填料（或等效的脱脂柱）：250mg/3mL，可采用商品化 RP 柱。

3.5 海砂。

离子色谱淋洗液的纯度直接影响背景电导率的大小，而背景电导率直接影响方法的检出限，因此用于配制淋洗液的试剂要保证较高的纯度。通常采用商品化的氢氧化钠溶液或氢氧化钾溶液直接配制。流动相配制所用水需先超声脱气。

4　仪器和设备

4.1 离子色谱仪（IC）：带电导检测器和抑制器，可进行二步梯度淋洗。

4.2 分析天平：感量分别为 0.01g 和 0.0001g。

4.3 冰箱：带 4℃冷藏。

4.4 超声波清洗器。

为了保证实验的长期稳定性，离子色谱最好能进行梯度淋洗，保证高浓度的淋洗液洗脱出强保留的杂质，减少杂峰对目标化合物的干扰。

5 分析步骤

5.1 样品前处理

5.1.1 固体奶粉样品

准确称取样品 1g（精确到 0.01g）于 10mL 比色管中，加去离子水 4mL 使充分溶解并混匀，再加入乙腈（3.1.1）定容至刻度并混匀，超声萃取 15min 后，于 4℃冰箱中静置 10min 以沉淀蛋白。取上清液 1mL 至 10mL 比色管中，用水定容至刻度，将稀释后的溶液经过滤膜（水相，0.45μm）和脱脂柱（3.4）过滤，滤液直接上机分析。

5.1.2 液体奶样品

准确量取样品 4g（精确到 0.01g）于 10mL 比色管中，再加入乙腈（3.1.1）定容至刻度并混匀，超声萃取 15min 后，于 4℃冰箱中静置 10min 以沉淀蛋白。取上清液 1mL 至 10mL 比色管中，用水定容至刻度，将稀释后的溶液经过滤膜（水相，0.45μm）和脱脂柱（3.4）过滤，滤液直接上机分析。

5.1.3 奶酪等固体样品

准确称取样品 0.50g（精确到 0.01g），加入 1g 海砂（3.5）研磨均匀，转移至 10mL 比色管中，加水 4mL 使充分溶解混匀，再加入乙腈（3.1.1）定容至刻度并混匀，超声萃取 15min 后，于 4℃冰箱中静置 10min 以沉淀蛋白。取上清液 1mL 至 10mL 比色管中，用水定容至刻度，将稀释后的溶液经过滤膜（水相，0.45μm）和脱脂柱（3.4）过滤，滤液直接上机分析。

注：脱脂柱使用前依次用 10mL 甲醇、15mL 水通过，静置活化 30min。

对于液态奶来说，样品无需太多的制备，摇匀取样即可。对于乳粉样品，首先加入超纯水溶解乳粉至均质状态。对于奶酪等含脂肪量较高的样品，如果直接取样超声，在提取的过程中很难使样品完全分散到提取溶剂中，这样提取率会受到较大的影响。实验室采用了海砂作为分散剂进行实验条件的摸索，实验表明，称取 0.5g 样品，使用 2.0g 左右的海砂进行研磨，就能完全分散样品以保证较高的提取率。

乳制品中含有大量的蛋白和脂肪，这些物质的存在都会对色谱柱造成损害。常用的去除乳制品中蛋白的方法有酸沉降、盐沉降和有机溶剂沉降。酸沉降法去除蛋白可得到较好的回收率，酸度对蛋白沉降的效果影响很大。酸度高，沉降速度快，但会导致目标分析物共沉淀，并且在此实验中硫氰酸根的沉降中还可能使硫氰酸根分解，造成结果偏低。盐沉降法通常使用重金属盐为沉淀剂，沉淀效果较好。但是考虑到重金属盐类会对阴离子色谱柱造成不可逆的损伤，本实验室没有采用该方法去除蛋白。有机溶剂沉降在对乳制品中蛋白质的应用较多，效果较好。实验室采用了乙腈对乳制品中的蛋白质进行沉降。稀释后乳制品：乙腈混合比从1:5开始，逐渐减少乙腈的用量至混合比为1:1来考察沉降蛋白的效果（鲜奶和酸奶无需稀释），乙腈占的比例越大，沉降速度越快。稀释后乳制品：乙腈 = 1:5时，蛋白能立刻沉淀下来；乳制品：乙腈 =1:1时，蛋白沉降速度最慢。加标回收率试验结果表明，稀释后乳制品：乙腈大于 =2:3时，硫氰酸根的回收率不再发生变化。根据试验结果，最后选择稀释后乳制品：乙腈（2:3）的比例来沉降蛋白。温度对沉降效果有显著影响。低温条件下（0℃），蛋白沉降效果明显高于常温条件，而低温和常温沉降的结果对回收率没有显著性影响。沉降蛋白需要的时间为10min左右。

经过沉降蛋白的样液中还含有一些水溶性油脂和有机物，采用商品化的 RP 萃取小柱可以除去这些杂质。首先活化 RP 小柱。依次通过甲醇和超纯水进行活化，流速不易过快，以液滴不连续为宜。甲醇和纯水的用量要符合 RP 小柱容积的要求。一般 1mL 的 RP 小柱采用 5mL 的甲醇和 10mL 的纯水活化后静置 10min。

蛋白沉降后的样液需稀释后过柱。样品进行稀释的原因在于如果样液中含有太多的乙腈，萃取小柱会吸附硫氰酸根，造成回收率偏低，所以经沉降蛋白的样液取上清液稀释 10 倍，保证乙腈的体积百分数在 10% 以内，才不会对回收率产生影响。

5.2 离子色谱条件

5.2.1 离子色谱柱参数：IonPac AS 16 型阴离子分析柱 4mm×250mm（配备 IonPac AG 16 型阴离子保护柱 4mm×50mm），或性能相当者。

5.2.2 流速：1.0mL/min。

5.2.3 电导检测器：配 4mm 的阴离子抑制器。

5.2.4 进样量：100μL。

5.2.5 淋洗液：氢氧化钾溶液（3.1.2 和 3.1.3）梯度洗脱，洗脱梯度见表 12-2-2。

表 12-2-2　淋洗液梯度程序

时间 /min	氢氧化钾浓度 /（mmol/L）
0.0	45.0
13.0	45.0
13.1	70.0
18.0	70.0
18.1	45.0
23.0	45.0

5.3 标准工作曲线制作

将标准工作溶液（3.3.3）按仪器参考条件（5.2）进行测定。以标准工作溶液的浓度为横坐标，以峰面积为纵坐标绘制标准工作曲线。

硫氰酸根离子标准溶液色谱分离图见附录 A。

5.4 样品测定

取样品处理液，仪器参考（5.2）进行测定，以保留时间定性，测量样品溶液的峰面积响应值，采用外标法定量。样品溶液中硫氰酸根的响应值应在标准线性范围内。试样待测液响应值若超出标准曲线线性范围，应稀释后进行分析。

本实验主要是在 IonPac AS 16 型阴离子分析柱 4mm×250mm（配备 IonPac AG 16 型阴离子保护柱 4mm×50mm）下得到的实验结果，随着色谱柱的柱效下降，淋洗液的条件可适当的调整。

对于离子色谱电导检测器而言，是通过抑制器把淋洗液中的阳离子交换为电导率很低的氢离子，从而降低背景电导率来实现定量分析。但是对于乳制品中硫氰酸根的测定来说，由于样品中含有少量乙腈，如果是用淋洗溶液对抑制器进行再生，乙腈在此条件下也会电离，使背景电导值升高，引起基线的不稳定，从而使检测灵敏度下降。所以在本实验中，要用外接纯净水对抑制剂进行再生，才能保证实验的长期稳定性。

6 结果计算

试样中硫氰酸根的含量按式（12-2-1）计算获得：

$$X = \frac{c \times V \times f}{m} \quad \cdots\cdots\cdots\cdots\cdots\cdots\cdots\cdots\cdots\cdots\cdots\cdots\cdots （12-2-1）$$

式中：

X — 试样中硫氰酸根的含量，单位为毫克每千克（mg/kg）；

C — 试样中硫氰酸根峰面积对应的浓度，单位为微克每毫升（μg/mL）；

V — 试样定容体积，单位为毫升（mL）；

m — 试样的量，单位为克（g）；

f — 稀释倍数。

计算结果以重复性条件下获得的两次独立测定结果的算术平均值表示，结果保留三位有效数字。

7 精密度

在重复性条件下获得的两次独立测定结果的绝对差值不得超过算术平均值的 10%。

8 其他

按 5.1 样品前处理中的称样量和处理方法检测时，液体乳中硫氰酸根检出限为 0.25mg/kg，定量限为 0.75mg/kg；乳粉中硫氰酸根检出限为 1.0mg/kg，定量限为 3.0mg/kg；奶酪、奶油等乳制品中硫氰酸根检出限为 2.0mg/kg，定量限为 6.0mg/kg。

在实际检测中检出限和定量限可能有差异，应保证仪器的背景电导率在最小的状态并保持基线的平稳，以能达到本方法规定的检出限和定量限为宜。

硫氰酸根离子标准样品色谱图

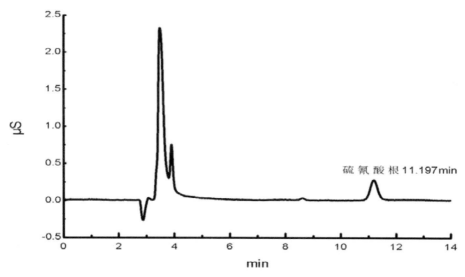

图 A. 12-2-1   0.2mg/L 硫氰酸根离子标准溶液色谱图

第三节　常见问题释疑

1.方法回收率总是偏低?

有几点需要注意的地方:

(1)样液通过 RP 小柱除杂时,流速不易过快,以液滴不连续为宜,过快会影响回收率。

(2)无论在实验过程中稀释倍数如何调整,必须保证最终上机的样液中乙腈的体积百分数在 10% 以内,才不会对回收率产生影响。

(3)加标回收率试验结果表明,稀释后乳制品∶乙腈大于 =2∶3 时,硫氰酸根的回收率不再发生变化。

2.仪器参数是否可以根据仪器的情况进行修订?

因各检验机构使用的仪器品牌各不相同,仪器的参数可根据实际情况就行调整,可满足方法要求即可。

3.如何保证仪器的最佳状态?

常规的电导检测器采用自循环的方式对抑制器进行再生。在本方法中,由于样品中含有乙腈,如果是采用自循环方式,乙腈在此条件下也会电离,使背景电导值升高,引起基线的不稳定,从而使检测灵敏度下降。因此,用外接纯水方式对抑制器进行再生,能解决上述问题。外接水可以采用氮气压力作为动力,流速以能达到 1mL/min 为宜。也可以采用机械泵来实现,再生液的流速与淋洗液的流速保持一致。多次排空管路中的气泡也可以保证基线的稳定。

执笔人:耿健强　王琳琳

第十三章

《保健食品中 75 种非法添加化学药物的检测》（BJS 201710）

第一节　方法概述

我国保健食品安全问题中非法添加问题较为严重，从近几年保健食品非法添加药物事件中发现，企业在非法添加药物上采取的方式发生了转变。以前主要是添加一种和功能声称相关的药物，例如，减肥类保健食品中添加西布曲明，缓解体力疲劳类保健食品中添加西地那非等。而今出现了保健食品中添加多种药物，其中某些药物和功能声称无直接关联的现象。为了进一步加强对非法添加药物的检测技术研究，本方法建立了四种常见类型保健食品（包括胶囊、软胶囊、口服液和片剂）中75种化学药物的检测方法。该方法将作为我国有关违禁药物筛选检测技术体系的一部分，在提高保健食品的安全质量方面获得应用，为消费者身体健康提供保障。

本方法主要包括了以下几种类型的药物：缓解体力疲劳/增强免疫力类保健食品中涉及那非类药物11种（西地那非、硫代艾地那非等）；辅助降血糖类保健食品中涉及口服降糖药物13种，包括促胰岛素分泌剂（格列吡嗪、瑞格列奈等），双胍类（二甲双胍、苯乙双胍等），胰岛素增敏剂（罗格列酮、吡格列酮等）；辅助降血脂类保健食品中涉及药物6种，包括羟甲基戊二酰辅酶A还原酶抑制剂类（洛伐他汀、辛伐他汀等）和烟酸；减肥类保健食品中涉及药物7种，包括食欲抑制剂类（芬氟拉明、西布曲明及其衍生物等）、能量消耗剂（麻黄碱）、利尿剂（呋塞米）和泻药（酚酞）；改善睡眠类保健食品中涉及药物22种，包括苯二氮䓬类（地西泮、劳拉西泮等）、巴比妥类（苯巴比妥、司可巴比妥等）和非苯二氮䓬类GABA拮抗剂（扎来普隆、佐匹克隆）；辅助降血压类保健食品中涉及药物12种，包括血管紧张素转化酶抑制剂类（卡托普利）、钙拮抗剂（硝苯地平、尼群地平等）、交感神经抑制剂类（利血平）、利尿剂（氢氯噻嗪）；其他类药物4种（氨甲环酸、二氧丙嗪、沙丁胺醇和醋氯芬酸）。

第二节 方法文本及重点条目解析

缓解体力疲劳、增强免疫力、辅助降血糖类、辅助降血脂类、减肥类、改善睡眠类和辅助降血压类保健食品一直以来是非法添加的重灾区，国家食品药品监督管理总局目前已经发布的保健食品中非法添加药物的检测方法如下：

缓解体力疲劳/增强免疫力类保健食品：补肾壮阳类中成药中西地那非及其类似物的检测方法（原国家食品药品监督管理局药品检验补充检验方法和检验项目批准件2008016），补肾壮阳类中成药中 PDE5 型抑制剂的快速检测方法（原国家食品药品监督管理局药品检验补充检验方法和检验项目批准件 2009030）；

辅助降血糖类保健食品：降糖类中成药中非法添加化学药品补充检验方法（原国家食品药品监督管理局药品检验补充检验方法和检验项目批准件 2009029），降糖类中成药中非法添加盐酸丁二胍补充检验方法（原国家食品药品监督管理局药品检验补充检验方法和检验项目批准件 2011008），降糖类中成药和辅助降血糖类保健食品中非法添加格列波脲的补充检验方法（原国家食品药品监督管理局药品检验补充检验方法和检验项目批准件 2013001）。

辅助降血脂类保健食品：关于印发保健品食品安全风险监测有关检测目录和检测方法的通知附件一 辅助降血脂类保健食品违法添加药物的检测方法（食药监办许［2010］114 号），保健食品中非法添加沙丁胺醇检验方法等 8 项检验方法（食药监食监三［2016］28 号）；

减肥类保健食品：治疗肥胖症的中成药中西布曲明、麻黄碱、芬氟拉明的检测方法（原国家食品药品监督管理局药品检验补充检验方法和检验项目批准件 2006004），关于印发保健品食品安全风险监测有关检测目录和检测方法的通知附件二 减肥类保健食品违法添加药物的检测方法（食药监办许［2010］114 号），减肥类中成药或保健食品中酚酞、西布曲明及两种衍生物的检测方法（原国家食品药品监督管理局药品检验补充检验方法和检验项目批准件 2012005）；

改善睡眠类保健食品：安神类中成药中非法添加化学品检测方法（原国家食品药品监督管理局药品检验补充检验方法和检验项目批准件 2009024），安神类中成药和保健食品中非法添加褪黑素、佐匹克隆、氯苯那敏、扎来普隆的补充检验方法（原国家食品药品监督管理局药品检验补充检验方法和检验项目批准件 2012004），改善睡眠类中成药及保健品中非法添加罗通定、青藤碱、文拉法辛补充检验方法（原国家食品药品监督管理局药品检验补充检验方法和检验项目批准件 2013002)；

辅助降血压类保健食品：降压类中成药中非法添加化学药品补充检验方法（原国家食品药品监督管理局药品检验补充检验方法和检验项目批准件 2009032)，降压类中成药和辅助降压类保健食品中非法添加六种二氢吡啶类化学成分检测方法（原国家食品药品监督管理局药品检验补充检验方法和检验项目批准件 2014008)。

以上检验方法系针对某一特定功能保健食品中非法添加药物成分的检测，采用的方法有薄层色谱法、液相色谱法和液相色谱 – 质谱联用法，其中液相色谱 – 质谱联用法多采用全扫描模式。该类方法在近年来非法添加行为呈现出的新驱势下，暴露出一定不足。例如，复合添加的现象不断出现，添加的药物种类不再围于保健食品本身的功能声称，使得按照功能进行分类筛查发现力不足；非法添加药物剂量的随意性强，有些产品添加剂量极低，在质谱全扫描模式灵敏度水平下容易产生漏筛；此外，薄层色谱法和液相色谱法存在选择性差、容易受到样品基质干扰的问题，在出现阳性样品的情况下，还需要采用液质联用方法再次确证，影响了筛查的效率。

1 范围

本方法规定了保健食品中利血平、格列喹酮、羟基豪莫西地那非、硫代艾地那非、格列苯脲、格列美脲、豪莫西地那非、伐地那非、西地那非、那红地那非、伪伐地那非、那莫西地那非、瑞格列奈、红地那非、格列吡嗪、洛伐他汀羟酸钠盐、尼莫地平、辛伐他汀、氨氯地平、洛伐他汀、美伐他汀、氨基他达拉非、他达拉非、佐匹克隆、尼索地平、脱羟基洛伐他丁、哌唑嗪、非洛地平、格列波脲、尼群地平、罗格列酮、吡咯列酮、罗通定、醋氯芬酸、硝苯地平、三唑仑、青藤碱、呋塞米、咪达唑仑、格列齐特、劳拉西泮、酚酞、二氧丙嗪、氯硝西泮、阿普唑仑、扎来普隆、氯氮草、氢氯噻嗪、艾司唑仑、奥沙西泮、地西泮、硝西泮、西布曲明、文拉法辛、氯苯那敏、氯美扎酮、甲苯磺丁脲、阿替洛尔、N- 单去甲基西布曲明、N, N–双去甲基西布曲明、沙丁胺醇、司可巴比妥、褪黑素、芬氟拉明、苯巴比妥、可乐定、异戊巴比妥、卡托普利、苯乙双胍、巴比妥、麻黄碱、丁二胍、氨甲环酸、二甲双胍和烟酸的液相色谱 – 串联质谱检测方法。

本方法适用于片剂、口服液、硬胶囊和软胶囊保健食品中的利血平、格列喹酮、羟基豪莫西地那非、硫代艾地那非、格列苯脲、格列美脲、豪莫西地那非、伐地那非、西地那非、那红地那非、伪伐地那非、那莫西地那非、瑞格列奈、红地那非、格列吡嗪、洛伐他汀羟酸钠盐、尼莫地平、辛伐他汀、氨氯地平、洛伐他汀、美伐他汀、氨基他达拉非、他达拉非、佐匹克隆、尼索地平、脱羟基洛伐他丁、哌唑嗪、非洛地平、格列波脲、尼群地平、罗格列酮、吡咯列酮、罗通定、醋氯芬酸、硝苯地平、三唑仑、青藤碱、呋塞米、咪达唑仑、格列齐特、劳拉西泮、酚酞、二氧丙嗪、氯硝西泮、阿普唑仑、扎来普隆、氯氮草、氢氯噻嗪、艾司唑仑、奥沙西泮、地西泮、硝西泮、西布曲明、文拉法辛、氯苯那敏、氯美扎酮、甲苯磺丁脲、阿替洛尔、N- 单去甲基西布曲明、N，N- 双去甲基西布曲明、沙丁胺醇、司可巴比妥、褪黑素、芬氟拉明、苯巴比妥、可乐定、异戊巴比妥、卡托普利、苯乙双胍、巴比妥、麻黄碱、丁二胍、氨甲环酸、二甲双胍和烟酸共 75 种非法添加物质的检测，同样适用于片剂、口服液、硬胶囊、软胶囊类声称具有保健功效的食品中上述 75 种物质的检测。

本方法建立了一种保健食品中多种化学药物同时检测的液相色谱 – 串联质谱方法。根据市场调研，选择了保健食品常见的的四种基质（片剂、口服液、硬胶囊和软胶囊）进行研究，片剂代表了含有黏合剂、填充剂、崩解剂等的基质类型，口服液代表了含糖量较高的基质类型，硬胶囊代表了含中药提取物的基质类型，软胶囊代表了油性基质或者与水相溶但挥发性小的化合物如甘油、丙二醇等基质类型。

2 原理

试样经甲醇提取后，采用液相色谱 – 串联质谱仪检测。

选择了对 75 种药物中绝大多数成分具有较好溶解性的甲醇作为提取溶剂。

3 试剂和材料

注：水为 GB/T 6682 规定的一级水。

3.1 试剂

3.1.1 甲醇（CH_3OH）：色谱纯。

3.1.2 乙腈（CH_3CN）：色谱纯。

3.1.3 甲酸（CH_2O_2）：质谱级。

3.1.4 乙酸铵（CH_3COONH_4）：质谱级。

3.1.5 0.1% 甲酸 –10mmol/L 乙酸铵水溶液：精密量取甲酸（3.1.3）1mL，称取乙酸铵（3.1.4）0.771g，用水溶解并定容至 1000mL。

3.2 标准品

利血平、格列喹酮、羟基豪莫西地那非、硫代艾地那非、格列苯脲、格列美脲、豪莫西地那非、伐地那非、西地那非、那红地那非、伪伐地那非、那莫西地那非、瑞格列奈、红地那非、格列吡嗪、洛伐他汀羟酸钠盐、尼莫地平、辛伐他汀、氨氯地平、洛伐他汀、美伐他汀、氨基他达拉非、他达拉非、佐匹克隆、尼索地平、脱羟基洛伐他丁、哌唑嗪、非洛地平、格列波脲、尼群地平、罗格列酮、吡咯列酮、罗通定、醋氯芬酸、硝苯地平、三唑仑、青藤碱、呋塞米、咪达唑仑、格列齐特、劳拉西泮、酚酞、二氧丙嗪、氯硝西泮、阿普唑仑、扎来普隆、氯氮草、氢氯噻嗪、艾司唑仑、奥沙西泮、地西泮、硝西泮、西布曲明、文拉法辛、氯苯那敏、氯美扎酮、甲苯磺丁脲、阿替洛尔、N– 单去甲基西布曲明、N，N– 双去甲基西布曲明、沙丁胺醇、司可巴比妥、褪黑素、芬氟拉明、苯巴比妥、可乐定、异戊巴比妥、卡托普利、苯乙双胍、巴比妥、麻黄碱、丁二胍、氨甲环酸、二甲双胍和烟酸标准品的中文名称、英文名称、CAS 登录号、分子式和相对分子量见附录 A 表 A.1，纯度均≥98%。

3.3 标准溶液配制

3.3.1 标准储备液：分别精密称取利血平、格列喹酮、羟基豪莫西地那非、硫代艾地那非、格列苯脲、格列美脲、豪莫西地那非、伐地那非、西地那非、那红地那非、伪伐地那非、那莫西地那非、瑞格列奈、红地那非、格列吡嗪、洛伐他汀羟酸钠盐、尼莫地平、辛伐他汀、氨氯地平、洛伐他汀、美伐他汀、氨基他达拉非、他达拉非、佐匹克隆、尼索地平、脱羟基洛伐他丁、哌唑嗪、非洛地平、格列波脲、尼群地平、罗格列酮、吡咯列酮、罗通定、醋氯芬酸、硝苯地平、三唑仑、青藤碱、呋塞米、咪达唑仑、格列齐特、劳拉西泮、酚酞、二氧丙嗪、氯硝西泮、阿普唑仑、扎来普隆、氯氮草、氢氯噻嗪、艾司唑仑、奥沙西泮、地西泮、硝西泮、西布曲明、文拉法辛、氯苯那敏、氯美扎酮、甲苯磺丁脲、阿替洛尔、N– 单去甲基西布曲明、N，N– 双去甲基西布曲明、沙丁胺醇、司可巴比妥、褪黑素、芬氟拉明、苯巴比妥、可乐定、异戊巴比妥、卡托普利、苯乙双胍、巴比妥、麻黄碱、丁二胍、氨甲环酸、二甲双胍和烟酸标准品（3.2）0.01g（精确至 0.00001g）于 10mL 容量瓶中，甲醇溶解并定容，得到浓度为 1mg/mL 的储备液，–20℃避光贮存，有效期 3 个月。

3.3.2 混合标准溶液：分别精密量取储备液（3.3.1）适量，用甲醇（3.1.1）稀释成混合标准中间液，其中利血平、格列喹酮、羟基豪莫西地那非、硫代艾地那非、格列苯脲、格列美脲、豪莫西地那非、伐地那非、西地那非、那红地那非、伪伐地那非、那莫西地那非、瑞格列奈、红地那非、格列吡嗪、尼莫地平、辛伐他丁、氨氯地平、洛伐他丁、美伐他丁、氨基他达拉非、他达拉非、佐匹克隆、尼索地平、脱羟基洛伐他丁、哌唑嗪、非洛地平、格列波脲、尼群地平、罗格列酮、吡咯列酮、罗通定、醋氯芬酸、硝苯地平、三唑仑、青藤碱、咪达唑仑、格列齐特、劳拉西泮、酚酞、二氧丙嗪、氯硝西泮、阿普唑仑、扎来普隆、氯氮草、艾司唑仑、奥沙西泮、地西泮、硝西泮、西布曲明、文拉法辛、氯苯那敏、氯美扎酮、甲苯磺丁脲、阿替洛尔、N- 单去甲基西布曲明、N，N- 双去甲基西布曲明、沙丁胺醇、褪黑素、芬氟拉明、可乐定、卡托普利、苯乙双胍、麻黄碱、丁二胍、氨甲环酸和二甲双胍浓度为 10μg/mL，洛伐他汀羟酸钠盐、呋塞米、氢氯噻嗪、司可巴比妥、苯巴比妥、异戊巴比妥、巴比妥和烟酸浓度为 100μg/mL。再用初始流动相（见表 13-2-1）稀释成混合标准使用液，上述物质浓度分别为 100ng/mL 和 1μg/mL，临用时配制。

洛伐他汀羟酸钠盐、呋塞米、氢氯噻嗪、司可巴比妥、苯巴比妥、异戊巴比妥、巴比妥和烟酸在该条件下响应不如其他物质灵敏，因此配制混和标准溶液时浓度为 100μg/mL，混合标准使用液用初始流动相稀释可避免溶剂效应导致的峰形不佳的现象。

4 仪器和设备

4.1 高效液相色谱 – 串联质谱仪：配有电喷雾离子源。

4.2 分析天平：感量分别为 0.001g、0.0001g 和 0.00001g。

4.3 离心机：转速≥4000r/min。

4.4 超声波清洗器。

电喷雾离子源是小分子有机化合物常用的离子源，本研究尝试了 75 种药物在电喷雾离子源的电离情况，最终选择了电喷雾离子源。

5 **分析步骤**

5.1 试样制备

精密称取样品 1g（精确至 0.0001g），置于 50mL 容量瓶中，加甲醇（3.1.1）适量，超声提取 15min，放冷至室温，用甲醇（3.1.1）定容（若样品中含有油脂，则将样品提取液在 −20℃条件下放置 24~48h，时间可视样品是否澄清而定），5000r/min 离心 5min，上清液经微孔滤膜过滤（0.22μm，有机相），取续滤液作为待测液。

5.2 仪器参考条件

5.2.1 色谱条件

a）色谱柱：C_{18} 柱，1.8μm，2.1×100mm，或性能相当者。

b）流动相：A 为 0.1% 甲酸 −10mmol/L 乙酸铵（3.1.5），B 为乙腈（3.1.2），参考梯度洗脱程序见表 13-2-1。

c）流速：0.3mL/min。

d）柱温：40℃。

e）进样量：5μL。

表 13-2-1 参考梯度洗脱程序

时间 /min	A:0.1% 甲酸 −10mmol/L 乙酸铵 /%	B：乙腈 /%
0	90	10
2	90	10
2.1	65	35
4	65	35
4.1	60	40
6.5	60	40
7	20	80
9	20	80
9.1	10	90

5.2.2 质谱条件

a）电离方式：电喷雾正负离子模式。

b）检测方式：多反应检测（MRM）。

c）雾化气：N_2。

d）干燥气流速：8L/min。

e）喷雾电压：500 V。

f）气流温度：350℃。

g）毛细管电压：3500 V（＋）3000 V（－）。

h）鞘气流速：11L/min。

i）鞘气温度：250℃。

j）定性离子对、定量离子、碎裂电压、碰撞能量和离子化模式见表 13-2-2。

表 13-2-2 非法添加化学药物的主要质谱参数

序号	化合物	母离子（m/z）	子离子（m/z）	碎裂电压（V）	碰撞能量（eV）	离子化模式
1	利血平	609.2	448.1	135	28	＋
		609.2	397.1*	135	24	＋
2	格列喹酮	528	403*	135	7	＋
		528	386	135	19	＋
3	羟基豪莫西地那非	505	487*	135	20	＋
		505	377	135	20	＋
4	硫代艾地那非	505	448	135	20	＋
		505	393*	135	20	＋
5	格列苯脲	495	369	135	6	＋
		495	169*	135	18	＋
6	格列美脲	491	352	135	7	＋
		491	126*	135	23	＋
7	豪莫西地那非	489	311	135	20	＋
		489	113*	135	20	＋
8	伐地那非	489	299	135	20	＋
		489	151*	135	20	＋
9	西地那非	475	377	135	20	＋
		475	311*	135	20	＋
10	红地那非	467	420	135	20	＋
		467	396*	135	20	＋

序号	化合物	母离子 （m/z）	子离子 （m/z）	碎裂电压 （V）	碰撞能量 （eV）	离子化模式
11	伪伐地那非	460	432*	135	20	+
		460	377	135	20	+
12	那莫西地那非	460	377	135	20	+
		460	329*	135	20	+
13	瑞格列奈	453	162	135	20	+
		453	86*	135	20	+
14	那红地那非	453	406	135	16	+
		453	353*	135	24	+
15	格列吡嗪	446	347	135	7	+
		446	321*	135	7	+
16	洛伐他丁 羟酸钠盐	445	343*	135	10	+
		445	173	135	30	+
17	尼莫地平	419	343*	135	10	+
		419	301	135	20	+
18	辛伐他汀	419	285	135	20	+
		419	199*	135	20	+
19	氨氯地平	409	294	135	10	+
		409	238*	135	10	+
20	洛伐他汀	405	285	135	20	+
		405	199*	135	20	+
21	美伐他汀	391	185*	135	20	+
		391	159	135	20	+
22	氨基他达拉非	391	269*	135	20	+
		391	262	135	20	+
23	他达拉非	390	302	135	20	+
		390	268*	135	20	+
24	佐匹克隆	389.2	245*	135	10	+
		389.2	217	135	20	+

序号	化合物	母离子 (m/z)	子离子 (m/z)	碎裂电压 (V)	碰撞能量 (eV)	离子化模式
25	尼索地平	389	239*	135	10	+
		389	195	135	20	+
26	脱羟基洛伐他汀	387	199*	135	10	+
		387	173	135	10	+
27	哌唑嗪	384.1	247.1*	135	28	+
		384.1	138	135	28	+
28	非洛地平	383.9	352	135	10	+
		383.9	338*	135	10	+
29	格列波脲	367	170*	135	10	+
		367	152	135	20	+
30	尼群地平	361	329	135	20	+
		361	315*	135	10	+
31	罗格列酮	358	135*	135	23	+
		358	107	135	23	+
32	吡咯列酮	357	134*	135	23	+
		357	119	135	23	+
33	罗通定	356.4	192*	135	30	+
		356.4	165	135	20	+
34	醋氯芬酸	355	251	135	10	+
		355	215.8*	135	20	+
35	硝苯地平	347	315*	135	2	+
		347	245.9	135	2	+
36	三唑仑	343.1	314.9	135	28	+
		343.1	308*	135	24	+
37	青藤碱	330.1	180.9	135	30	+
		330.1	58*	135	40	+
38	呋塞米	329	205*	135	30	−
		329	126	135	30	−

序号	化合物	母离子（m/z）	子离子（m/z）	碎裂电压（V）	碰撞能量（eV）	离子化模式
39	咪达唑仑	326.1	291*	135	24	+
		326.1	243.9	135	28	+
40	格列齐特	324	127*	135	15	+
		324	110	135	19	+
41	劳拉西泮	321.1	302.9	135	12	+
		321.1	275*	135	20	+
42	酚酞	319	225*	135	30	+
		319	105	135	30	+
43	二氧丙嗪	317	167	135	30	+
		317	86*	135	20	+
44	氯硝西泮	316	240.9	135	30	+
		316	213.8*	135	40	+
45	阿普唑仑	309.1	281*	135	24	+
		309.1	274.1	135	24	+
46	扎来普隆	306.1	264	135	20	+
		306.1	236*	135	20	+
47	氯氮草	300.1	283*	135	12	+
		300.1	241	135	12	+
48	氢氯噻嗪	296	268.9	135	20	−
		296	205*	135	20	−
49	艾司唑仑	295.1	267*	135	24	+
		295.1	192	135	20	+
50	奥沙西泮	287	241*	135	20	+
		287	162.9	135	30	+
51	地西泮	285.1	257.1	135	20	+
		285.1	222.1*	135	28	+
52	硝西泮	282.1	254	135	20	+
		282.1	236*	135	24	+

序号	化合物	母离子 （m/z）	子离子 （m/z）	碎裂电压 （V）	碰撞能量 （eV）	离子化模式
53	西布曲明	280	139	135	30	+
		280	125*	135	30	+
54	文拉法辛	278.2	120.9	135	20	+
		278.2	57.9*	135	10	+
55	氯苯那敏	275.1	230.1*	135	10	+
		275.1	166.9	135	35	+
56	氯美扎酮	274	154*	135	20	+
		274	103	135	20	+
57	甲苯磺丁脲	271	155	135	12	+
		271	74*	135	12	+
58	阿替洛尔	267.1	190	135	16	+
		267.1	145*	135	24	+
59	N- 单去甲基西布曲明	266	139	135	30	+
		266	125*	135	30	+
60	N，N- 双去甲基西布曲明	252	139	135	30	+
		252	125*	135	30	+
61	沙丁胺醇	240	166	135	10	+
		240	147.9*	135	20	+
62	司可巴比妥	237	194*	135	8	−
		237	85	135	20	−
63	褪黑素	233.1	174.2*	135	10	+
		233.1	159	135	20	+
64	芬氟拉明	232	159*	135	30	+
		232	109	135	30	+
65	苯巴比妥	231	188*	135	4	−
		231	85	135	20	−
66	可乐定	230	212.8*	135	22	+
		230	159.6	135	38	+

序号	化合物	母离子（m/z）	子离子（m/z）	碎裂电压（V）	碰撞能量（eV）	离子化模式
67	异戊巴比妥	225.1	182*	135	4	−
		225.1	85	135	20	−
68	卡托普利	218	172	135	6	+
		218	116*	135	10	+
69	苯乙双胍	206	105	135	23	+
		206	60*	135	15	+
70	巴比妥	183.1	140.1*	135	4	−
		183.1	85	135	20	−
71	麻黄碱	166	148	135	30	+
		166	133*	135	30	+
72	丁二胍	158	60*	135	10	+
		158	57	135	20	+
73	氨甲环酸	158	95*	135	10	+
		158	67.1	135	10	+
74	二甲双胍	130	71	135	23	+
		130	60*	135	11	+
75	烟酸	124	78	135	50	+
		124	52*	135	50	+

注：标 * 为定量离子

5.3 定性判定

按照上述条件测定待测液和混合标准使用液，如果试样待测液中色谱峰的保留时间与混合标准使用液中某一组分保留时间一致（变化范围在 ±2.5% 之内），试样待测液中色谱峰定性离子对的相对丰度与浓度相当的混合标准使用液相对丰度一致，相对丰度（k）偏差不超过表 13-2-3 规定的范围，则可判定为试样中存在该成分。

表 13-2-3　定性确证时相对离子丰度的最大允许偏差

相对离子丰度（%）	k>50%	50%≥k>20%	20%≥k>10%	k≤10%
允许的最大偏差（%）	± 20	± 25	± 30	± 50

试样制备过程中，若样品中含有油脂，甲醇提取后容易出现浑浊现象，或者放置后析出油滴（软胶囊样品容易出现浑浊）。尝试了乙酸乙酯 / 乙醚除脂、高速离心除脂和低温放置除脂三种方法，甲醇与乙酸乙酯、甲醇与乙醚互溶，除脂效果不佳，高速离心除脂效果也不好，最终选择除脂方式为将样品提取液于 –20℃放置 24~48h，具体的放置时间可视样品澄清与否决定。

考察了水 – 乙腈、10mmol/L 乙酸铵 – 乙腈、0.1% 甲酸 – 乙腈和 0.1% 甲酸 10mmol/L 乙酸铵 – 乙腈流动相系统对分离效果的影响。水 – 乙腈系统部分化合物峰形不佳，10mmol/L 乙酸铵 – 乙腈、0.1% 甲酸 – 乙腈系统能够明显改善部分化合物峰形，0.1% 甲酸 10mmol/L 乙酸铵系统，各化合物峰形较好，灵敏度和分离度较好。因此最终选择水相为 0.1% 甲酸 –10mmol/L 乙酸铵，有机相为乙腈。

6 检出限

当称样量为 1g 时，75 种非法添加化学药物的检出限见表 13-2-4。

表 13-2-4 非法添加化学药物的检出限

编号	名称	口服液检出限（μg/g）	硬胶囊检出限（μg/g）	软胶囊检出限（μg/g）	片剂检出限（μg/g）
1	利血平	0.024	0.22	0.069	0.22
2	格列喹酮	0.025	0.37	0.11	0.37
3	羟基豪莫西地那非	0.11	0.88	0.27	0.88
4	硫代艾地那非	0.054	0.81	0.25	0.81
5	格列苯脲	0.055	0.23	0.24	0.24
6	格列美脲	0.023	0.33	0.10	0.33
7	豪莫西地那非	0.036	0.53	0.16	0.53
8	伐地那非	0.017	0.25	0.078	0.25
9	红地那非	0.23	0.83	0.26	0.83
10	西地那非	0.025	0.38	0.12	0.38
11	伪伐地那非	0.076	0.26	0.08	0.26
12	那莫西地那非	0.035	1.8	0.26	1.8
13	瑞格列奈	0.025	0.37	0.11	0.37
14	那红地那非	0.06	0.88	0.27	0.88

编号	名称	口服液检出限（μg/g）	硬胶囊检出限（μg/g）	软胶囊检出限（μg/g）	片剂检出限（μg/g）
15	格列吡嗪	0.025	0.38	0.12	0.38
16	洛伐他汀羟酸钠盐	1.2	0.64	4.5	4.5
17	尼莫地平	0.024	0.36	0.11	0.36
18	辛伐他汀	0.16	0.36	0.11	0.36
19	氨氯地平	0.024	0.36	0.11	0.36
20	洛伐他汀	0.043	0.35	0.34	0.35
21	美伐他汀	0.033	0.49	0.42	0.49
22	氨基他达拉非	0.041	0.61	0.19	0.61
23	他达拉非	0.03	0.45	0.14	0.45
24	佐匹克隆	0.018	0.27	0.084	0.27
25	尼索地平	0.026	0.39	0.30	0.39
26	脱羟基洛伐他汀	0.10	0.64	0.17	0.64
27	哌唑嗪	0.024	0.36	0.11	0.36
28	非洛地平	0.12	0.48	0.15	0.48
29	格列波脲	0.049	0.64	0.17	0.64
30	尼群地平	0.49	0.32	0.26	0.49
31	罗格列酮	0.028	0.41	0.13	0.41
32	吡咯列酮	0.024	0.36	0.11	0.36
33	罗通定	0.024	0.32	0.092	0.32
34	醋氯芬酸	0.025	0.35	0.11	0.35
35	硝苯地平	0.024	0.34	0.10	0.34
36	三唑仑	0.024	0.32	0.084	0.32
37	青藤碱	0.035	0.33	0.10	0.33
38	呋塞米	9.4	7.0	2.7	9.4
39	咪达唑仑	0.027	0.39	0.12	0.39
40	格列齐特	0.023	0.34	0.1	0.34
41	劳拉西泮	0.043	0.35	0.11	0.35
42	酚酞	0.027	0.40	0.12	0.40

续 表

编号	名称	口服液检出限（μg/g）	硬胶囊检出限（μg/g）	软胶囊检出限（μg/g）	片剂检出限（μg/g）
43	二氧丙嗪	0.025	0.37	0.12	0.37
44	氯硝西泮	0.035	0.38	0.12	0.38
45	阿普唑仑	0.024	0.34	0.11	0.34
46	扎来普隆	0.026	0.38	0.12	0.38
47	氯氮䓬	0.091	0.35	0.16	0.35
48	氢氯噻嗪	3.7	3.5	2.1	3.7
49	艾司唑仑	0.027	0.4	0.12	0.40
50	奥沙西泮	0.024	0.36	0.11	0.36
51	地西泮	0.027	0.4	0.12	0.40
52	硝西泮	0.024	0.36	0.11	0.36
53	西布曲明	0.023	0.35	0.11	0.35
54	文拉法辛	0.025	0.36	0.11	0.36
55	氯苯那敏	0.024	0.35	0.11	0.35
56	氯美扎酮	0.39	0.86	0.26	0.86
57	甲苯磺丁脲	0.025	0.37	0.11	0.37
58	阿替洛尔	0.058	0.35	0.11	0.35
59	N- 单去甲基西布曲明	0.066	0.98	0.30	0.98
60	N，N- 双去甲基西布曲明	0.038	0.35	0.11	0.35
61	沙丁胺醇	0.06	0.88	0.27	0.88
62	司可巴比妥	7.1	5.1	2.9	7.1
63	褪黑素	0.028	0.42	0.13	0.42
64	芬氟拉明	0.06	0.90	0.28	0.90
65	苯巴比妥	5.5	6.7	15	15
66	可乐定	0.13	0.35	0.11	0.35
67	异戊巴比妥	2.0	1.5	3.9	3.9
68	卡托普利	0.096	0.32	0.084	0.32
69	苯乙双胍	0.057	0.85	0.26	0.85
70	巴比妥	39	9.0	12	39

编号	名称	口服液检出限 （μg/g）	硬胶囊检出限 （μg/g）	软胶囊检出限 （μg/g）	片剂检出限 （μg/g）
71	麻黄碱	0.57	3.2	0.84	3.2
72	丁二胍	0.049	0.64	0.17	0.64
73	氨甲环酸	0.046	0.35	0.11	0.35
74	二甲双胍	0.049	0.64	0.17	0.64
75	烟酸	5.0	5.8	2.8	5.8

检出限的测定方法为：精密称取空白样品 1g（精确至 0.0001g），加入一定浓度的混和标准溶液，按照试样制备方法制备，经微孔滤膜过滤，取续滤液作为待测液。以信号和噪音的比值（S/N）考察检出限，S/N = 3 的浓度为检出限。需要指出的是，检出限受仪器型号、样品基质等因素影响，本方法给出的只是参考值，当实验室的检出限和本方法给出的检出限数值差异较大时，提示实验室检查仪器状态和操作过程。

75 种非法添加化学药物标准品信息

表 A.13-2-1　75 种非法添加化学药物标准品的中文名称、英文名称、CAS 登录号、分子式和相对分子量

序号	中文名称	英文名称	CAS 登录号	分子式	相对分子量
1	利血平	Reserpine	50-55-5	$C_{33}H_{40}N_2O_9$	608.68
2	格列喹酮	Gliquidone	33342-05-1	$C_{27}H_{33}N_3O_6S$	527.21
3	羟基豪莫西地那非	Hydroxyhomosildenafil	139755-85-4	$C_{23}H_{32}N_6O_5S$	504.60
4	硫代艾地那非	Thioaildenafil	856190-47-1	$C_{23}H_{32}N_6O_3S_2$	504.67
5	格列苯脲	Glibenclamide	10238-21-8	$C_{23}H_{28}ClN_3O_5S$	494.00
6	格列美脲	Glimepiride	93479-97-1	$C_{24}H_{34}N_4O_5S$	490.22
7	豪莫西地那非	Homosildenafil	642928-07-2	$C_{23}H_{32}N_6O_4S$	488.22
8	伐地那非	Vardenafil	224785-90-4	$C_{23}H_{32}N_6O_4S$	488.22
9	红地那非	Hongdenafil	831217-01-7	$C_{25}H_{34}N_6O_3$	466.58
10	西地那非	Sildenafil	139755-83-2	$C_{22}H_{30}N_6O_4S$	474.58
11	伪伐地那非	Pseudovardenafil	224788-34-5	$C_{22}H_{29}N_5O_4S$	459.56
12	那莫西地那非	Norneosildenafil	371959-09-0	$C_{22}H_{29}N_5O_4S$	459.56
13	瑞格列奈	Repaglinide	135062-02-1	$C_{27}H_{36}N_2O_4$	452.27
14	那红地那非	Noracetildenafil	949091-38-7	$C_{24}H_{32}N_6O_3$	452.56
15	格列吡嗪	Glipizide	29094-61-9	$C_{21}H_{27}N_5O_4S$	445.53
16	洛伐他汀羟酸钠盐	Lovastatin Hydroxy Acid, Sodium Salt	75225-50-2	$C_{24}H_{37}NaO_6$	444.54
17	尼莫地平	Nimodipine	66085-59-4	$C_{21}H_{26}N_2O_7$	418.44
18	辛伐他汀	Simvastatin	79902-63-9	$C_{25}H_{38}O_5$	418.57
19	氨氯地平	AmLodipine	88150-42-9	$C_{20}H_{25}ClN_2O_5$	408.88
20	洛伐他汀	Lovastatin	75330-75-5	$C_{24}H_{36}O_5$	404.54

序号	中文名称	英文名称	CAS 登录号	分子式	相对分子量
21	美伐他汀	Mevastatin	73573−88−3	$C_{23}H_{34}O_5$	390.51
22	氨基他达拉非	Aminotadalafil	385769−84−6	$C_{21}H_{18}N_4O_4$	390.39
23	他达拉非	Tadalafil	171596−29−5	$C_{22}H_{19}N_3O_4$	389.40
24	佐匹克隆	Zopiclone	43200−80−2	$C_{17}H_{17}ClN_6O_3$	388.10
25	尼索地平	Nisoldipine	63675−72−9	$C_{20}H_{24}N_2O_6$	388.41
26	脱羟基洛伐他丁	Dehydro Lovastatin	109273−98−5	$C_{24}H_{34}O_4$	386.53
27	哌唑嗪	Prazosin	19216−56−9	$C_{19}H_{21}N_5O_4$	383.40
28	非洛地平	Felodipine	72509−76−3	$C_{18}H_{19}Cl_2NO_4$	383.07
29	格列波脲	Glibornuride	26944−48−9	$C_{18}H_{26}N_2O_4S$	366.48
30	尼群地平	Nitrendipine	39562−70−4	$C_{18}H_{20}N_2O_6$	360.36
31	罗格列酮	Rosiglitazone	122320−73−4	$C_{18}H_{19}N_3O_3S$	357.11
32	吡咯列酮	Pioglitazone	111025−46−8	$C_{19}H_{20}N_2O_3S$	356.44
33	罗通定	Tetrahydropalmatine	2934−97−6	$C_{21}H_{25}NO_4$	355.43
34	醋氯芬酸	Aceclofenac	89796−99−6	$C_{16}H_{13}Cl_2NO_4$	354.18
35	硝苯地平	Nifedipine	21829−25−4	$C_{17}H_{18}N_2O_6$	346.34
36	三唑仑	Triazolam	28911−01−5	$C_{17}H_{12}Cl_2N_4$	342.04
37	青藤碱	Sinomenine	115−53−7	$C_{19}H_{23}NO_4$	329.16
38	呋塞米	Furosemide	54−31−9	$C_{12}H_{11}ClN_2O_5S$	330.01
39	咪达唑仑	Midazolam	59467−70−8	$C_{18}H_{13}ClFN_3$	325.77
40	格列齐特	Gliclazide	21187−98−4	$C_{15}H_{21}N_3O_3S$	323.13
41	劳拉西泮	Lorazepam	846−49−1	$C_{15}H_{10}Cl_2N_2O_2$	320.01
42	酚酞	Phenolphthalein	77−09−8	$C_{20}H_{14}O_4$	318.33
43	二氧丙嗪	Dioxopromethazine	13754−56−8	$C_{17}H_{20}N_2O_2S$	316.42
44	氯硝西泮	Clonazepam	1622−61−3	$C_{15}H_{10}ClN_3O_3$	315.04
45	阿普唑仑	Alprazolam	28981−97−7	$C_{17}H_{13}ClN_4$	308.08
46	扎来普隆	Zaleplon	151319−34−5	$C_{17}H_{15}N_5O$	305.13
47	氯氮䓬	Chlordiazepoxide	58−25−3	$C_{16}H_{14}ClN_3O$	299.08
48	氢氯噻嗪	Hydrochlorothiazide	58−93−5	$C_7H_8ClN_3O_4S_2$	297.74
49	艾司唑仑	Estazolam	29975−16−4	$C_{16}H_{11}ClN_4$	294.06

序号	中文名称	英文名称	CAS 登录号	分子式	相对分子量
50	奥沙西泮	Oxazepam	604-75-1	$C_{15}H_{11}ClN_2O_2$	286.05
51	地西泮	Diazepam	439-14-5	$C_{16}H_{13}ClN_2O$	284.07
52	硝西泮	Nitrazepam	146-22-5	$C_{15}H_{11}N_3O_3$	281.07
53	西布曲明	Sibutramine	106650-56-0	$C_{17}H_{26}ClN$	279.85
54	文拉法辛	Venlafaxine	93413-69-5	$C_{17}H_{27}NO_2$	277.20
55	氯苯那敏	Chlorphenamine	132-22-9	$C_{12}H_5N_7O_{12}$	439.21
56	氯美扎酮	Chlormezanone	80-77-3	$C_{11}H_{12}ClNO_3S$	273.74
57	甲苯磺丁脲	Tolbutamide	64-77-7	$C_{12}H_{18}N_2O_3S$	270.10
58	阿替洛尔	Atenolol	29122-68-7	$C_{14}H_{22}N_2O_3$	266.34
59	N-单去甲基西布曲明	N-Monodesmethyl Sibutramine	168835-59-4	$C_{16}H_{24}ClN$	265.83
60	N，N-双去甲基西布曲明	N，N-Didesmethyl Sibutramine	84467-54-9	$C_{15}H_{22}ClN$	251.14
61	沙丁胺醇	Salbutamol	18559-94-9	$C_{13}H_{21}NO_3$	239.31
62	司可巴比妥	Secobarbital	76-73-3	$C_{12}H_{17}N_2O_3$	237.28
63	褪黑素	Melatonine	73-31-4	$C_{13}H_{16}N_2O_2$	232.12
64	芬氟拉明	Fenfluramine	458-24-2	$C_{12}H_{16}F_3N$	231.12
65	苯巴比妥	Phenobarbital	50-06-6	$C_{12}H_{12}N_2O_3$	232.08
66	可乐定	Clonidine	4205-90-7	$C_9H_9Cl_2N_3$	229.09
67	异戊巴比妥	Amobarbital	57-43-2	$C_{11}H_{18}N_2O_3$	226.13
68	卡托普利	Captopril	62571-86-2	$C_9H_{15}NO_3S$	217.29
69	苯乙双胍	Phenformin	114-86-3	$C_{10}H_{15}N_5$	205.13
70	巴比妥	Barbital	57-44-3	$C_8H_{12}N_2O_3$	184.08
71	麻黄碱	Ephedrine	299-42-3	$C_{10}H_{15}NO$	165.11
72	丁二胍	buformin	692-13-7	$C_6H_{15}N_5$	157.22
73	氨甲环酸	Tranexamic Acid	701-54-2	$C_8H_{15}NO_2$	157.21
74	二甲双胍	Metformin	657-24-9	$C_4H_{11}N_5$	129.10
75	烟酸	Nicotinic acid	59-67-6	$C_6H_5NO_2$	123.11

附录 B

75 种非法添加标准品色谱图

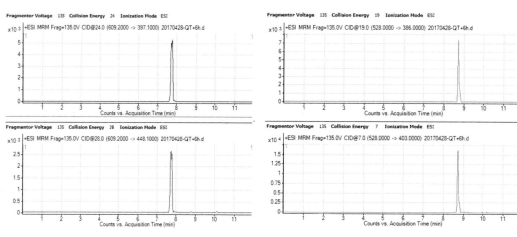

图 B.13-2-1　利血平

图 B.13-2-2　格列喹酮

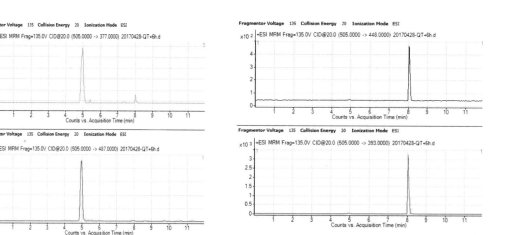

图 B.13-2-3　羟基豪莫西地那非

图 B.13-2-4　硫代艾地那非

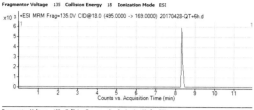

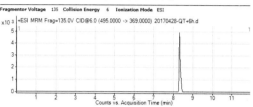

图 B.13-2-5　格列苯脲

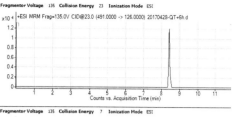

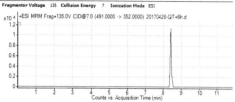

图 B.13-2-6　格列美脲

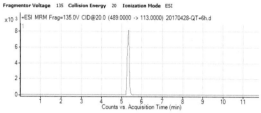

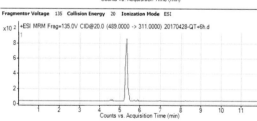

图 B.13-2-7　豪莫西地那非

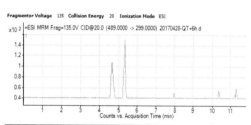

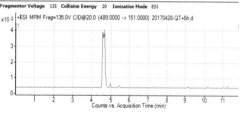

图 B.13-2-8　伐地那非

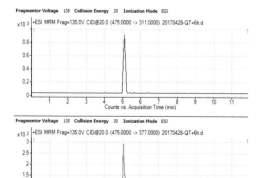

图 B.13-2-9　西地那非

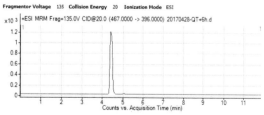

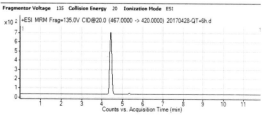

图 B.13-2-10　红地那非

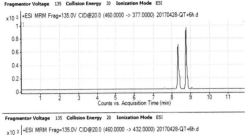

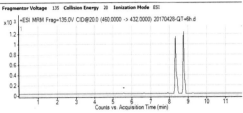

图 B.13-2-11　伪伐地那非（前）

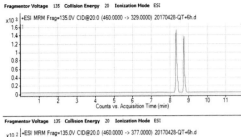

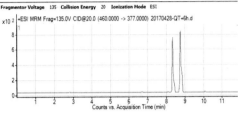

图 B.13-2-12　那莫西地那非（后）

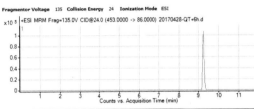

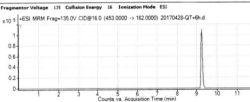

图 B.13-2-13　瑞格列奈

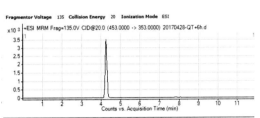

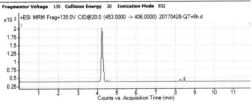

图 B.13-2-14　那红地那非

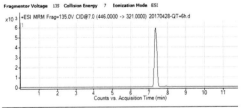

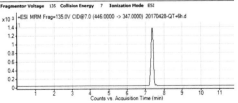

图 B.13-2-15　格列吡嗪

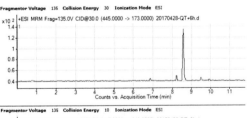

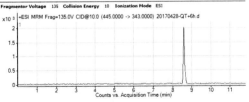

图 B.13-2-16　洛伐他汀羟酸钠盐

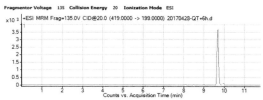
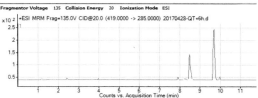
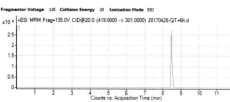
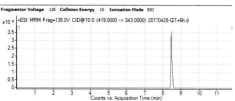

图 B.13-2-17　辛伐他汀

图 B.13-2-18　尼莫地平

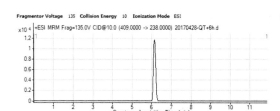
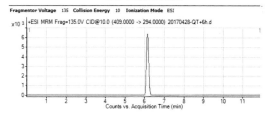
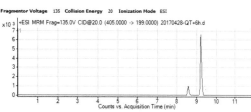
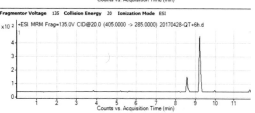

图 B.13-2-19　氨氯地平

图 B.13-2-20　洛伐他汀

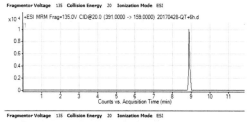
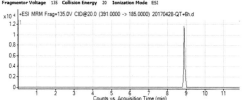
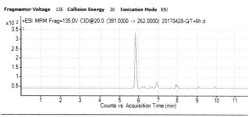
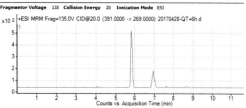

图 B.13-2-21　美伐他汀

图 B.13-2-22　氨基他达拉非

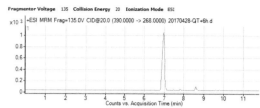

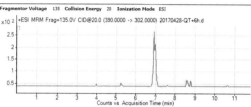

图 B.13-2-23　他达拉非

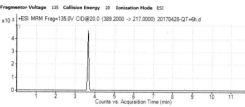

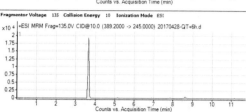

图 B.13-2-24　佐匹克隆

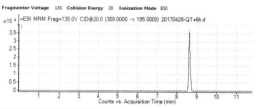

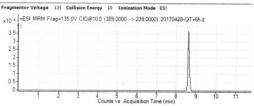

图 B.13-2-25　尼索地平

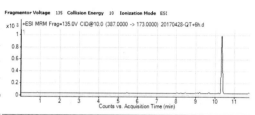

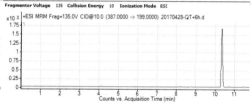

图 B.13-2-26　脱羟基洛伐他汀

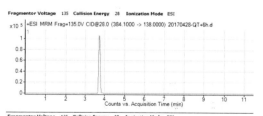

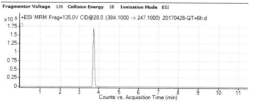

图 B.13-2-27　哌唑嗪

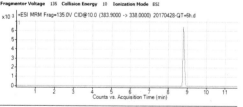

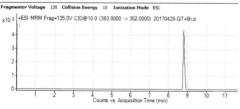

图 B.13-2-28　非洛地平

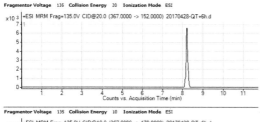

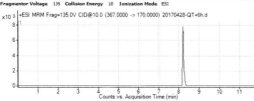

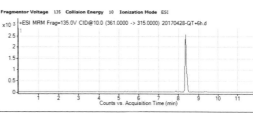

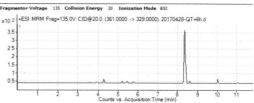

图 B.13-2-29　格列波脲

图 B.13-2-30　尼群地平

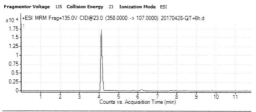

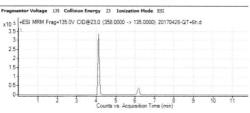

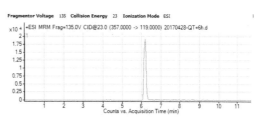

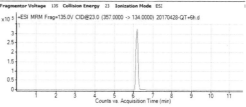

图 B.13-2-31　罗格列酮

图 B.13-2-32　盐酸吡咯列酮

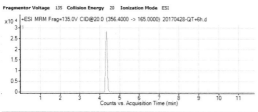

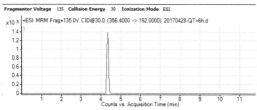

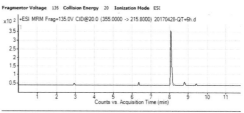

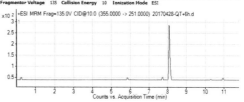

图 B.13-2-33　罗通定

图 B.13-2-34　醋氯芬酸

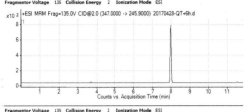
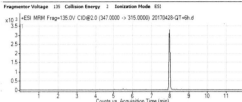

图 B.13-2-35　硝苯地平

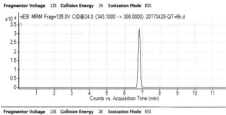
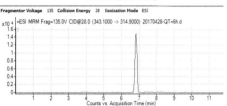

图 B.13-2-36　三唑仑

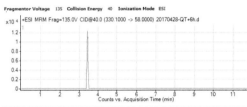
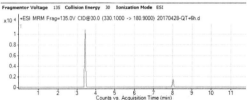

图 B.13-2-37　青藤碱

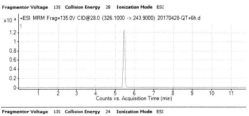
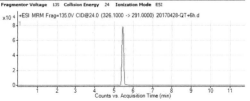

图 B.13-2-38　呋塞米

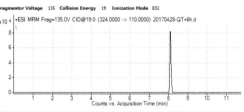
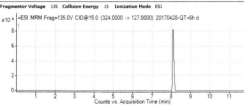

图 B.13-2-39　咪达唑仑

图 B.13-2-40　格列齐特

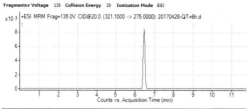
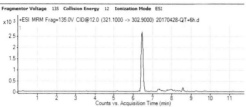

图 B.13-2-41　劳拉西泮

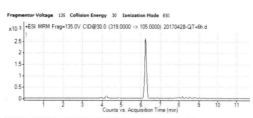
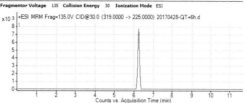

图 B.13-2-42　酚酞

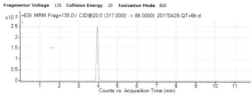
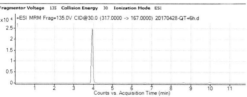

图 B.13-2-43　二氧丙嗪

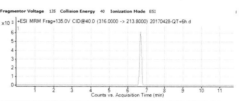
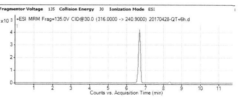

图 B.13-2-44　氯硝西泮

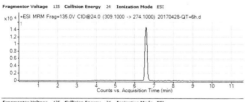
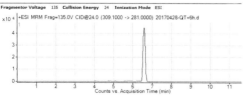

图 B.13-2-45　阿普唑仑

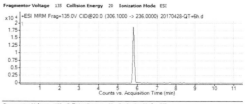
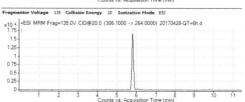

图 B.13-2-46　扎来普隆

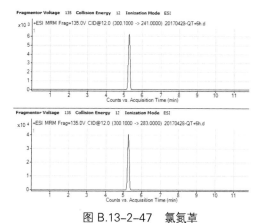

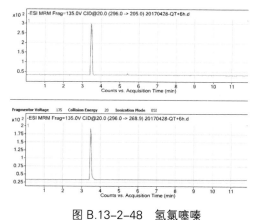

图 B.13-2-47　氯氮䓬

图 B.13-2-48　氢氯噻嗪

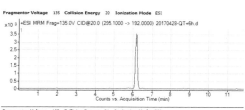

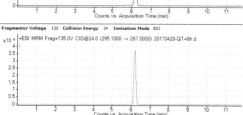

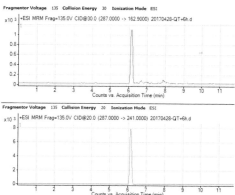

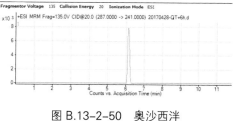

图 B.13-2-49　艾司唑仑

图 B.13-2-50　奥沙西泮

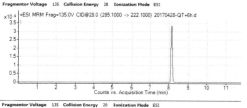

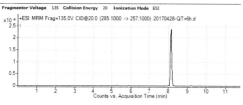

图 B.13-2-51　地西泮

图 B.13-2-52　硝西泮

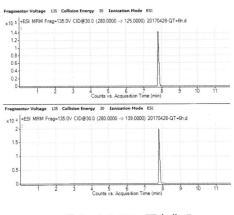

图 B.13-2-53　西布曲明

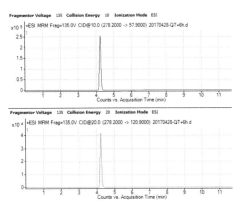

图 B.13-2-54　文拉法辛

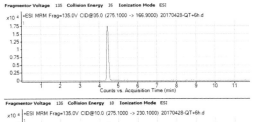

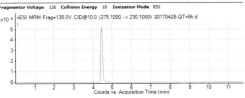

图 B.13-2-55　氯苯那敏

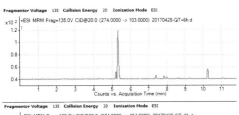

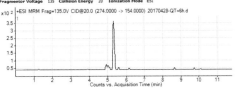

图 B.13-2-56　氯美扎酮

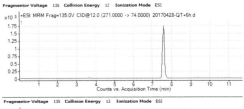

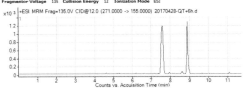

图 B.13-2-57　甲苯磺丁脲

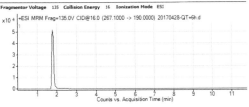

图 B.13-2-58　阿替洛尔

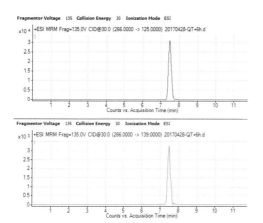

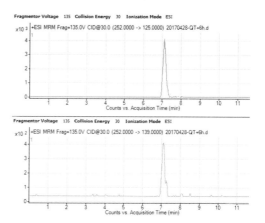

图 B.13-2-59　单去甲基西布曲明　　　　图 B.13-2-60　双去甲基西布曲明

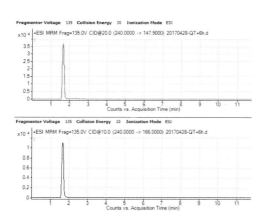

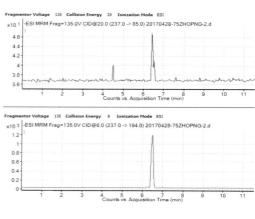

图 B.13-2-61　沙丁胺醇　　　　图 B.13-2-62　司可巴比妥

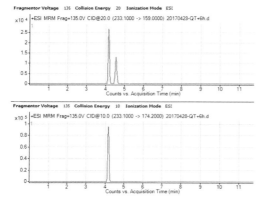

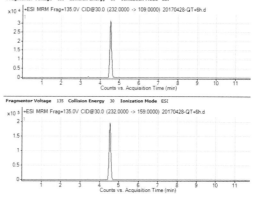

图 B.13-2-63　褪黑素　　　　图 B.13-2-64　芬氟拉明

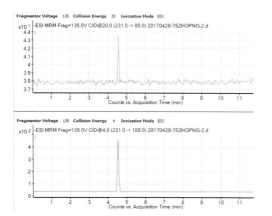

图 B.13-2-65　苯巴比妥

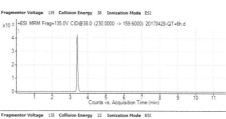
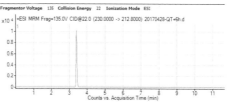

图 B.13-2-66　可乐定

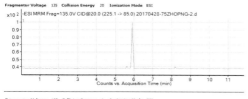
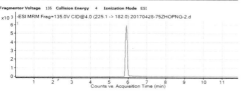

图 B.13-2-67　异戊巴比妥

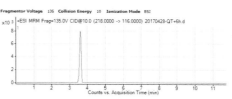
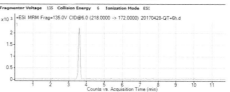

图 B.13-2-68　卡托普利

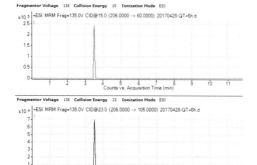

图 B.13-2-69　苯乙双胍

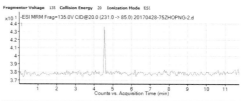
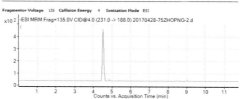

图 B.13-2-70　巴比妥

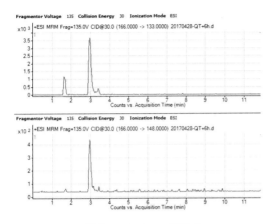

图 B.13-2-71　麻黄碱

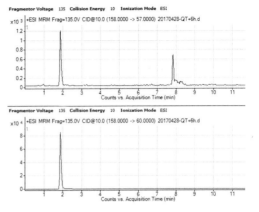

图 B.13-2-72　丁二胍

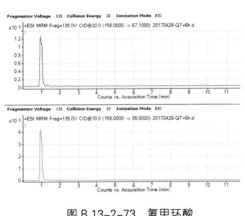

图 B.13-2-73　氨甲环酸

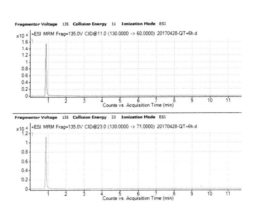

图 B.13-2-74　二甲双胍

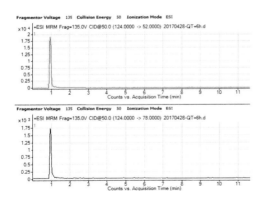

图 B.13-2-75　烟酸

第三节　常见问题释疑

1. 方法建立过程中是否验证了每种基质？

方法建立时对适用范围里面的四种基质中 75 种化学药物的出峰情况和检出限分别进行了实验室内和室间验证。从结果来看，检测口服液的灵敏度较高，片剂、胶囊和软胶囊由于受到基质的影响，检测的灵敏度不及口服液。

2. 方法是否需要按照化合物的保留时间分段采集质谱数据？

75 种化合物的色谱峰在检测的时间范围内分布较为分散，因此本方法目前没有按照化合物保留时间分段采集。在固定色谱柱和严格控制流动相配制过程的前提下，可以实现分段采集，但要注意定期用混和标准品溶液进行保留时间的监测，防止由于分段发生化合物丢失。

3. 本方法在色谱柱的选择上需要注意什么问题？

本方法采用的是 C_{18} 超高效液相色谱柱，在条件摸索过程中，C_{18} 柱的分离效果普遍较好，因此方法建议采用 C_{18} 柱或者等效柱。但建议不宜选择 50mm 的短柱，否则 75 种化合物会比较密集地出峰，虽然质谱可以按照质量数差异分离不同化合物，可是为避免成分间由于保留时间重合而实际存在的相互影响，建议柱长至少选择 100mm。

4. 质谱参数是否可根据实际机器情况进行修改？

因各机构使用的高效液相 – 串联质谱仪的品牌、型号各不相同，仪器的参数可能存在不同，包括毛细管电压、锥孔电压、碎裂电压、气流温度和流速等参数，均可结合实际情况进行摸索和调整，以满足检测的需求。

5. 洗针溶剂的选择有无特定要求？

由于甲醇对绝大多数有机化合物均具有较好的溶解度，本方法建议选择甲醇作为洗针溶剂，并根据仪器条件设定洗针程序，以便能够较充分地减少进样针残留现象。

6. 试样制备稀释倍数问题？

非法添加具有添加剂量随意性较大的特点，实际检测过程中可对制备的待测液进行逐级稀释，防止因待测液浓度过高造成对质谱污染，且检测过程中要插入空白样品监测质谱是否污染的情况，防止出现假阳性结果。

7. 如果出现残留现象，如何考虑？

如果在检测过程中发现残留现象，可以从进样系统残留、色谱柱残留、管路残留、流动相残留等方面进行分析，如进样针残留可以采用短接进样系统进行排查，管路残留需要逐节排除，流动相尽量选用质谱级添加剂，同时注意避免不良的实验操作习惯引入污染。

执笔人：钮正睿　曹进

第十四章

《畜肉中阿托品、山莨菪碱、东莨菪碱、普鲁卡因和利多卡因的测定》（BJS 201711）

>>>

第一节　方法概述

　　注水肉是不法商贩为了牟取暴利，用强制手段往牲畜体内注入水或含有其他物质的液体。不法分子常用的注水方法包括用高压水泵或老式农药喷雾器给牲畜消化系统内注水或用针管从静脉推注。牲畜胃肠注入大量水后，胸腔受到压迫，呼吸困难，造成其组织缺氧，使胃肠严重张弛，失去收缩能力，肠道蠕动缓慢，肌体处于半窒息和自身中毒状态，胃肠道内的食物会腐败，分解产生有毒物质，通过血液循环进入肌肉。这些有毒物质通过重复吸收后，遍布全身肌肉，这样的肉被人食用后，危害极大。有些不法商贩为了使注入的水吸收更快，或防止注入的水不会被排泄，也不会在宰杀时流出，常加入辅助药物，在屠宰前给牲畜注射阿托品类（阿托品、东莨菪碱、山莨菪碱）和局部麻醉药类（普鲁卡因、利多卡因）等物质，这样可以提高肉的持水性能，减少长途运输损失。阿托品、东莨菪碱和山莨菪碱均为 M 胆碱受体阻断剂，具有解除平滑肌的痉挛、抑制腺体分泌、解除迷走神经对心脏的抑制、兴奋呼吸中枢等药理活性。由于此类药物有抑制腺体分泌的作用，所以一些不法商贩在经营过程中，故意给牲畜注射本药，使牲畜因口渴而大量饮水增加体重，达到增加利润的目的。普鲁卡因和利多卡因为局部麻醉药。通过对畜肉中阿托品、山莨菪碱、东莨菪碱、普鲁卡因和利多卡因的测定可以达到对注射药物辅助注水畜肉的有效监测。

　　本方法建立了畜肉中阿托品、山莨菪碱、东莨菪碱、普鲁卡因和利多卡因残留量的液相色谱 – 串联质谱测定方法。对测定方法的提取、净化、制备及仪器参数进行了优化，方法适用于新鲜、冷冻畜肉和动物性内脏及其制品中阿托品、山莨菪碱、东莨菪碱、普鲁卡因和利多卡因的定性确证和定量测定。为注水肉的监管提供科学合理的检测分析方法。

第二节　方法文本及重点条目解析

1 范围

本方法规定了畜肉中阿托品、山莨菪碱、东莨菪碱、普鲁卡因和利多卡因残留量的液相色谱－串联质谱测定方法。

本方法适用于畜类肌肉组织中阿托品、山莨菪碱、东莨菪碱、普鲁卡因和利多卡因的定性确证和定量测定。

2 原理

用磷酸盐缓冲溶液提取畜类肌肉组织中阿托品、山莨菪碱、东莨菪碱、普鲁卡因和利多卡因，提取液经离心、净化后用液相色谱－串联质谱仪测定，外标法定量。

5种生物碱类均易溶于水，不溶于乙醚或氯仿等有机溶剂。其中阿托品水溶液呈中性，遇碱性药物可引起分解；东莨菪碱和山莨菪碱为莨菪烷型生物碱，东莨菪碱为"左旋体"，山莨菪碱为"右旋体"或"消旋体"，左旋比右旋体的作用强；普鲁卡因是为脂类局部麻醉药，临床常用其盐酸盐；利多卡因为酰胺类局部麻醉药。

目前，国内外报道的该类药物残留检测的仪器方法主要有液相色谱法（LC）、气相色谱－质谱联用法（GC-MS）和液相色谱－串联质谱联用法（LC-MS /MS）等。其中LC法灵敏度较低，无法满足对禁用药物检测的要求。GC-MS有较好的灵敏度，但部分药物的前处理需衍生化，费时较长。LC-MS/MS作为目前报道较多的方法，可以进行多残留定性定量检测。

3 试剂和材料

注：水为 GB/T 6682 规定的一级水。

3.1 试剂

3.1.1 甲醇（CH_3OH）：色谱纯。

3.1.2 乙腈（CH_3CN）：色谱纯。

3.1.3 甲酸（HCOOH）：色谱纯。

3.1.4 乙酸（CH_3COOH）：色谱纯。

3.1.5 正己烷（C_6H_{14}）：色谱纯。

3.1.6 氢氧化钠（NaOH）。

3.1.7 磷酸二氢钾（KH_2PO_4）。

3.1.8 氨水（$NH_3 \cdot H_2O$）。

3.2 试剂的配制

3.2.1 氢氧化钠溶液（200g/L）：称取氢氧化钠（3.1.6）20g，加适量的水溶解，冷却后加水稀释至100mL，混匀。

3.2.2 磷酸二氢钾缓冲溶液（0.1mol/L）：称取磷酸二氢钾（3.1.7）13.6g，加水溶解至近1000mL，用氢氧化钠溶液（3.2.1）调节pH至4.0，加水定容至1000mL，混匀。

3.2.3 甲酸溶液（2mL/100mL）：移取甲酸（3.1.3）2mL，加水稀释至100mL，混匀。

3.2.4 氨水甲醇溶液（2+98）：移取氨水（3.1.8）2mL，加甲醇（3.1.1）稀释至100mL，混匀。

3.2.5 乙酸溶液（0.1mL/100mL）：移取乙酸（3.1.4）1mL，加水稀释至1000mL，混匀。

3.2.6 甲酸溶液（0.1mL/100mL）：移取甲酸（3.1.3）1mL，加水稀释至1000mL，混匀。

3.3 标准品

硫酸阿托品、消旋山莨菪碱、氢溴酸东莨菪碱、普鲁卡因和利多卡因标准品的中文名称、英文名称、CAS登录号、分子式、相对分子量和折算系数见附录A表A.14-2-1，纯度均≥98%。

3.4 标准溶液配制

3.4.1 标准储备液（100mg/L）：准确称取标准品（3.3），分别折算成含阿托品、山莨菪碱、东莨菪碱、普鲁卡因和利多卡因10mg（精确至0.0001g），置于100mL烧杯中，加适量的甲醇（3.1.1）溶解，并用甲醇转移并定容至刻度，摇匀，配制成浓度为100mg/L标准储备液。置−18℃以下冰箱中保存，有效期6个月。

3.4.2 标准中间液（1.00μg/mL）：移取标准储备液（3.3.1）1.00mL，置100mL容量瓶中，加甲醇（3.1.1）定容至刻度，摇匀，配制成浓度为1.00μg/mL标准工作液。置于4℃~8℃保存，有效期3个月。

3.4.3 标准工作溶液：临用现配。

3.5 SPE小柱：Oasis MCX阳离子交换柱，60mg/3mL，或性能相当者。

4 仪器和设备

4.1 液相色谱－串联质谱仪：配电喷雾离子源（ESI）。

4.2 均质器。

4.3 高速冷冻离心机：转速≥10000r/min。

4.4 固相萃取装置。

4.5 涡旋混合器。

4.6 超声波清洗器。

4.7 氮气吹干仪。

4.8 电子天平：感量分别为 0.01g 和 0.0001g。

4.9 pH 计：精度 0.01。

电喷雾离子源是小分子有机化合物常用的离子源，本研究尝试了畜肉中阿托品、山莨菪碱、东莨菪碱、普鲁卡因和利多卡因在电喷雾离子源的电离情况，最终选择了电喷雾离子源。

5 分析步骤

5.1 试样制备

取空白或供试肌肉组织，绞碎，并使均质，得空白或试样。

5.2 试样的处理

5.2.1 提取

称取试样 5g（精确至 0.01g）于 50mL 具塞离心管中，加入磷酸二氢钾缓冲溶液（3.2.2）20mL，加盖后涡旋 2min，再超声处理 15min，4℃以下 10000r/min 离心 15min，上清液倒入另一离心管中。残渣中再加入缓冲溶液 20mL，重复提取一次，合并上清液，滤纸过滤，用上述缓冲溶液 4mL 洗涤滤纸，收集全部滤液于 50mL 容量瓶中，用缓冲溶液定容至 50mL，待净化。

5.2.2 净化

Oasis MCX 阳离子交换柱使用前依次用 3mL 甲醇（3.1.1）、3mL 水和 3mL 甲酸溶液（3.2.3）活化，保持柱体湿润。取待净化液 5.00mL 加入 SPE 小柱（3.5），流速控制在 1mL/min 内，依次用 3mL 甲酸溶液、3mL 甲醇、3mL 正己烷（3.1.5）淋洗小

223

柱，弃去全部流出液，在 65 kpa 的负压下，抽干 2min，最后用氨水甲醇溶液（3.2.4）5mL 洗脱，收集洗脱液。洗脱液在 40℃以下氮气吹干，加入甲酸溶液（3.2.6）1.00mL，涡旋 0.5min，过 0.22μm 滤膜，供测定。

5.3 标准工作溶液的制备

称取空白试样 5g（精确至 0.01g）于 50mL 具塞离心管中，分别加入标准中间液（3.4.2）适量，使其浓度为 0.500ng/mL、1.00ng/mL、2.00ng/mL、5.00ng/mL、10.0ng/mL、50.0ng/mL，经 5.2 步骤操作，供测定。

注：可根据仪器的灵敏度及样品中待测物的实际含量确定标准系列溶液浓度。

5.4 液相色谱 – 串联质谱测定

5.4.1 液相色谱参考条件

a. 色谱柱：C_{18} 色谱柱（2.1mm x 50mm，1.8μm），或性能相当者。

b. 流动相：A：乙腈（3.1.2），B：乙酸溶液（3.2.5），梯度洗脱条件见表 14-2-1。

表 14-2-1　参考梯度洗脱程序

时间（min）	A（%）	B（%）
0.0	10	90
1.0	10	90
3.0	17	83
3.5	90	10
4.0	10	90

c. 柱温：30℃。

d. 流速：0.4mL/min。

e. 进样量：5μL。

5.4.2 质谱参考条件

a. 扫描方式：正离子扫描；

b. 采集方式：MRM 采集方式；

c. 电离电压：3.0kV；

d. 脱溶剂温度：450℃；

e. 定性离子对、定量离子和碰撞能量见表 14-2-2。

表 14-2-2　待测物质的主要质谱参数

中文名称	母离子(m/z)	子离子(m/z)	碰撞能量(eV)
阿托品	290	124*;93	22/30
山莨菪碱	306	140*;122	25/30
东莨菪碱	304	138*;156	18/20
普鲁卡因	237	100*;120	16/30
利多卡因	235	86*;58	20/40

注：标 * 为定量离子

5.5 定性测定

按照上述条件测定试样和混合标准工作溶液，如果试样中的质量色谱峰保留时间与混合标准测定溶液中的某种组分一致（变化范围在 ±2.5% 之内）；试样中定性离子对的相对丰度与浓度相当混合标准测定溶液的相对丰度一致，相对丰度（k）偏差不超过表 14-2-3 规定的范围，则可判定为试样中存在该组分。

表 14-2-3　定性确证时相对离子丰度的最大允许偏差

相对离子丰度(%)	k>50%	50%≥k>20%	20%≥k>10%	k≤10%
允许的最大偏差(%)	±20	±25	±30	±50

5.6 定量测定

5.6.1 标准曲线的制作

将混合标准测定溶液（5.3），分别按仪器参考条件（5.4）进行测定，得到相应的峰面积。以浓度为横坐标，以色谱峰的峰面积为纵坐标，绘制标准曲线。

5.6.2 试样溶液的测定

将试样溶液（5.2.2），按仪器参考条件（5.4）进行测定，得到相应的样品溶液的色谱峰面积。根据标准曲线得到试样测定溶液中待测组分的浓度，平行测定两次；试样待测液响应值若低于标准曲线线性范围，应视为未检出；

标准品多反应监测（MRM）色谱图参见附录 B 的图 B。

5.7 空白试验

除不加试样外，均按上述步骤操作。

阿托品、东莨菪碱、山莨菪碱为托烷类生物碱，普鲁卡因和利多卡因为芳胺类药物，且结构中都含有叔胺，易于盐酸盐的形式成药，考虑到 5 种化合物都为生物碱或相似类，而且都有较好的水溶性，所以我们选择酸性提取溶剂来考察 5 种药物的提取率。以不同浓度的甲酸水溶液、乙酸水溶液、不同浓度的甲酸乙腈溶液、0.1mol/L EDTA-McIlvaine（pH4.0）、乙酸 – 乙酸钠（pH5.2）、磷酸二氢钾（pH3.5、4.0、5.0）为提取液，按标准中规定的方法进行加标提取和净化，计算提取率。最后确定提取溶剂为磷酸二氢钾(pH4.0)。

6 检测方法灵敏度、准确度、精密度

6.1 灵敏度

本方法在畜肉中的检出限均为 0.5μg/kg。

6.2 准确度

本方法在 0.5~5.0μg/kg 的添加水平上的回收率范围为 83.2%~100.3%。

6.3 精密度

在重复性条件下获得的两次独立测定结果的绝对差值不得超过算术平均值的 20%。

本方法批内相对标准偏差≤20%，批间相对标准偏差≤20%。

检出限的测定方法为：精密称取空白样品 1g（精确至 0.0001g），加入一定浓度的混和标准溶液，按照试样制备方法制备，经微孔滤膜过滤，取续滤液作为待测液。以信号和噪音的比值（S/N）考察检出限，S/N=3 的浓度为检出限。需要指出的是，检出限受仪器型号、样品基质等因素影响，本方法给出的只是参考值，当实验室的检出限和本方法给出的检出限数值差异较大时，提示实验室检查仪器状态和操作过程。

附录 A

标准品信息

表 A.14-2-1 标准品的中文名称、英文名称、CAS 登录号、分子式、相对分子量和折算系数

序号	中文名称	英文名称	CAS 登录号	分子式	相对分子量	折算系数
1	硫酸阿托品	Atropine sulfate	55–48–1	$(C_{17}H_{23}NO_3)_2 \cdot H_2SO_4$	676.82	0.855
2	消旋山莨菪碱	Anisodamine	17659–49–3	$C_{17}H_{23}NO_4$	305.37	1.000
3	氢溴酸东莨菪碱	Scopolamine Hydrobromide	6533–68–2	$C_{17}H_{28}BrNO_7$	438.31	0.692
4	普鲁卡因	Procaine	59–46–1	$C_{13}H_{20}N_2O_2$	236.32	1.000
5	利多卡因	Lidocaine	137–58–6	$C_{14}H_{22}N_2O$	234.34	1.000

标准品多反应监测（MRM）色谱图

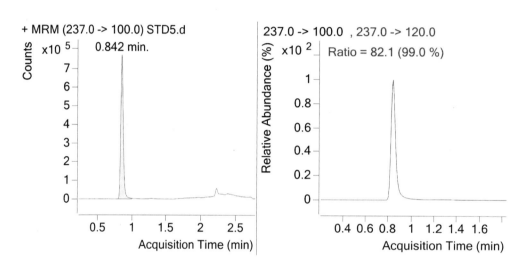

普鲁卡因

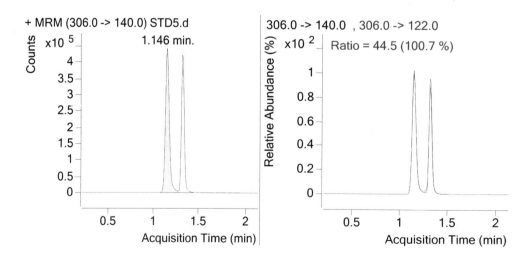

山莨菪碱

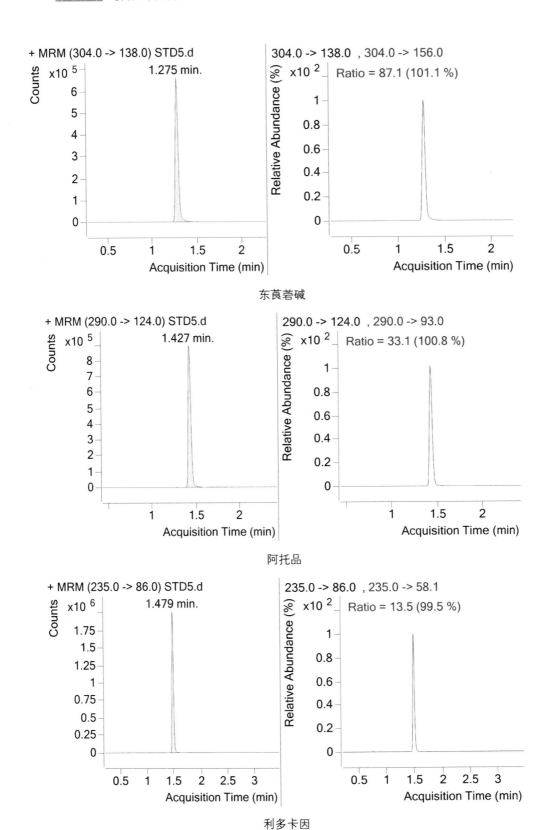

东莨菪碱

阿托品

利多卡因

第三节　常见问题释疑

1. 前处理固相萃取柱是否可以更改？

我们以不含目标物的新鲜猪肉为空白样品基质，在基质中添加混合标准溶液，按照优化好的前处理方法方法进行测定，每次水平重复做 3 次，分别考察了不同固相萃取小柱对阴性基质回收率的影响，结果表明，MCX 固相萃取小柱的回收率略高于其他固相萃取小柱，所以我们建议以 MCX 固相萃取小柱为本实验的净化柱。可以更改其他固相萃取柱，满足检测要求即可。

2. 质谱参数是否可根据实际机器情况进行修改？

因各机构使用的高效液相 – 串联质谱仪的品牌、型号各不相同，仪器的参数可能存在不同，因此质谱参数可根据实际情况进行调整，可满足检测的要求即可。

3. 化合物分离出峰问题

山莨菪碱标准品如买的为消旋山莨菪碱，则色谱峰会有左旋和右旋两个异构体的峰。如买的标准品为右旋山莨菪碱，则色谱峰只有一个。

执笔人：王海燕　姜连阁

第十五章

《食用油脂中脂肪酸的综合检测法》（BJS 201712）

第一节　方法概述

　　"地沟油"是人们在生活中对于各类劣质油（主要来自餐厨废油脂）的通称。一般可分为三类：一是狭义的"地沟油"，即将餐饮店下水道中的油腻漂浮物或者将宾馆、酒楼的剩饭、剩菜（通称泔水）经过简单加工、提炼出的油；二是劣质猪肉、猪内脏、猪皮经加工以及提炼后产出的油；三是用于油炸食品的油使用次数超过规定后，再被重复使用或往其中添加一些新油后重新使用的油。

　　2011年，我国相继在浙江、江西等地发现"地沟油"，"地沟油"经过不同程度精炼以及与正常油脂勾兑后流入餐桌。将"地沟油"作为餐饮用油严重侵犯消费者权益，危害消费者身体健康，是违反《中华人民共和国食品安全法》的行为，给食品安全带来很大隐患，群众反映强烈，社会广泛关注。国家领导层非常重视，在各种场合、各种媒体中均表示要严肃打击制售"地沟油"行为。

　　不法分子为谋取最大利益，采用各种先进技术对"地沟油"进行精炼和勾兑，使得按照目前我国食用油安全标准，已经很难识别"地沟油"，对食用油市场监管提出难题。除了从源头对食用油进行监管外，对食用油产品的市场监管也非常重要，各相关部门在加大"地沟油"打击力度的同时，由于缺乏有效检测手段，"地沟油"问题屡禁不绝，恶性事件时有发生。由于"地沟油"来源多样，成分复杂，加工工艺和勾兑方式差异大，增加了检测技术的难度及指标的复杂性，特别是精炼后以及勾兑过的"地沟油"，难以用一种指标进行判断。

　　通过对食用油和"地沟油"样品进行甲酯化，测定各种脂肪酸甲酯含量发现，"地沟油"低碳短链饱和脂肪酸（小于或等于C17的脂肪酸）明显高于正常食用油。通过普查市场上的多种植物油，包括花生油、大豆油、玉米油、植物调和油、橄榄油、葵花仁油、芥花油、菜籽油、香油、棕榈油，在综合分析普查数据库基础上，建立依据脂肪酸甲酯含量识别"地沟油"的方法，对食用植物油是否为"地沟油"或是否掺兑"地沟油"进行有效鉴别。

第二节 方法文本及重点条目解析

1 范围

本方法规定了食用植物油中己酸甲酯、辛酸甲酯、癸酸甲酯、十二碳酸甲酯、十三碳酸甲酯、十四碳酸甲酯、顺 -9- 十四碳一烯酸甲酯、十五酸甲酯、顺 -9- 十六碳一烯酸甲酯、十七碳酸甲酯、反，反 -9，12- 十八碳二烯酸甲酯、顺，顺，顺— 8，11，14 —花生三烯酸甲酯、顺 -5，8，11，14- 花生四烯酸甲酯的气相色谱 – 质谱检测方法。

本方法适用于食用植物油（花生油、大豆油、玉米油、植物调和油、橄榄油、葵花籽油、芥花油、菜籽油、香油、棕榈油等）是否存在异常的检测及识别。

本方法建立了一种食用植物油是否存在异常的气相色谱 – 质谱检测和识别方法。

2 原理

将样品甲酯化，采用气相色谱 – 串联质谱内标法定量测定 13 种脂肪酸甲酯含量，再根据脂肪酸甲酯含量判定油脂是否存在异常，对异常样品进一步排查确认。

动物油脂中某些脂肪酸特别是低碳短链饱和脂肪酸含量明显高于植物油，选择这些脂肪酸作为识别"地沟油"或可能掺兑"地沟油"的特异性指标。

3 试剂和材料

除另有规定外，本方法所用试剂均为分析纯，水为 GB/T 6682 规定的一级水。

3.1 试剂

3.1.1 正己烷（C_6H_{14}）：色谱纯。

3.1.2 甲醇（CH_3OH）：色谱纯。

3.1.3 无水硫酸钠（Na_2SO_4）：分析纯。

3.1.4 氢氧化钠（$NaOH$）：分析纯。

233

3.1.5 三氟化硼甲醇溶液：50%。

3.2 溶液配制

3.2.1 含 2% 氢氧化钠的甲醇溶液：准确称取 2g 氢氧化钠（3.1.4）于烧杯中，加入甲醇（3.1.2），超声至氢氧化钠完全溶解，移入 100mL 容量瓶中，用甲醇定容至刻度。

3.2.2 15% 的三氟化硼甲醇溶液：取 50% 三氟化硼甲醇溶液（3.1.5）30mL，缓慢加入到装有 70mL 甲醇（3.1.2）的烧杯中，用玻璃棒搅拌均匀。

3.3 标准物质

3.3.1 十一碳酸甘油三酯（$C_{36}H_{68}O_6$，CAS：13552-80-2）标准品，纯度 >98%。

3.3.2 十一碳酸甲酯（$C_{12}H_{24}O_2$，CAS：1731-86-8）标准品，纯度 >99%。

3.3.3 37 种脂肪酸甲酯混合标准溶液标准品，各组分浓度参考附录 A。

3.4 标准溶液配制

3.4.1 十一碳酸甘油三酯内标溶液（1000mg/L）

称取 0.10g（精确至 0.0001g）十一碳酸甘油三酯，加入 50mL 甲醇溶解，移入 100mL 容量瓶中，以甲醇定容，制成储备液。储备液于 –20℃可冷藏保存 3 个月。使用时以甲醇稀释成 50mg/L 的中间液，现用现配。

3.4.2 十一碳酸甲酯内标溶液（1000mg/L）

称取 0.10g（精确至 0.0001g）十一碳酸甲酯，加入 50mL 正己烷溶解，移入 100mL 容量瓶中，以正己烷定容，制成储备液。储备液于 –20℃可冷藏保存 3 个月。使用时以正己烷稀释成 50mg/L 的中间液，现用现配。

3.4.3 37 种脂肪酸甲酯标准溶液

将脂肪酸甲酯混合标准溶液从安瓿瓶中完全转移至 10mL 容量瓶中，用正己烷定容，于 –20℃冷藏可保存 1 周。

根据需要稀释成适当浓度的含 5.00mg/L 十一碳酸甲酯内标的标准工作溶液，现用现配。

三氟化硼为剧毒品，溶液配制操作需在通风橱内进行。

4 仪器和设备溶液配制

4.1 气相色谱 – 质谱联用仪（GC/MS）。

4.2 恒温水浴:(40℃ ~100℃) ±1℃。

4.3 分析天平：感量 0.1mg。

4.4 涡旋振荡器。

4.5 烘箱。

5 分析步骤

5.1 试样制备

称取样品 0.1g（精确至 0.1mg）于 250mL 烧瓶中，加入 50mg/L 十一碳酸甘油三酯内标 1mL（相当于 50μg），加入含 2% 氢氧化钠的甲醇溶液（3.2.1）8mL，混合摇匀，连接回流冷凝器并在 80℃水浴上回流，直至油滴消失；从回流冷凝器上端加入 15% 三氟化硼甲醇溶液（3.2.2）7mL，继续回流 2min；用去离子水冲洗回流冷凝器，继续加热 1min；从水浴上取下烧瓶，迅速冷却至室温，准确加入 10mL 正己烷，振摇 2min，吸取上层正己烷相，使其通过无水硫酸钠吸水后，过 0.22μm 的有机相滤膜，待 GC/MS 检测。

5.2 仪器参考条件

a）色谱柱：毛细管色谱柱（DB–23，60 m×0.25mm×0.25μm），或性能相当者。

b）载气：高纯氦气。

c）载气流量：1.0mL/min。

d）进样口温度：270℃。

e）程序升温：初始温度 60℃持续 3.0min；60℃ ~160℃，升温速率 15℃ /min；保持 0min；60℃ ~210℃，升温速率 8℃ /min；保持 0min；210℃ ~230℃，升温速率 3.15℃ /min；保持 10min。

f）进样方式：分流进样，分流比 5:1。

g）进样体积：1.0μL。

h）离子源：EI，70 eV。

i）离子源温度：230℃。

j）四极杆温度：150℃。

k）接口温度：270℃。

l）定量分析为选择离子扫描（SIM），14 种脂肪酸甲酯的保留时间、定性及定量离子见表 15–2–1。

表 15-2-1　14 种脂肪酸甲酯的保留时间、定性离子和定量离子

序号	脂肪酸甲酯	定量离子（m/z）	定性离子（m/z）	保留时间（min）
1	C6：0	74	87、99、59	8.34
2	C8：0	74	87、127、59	10.44
3	C10：0	74	87、143	12.23
4	C11：0（内标）	74	87、200、143	13.08
5	C12：0	74	87、143、183	13.94
6	C13：0	74	87、143、185	14.79
7	C14：0	74	87、143、199	15.66
8	C14：1n5	74	87、166、208	16.06
9	C15：0	74	87、143、213	16.53
10	C16：1n7	74	87、194、236	17.81
11	C17：0	74	87、143、284	18.42
12	C18：2n6t	67	81、95、294	20.03
13	C20：3n6	79	67、95	20.79
14	C20：4n6	79	91、67、105	23.62

5.3 结果计算

按式 15-2-1 计算样品中脂肪酸的含量（以脂肪酸甲酯计）：

$$X=\frac{c \times V}{m} \quad\cdots\cdots\cdots\cdots\cdots\cdots\cdots\cdots\cdots\cdots\cdots\cdots\cdots\cdots\cdots\quad（15\text{-}2\text{-}1）$$

式中：

X—样品中脂肪酸的含量（以脂肪酸甲酯计），单位为毫克每千克（mg/kg）；

c—样品溶液中脂肪酸甲酯的浓度，单位为微克每毫升（μg/mL）；

V—样品溶液定容体积，单位为毫升（mL）；

m—样品称取的质量，单位为克（g）；

计算结果保留三位有效数字。

为保证样品油脂皂化和甲酯化完全，试样制备过程中选择水浴温度 80℃ ±1℃。

6 结果判定

依据脂肪酸甲酯含量判定油脂是否存在异常，判定异常时提示油脂中可能存在反复高温处理并经高度精炼获得的油脂。判定依据见表 15-2-2。

表 15-2-2 依据脂肪酸甲酯含量判定油脂是否异常

化合物	判定依据（mg/kg）
C6：0	x>30，油脂可能存在异常，若确认不是棕榈油（1），可判定为异常油脂样品
C8：0	x>120，油脂可能存在异常，若排除棕榈油干扰（2），且确认不是葵花籽油（1），可判定为异常油脂样品
C10：0	x>100，油脂可能存在异常，若排除棕榈油干扰（2），且确认不是芥花油和菜籽油（1），可判定为异常油脂样品
C12：0	400>x>130，油脂可能存在异常，若排除棕榈油和菜籽油干扰（2），且确认不是芥花油和香油（1），可判定为异常油 x>400，油脂可能存在异常，若排除棕榈油干扰（2），可判定为异常油脂样品
C13：0	x>10，可判定为异常油脂样品
C14：0	x>1200，油脂可能存在异常，若排除棕榈油干扰（2），可判定为异常油脂样品
C14：1n5	x>10，可判定为异常油脂样品
C15:0	600>x>240，油脂可能存在异常，若排除棕榈油干扰（2），且确认不是芥花油和菜籽油（1），可判定为异常油脂样品 x>600，油脂可能存在异常，若排除棕榈油干扰（2），可判定为异常油脂样品
C16:1n7	x>2000，油脂可能存在异常，若排除芥花油、菜籽油、橄榄油和棕榈油干扰（2），可判定为异常油脂样品
C17:0	x>1800，油脂可能存在异常，若排除橄榄油干扰（2），可判定为异常油脂样品
C18:2n6t	x>800，可判定为异常油脂样品
C20:3n6	450>x>220，油脂可能存在异常，若排除菜籽油干扰（2），可判定为异常油脂样品 x>450，可判定为异常油脂样品
C20:4n6	120>x>36，油脂可能存在异常，若排除菜籽油干扰（2），可判定为异常油脂样品 x>120，可判定为异常油脂样品

注：（1）确认不是干扰油的方法：采用气相色谱法测定样品中 37 种脂肪酸含量，根据 37 种脂肪酸含量分布结合附录 C 进行确认，检测方法参考 GB 5009.168-2016。

（2）排除棕榈油、菜籽油干扰的方法：参考表 15-2-3。

表 15-2-3　排除干扰油的方法

化合物	方法说明（mg/kg）
C8：0	x>（样品中肉豆蔻酸 C14:0 的含量 ×0.04），可排除棕榈油干扰
C10：0	x>（样品中肉豆蔻酸 C14:0 的含量 ×0.072），可排除棕榈油干扰
C12：0	x>（样品中肉豆蔻酸 C14:0 的含量 ×1.00），可排除棕榈油干扰 x>（样品中芥酸 C22:1n9 的含量 ×0.08），可排除菜籽油干扰
C15：0	x>（样品中肉豆蔻酸 C14:0 的含量 ×0.12），可排除棕榈油干扰
C20：3n6	x>（样品中芥酸 C22:1n9 的含量 ×0.15），可排除菜籽油干扰
C20：4n6	x>（样品中芥酸 C22:1n9 的含量 ×0.04），可排除菜籽油干扰
C14：0/C12：0比值	x>20，可排除棕榈油干扰

通过对 200 余个油样（植物油均为在各大超市购买，包括花生油、大豆油、玉米油、植物调和油、橄榄油、葵花仁油、芥花油、菜籽油、香油、棕榈油等；"地沟油"来自公安部门查封的"地沟油"厂家生产和已经勾兑好准备销售的精炼"地沟油"）的数据分析，遵循"无假阳性、高准确率"的原则，最终确定识别油脂是否存在异常的脂肪酸判定指标。

7　质量控制

7.1 方法空白

以十一碳酸甘油三酯为空白，进行脂肪酸过程空白对照。

7.2 质控样品

7.2.1 以正常食用植物油（纯大豆油、菜籽油、花生油）做对照，每批样品处理过程均以这三种作为阴性对照。

7.2.2 以已确定为"异常油脂"的样品作阳性对照，同时以不同稀释度进行对照。

7.3 质谱仪的质量数校正

采用仪器自动调谐 PFTBA 进行质量数校正。

脂肪酸甲酯混合标准溶液各组分浓度

表 A.15-2-1 脂肪酸甲酯混合标准溶液各组分浓度

序号	组分中文名称	组分英文名称	CAS No.	简称	纯度	浓度 /（mg/mL）
1	丁酸甲酯	Methyl butyrate	623–42–7	C4:0	99.9	0.402
2	己酸甲酯	Methyl hexanoate	106–70–7	C6:0	99.7	0.399
3	辛酸甲酯	Methyl octanoate	111–11–5	C8:0	99.9	0.399
4	癸酸甲酯	Methyl decanoate（caprate）	110–42–9	C10:0	99.9	0.399
5	十一碳酸甲酯	Methyl undecanoate	1731–86–8	C11:0	99.5	0.199
6	十二碳酸甲酯	Methyl laurate	111–82–0	C12:0	99.8	0.398
7	十三碳酸甲酯	Methyl tridecanoate	1731–88–0	C13:0	99.4	0.199
8	十四碳酸甲酯	Methyl myristate	124–10–7	C14:0	99.7	0.400
9	顺 -9- 十四碳一烯酸甲酯	Myristoleic acid methyl ester	56219–06–8	C14:1n5	99.9	0.202
10	十五酸甲酯	Methyl pentadecanoate	7132–64–1	C15:0	99.6	0.200
11	顺 -10- 十五烯酸甲酯	Cis–10–pentadecenoic acid methyl ester	90176–52–6	C15:1n5	99.0	0.197
12	十六碳酸甲酯	Methyl palmitate	112–39–0	C16:0	99.9	0.598
13	顺 -9- 十六碳一烯酸甲酯	Methyl palmitoleate	1120–25–8	C16:1n7	99.7	0.199
14	十七碳酸甲酯	Methyl heptadecanoate	1731–92–6	C17:0	99.9	0.201
15	顺 -10- 十一烯酸甲酯	Cis–10–heptadecenoic acid methyl ester	75190–82–8	C17:1n7	99.9	0.200

序号	组分中文名称	组分英文名称	CAS No.	简称	纯度	浓度/（mg/mL）
16	十八碳酸甲酯	Methyl stearate	112-61-8	C18:0	99.9	0.399
17	反-9-十八碳一烯酸甲酯	Trans-9-elaidic methyl ester	1937-62-8	C18:1n9t	96.9	0.194
18	顺-9-十八碳一烯酸甲酯	Cis-9-oleic methyl ester	112-62-9	C18:1n9c	99.9	0.399
19	反，反-9，12-十八碳二烯酸甲酯	Linolelaidic acid methyl ester	2566-97-4	C18:2n6t	99.9	0.200
20	顺，顺-9，12-十八碳二烯酸甲酯	Methyl linoleate	112-63-0	C18:2n6c	99.9	0.200
21	二十碳酸甲酯	Methyl arachidate	1120-28-1	C20:0	99.9	0.401
22	顺，顺，顺-6，9，12-十八碳三烯酸甲酯	GAMMA-linolenic acid methyl ester	16326-32-2	C18:3n6	99.5	0.198
23	顺-11-二十碳一烯酸甲酯	Methyl eicosenoate	2390-09-2	C20:1n9	99.9	0.201
24	顺，顺，顺-9，12，15-十八碳三烯酸甲酯	Alpha-Methyl linolenate	301-00-8	C18:3n3	99.6	0.200
25	二十一碳酸甲酯	Methyl heneicosanoate	6064-90-0	C21:0	99.5	0.201
26	顺，顺-11，14-花生二烯酸甲酯	Cis-11，14-eicosadienoic acid methyl ester	2463-02-7	C20:2n6	99.9	0.199
27	二十二碳酸甲酯	Methyl behenate	929-77-1	C22:0	99.8	0.398
28	顺，顺，顺-8，11，14-花生三烯酸甲酯	Cis-8，11，14-eicosatrienoic acid methyl ester	21061-10-9	C20:3n6	99.1	0.197
29	顺-13-二十二碳一烯酸甲酯	Methyl erucate（cis-13-docosenoic acid methyl ester）	1120-34-9	C22:1n9	99.7	0.199

序号	组分中文名称	组分英文名称	CAS No.	简称	纯度	浓度 / (mg/mL)
30	顺 -11，14，17- 花生三烯酸甲酯	Cis-11，14，17-eicosatrienoic acid methyl ester	55682-88-7	C20:3n3	99.2	0.198
31	顺 -5，8，11，14- 花生四烯酸甲酯	Methyl cis-5，8，11，14-eicosatet	2566-89-4	C20:4n6	99.3	0.200
32	二十三碳酸甲酯	Methyl tricosanoate	2433-97-8	C23:0	99.9	0.201
33	顺 -13，16- 二十二碳二烯酸甲酯	Cis-13，16-docosadienoic acid methyl ester	61012-47-3	C22:2n6	99.9	0.200
34	二十四碳酸甲酯	Methyl lignocerate	2442-49-1	C24:0	99.8	0.399
35	顺 -5，8，11，14，17- 花生五烯酸甲酯	Methyl cis-5，8，11，14，17-eicosatet	2734-47-6	C20:5n3	99.9	0.199
36	顺 -15- 二十四一烯酸甲酯	Methyl nervonate	2733-88-2	C24:1n9	99.9	0.200
37	顺 -4，7，10，13，16，19 - 二十二碳六烯酸甲酯	cis-4，7，10，13，16，19-Docosahexaenoic acid methyl ester	2566-90-7	C22:6n3	99.7	0.198

各类典型食用植物油及"异常油脂"参考谱图

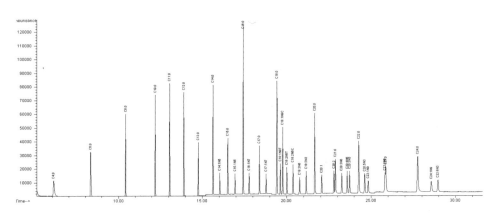

图 B.15-2-1 37 种脂肪酸甲酯标准物质 SIM 图

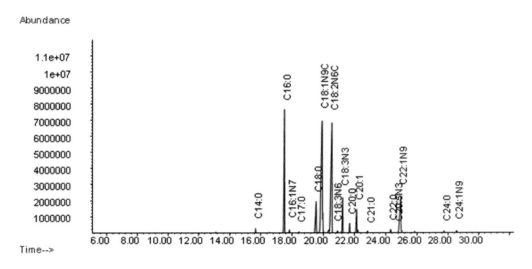

图 B.15-2-2 典型菜籽油中脂肪酸甲酯 SIM 图

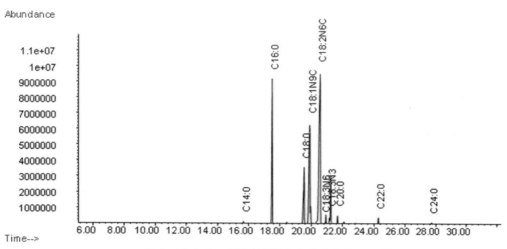

图 B. 15-2-3　典型大豆油中脂肪酸甲酯 SIM 图

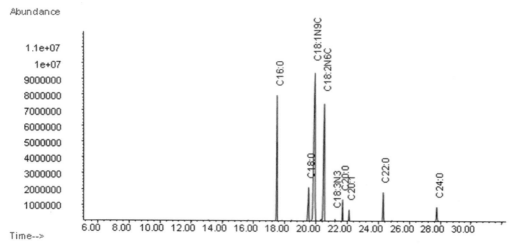

图 B. 15-2-4　典型花生油中脂肪酸甲酯 SIM 图

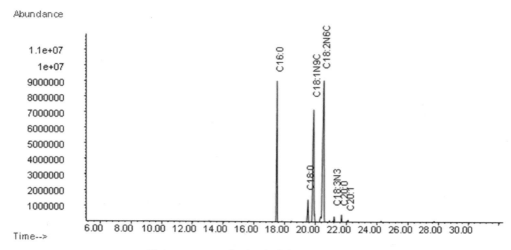

图 B. 15-2-5　典型玉米油中脂肪酸甲酯 SIM 图

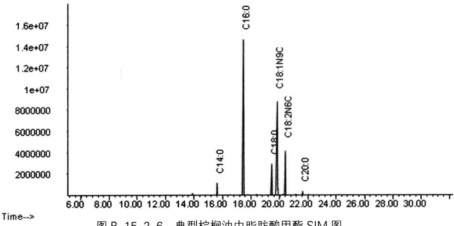

图 B. 15-2-6　典型棕榈油中脂肪酸甲酯 SIM 图

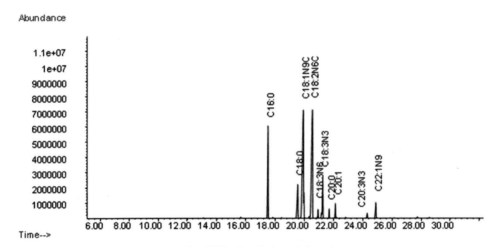

图 B. 15-2-7　典型植物调和油中脂肪酸甲酯 SIM 图

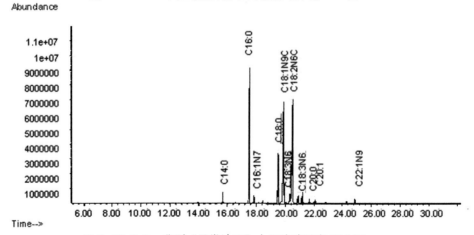

图 B. 15-2-8　典型"异常油脂"中脂肪酸甲酯 SIM 图

附录 C

棕榈油、菜籽油、芥花油、葵花籽油 37 种脂肪酸含量分布

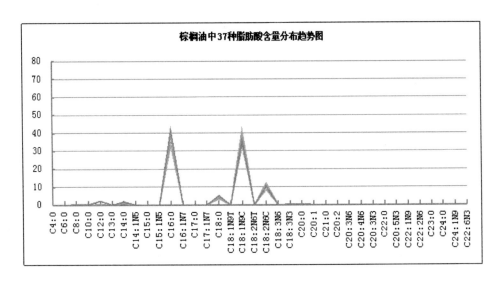

图 C.15-2-1　实验室普查 6 个棕榈油样本结果

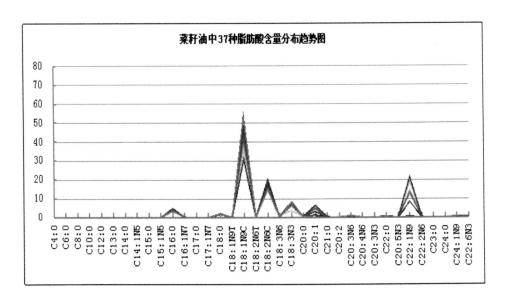

图 C.15-2-2　实验室普查 7 个菜籽油样本结果

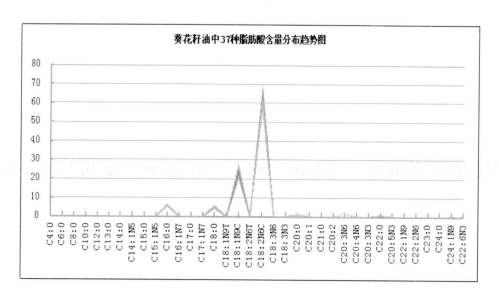

图 C. 15-2-3　实验室普查 12 个葵花籽油样本结果

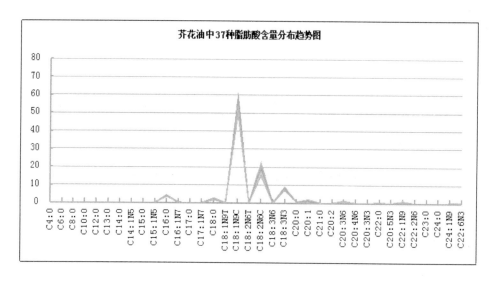

图 C. 15-2-4　实验室普查 8 个芥花油样本结果

第三节 常见问题释疑

1. 方法建立过程中是否验证了每种基质?

在方法建立过程中，遵循"无假阳性、高准确率"的原则，针对花生油、大豆油、玉米油、植物调和油、橄榄油、葵花仁油、芥花油、菜籽油、香油、棕榈油进行了验证。

2. 质谱参数是否可根据实际机器情况进行修改?

因各检验机构所使用的气相色谱 – 质谱联用仪的品牌各不相同，仪器的参数指标各不相同，对于质谱参数部分可根据所使用的仪器实际情况进行测定，可满足方法要求即可。

3. 方法局限性?

本方法以气相色谱 – 质谱法对样品脂肪酸含量进行综合分析识别"地沟油"，具备可行性，判定准确率较高，可用于发现"地沟油"违法犯罪的线索。但由于前期工作的数据积累有限，以及不法分子对"地沟油"的不断精炼以及无限勾兑，方法在特异性方面还需要进一步提高。对低浓度勾兑的"地沟油"或不断精炼的"地沟油"、人为添加一些干扰物的植物油，方法仍存在一定的局限性。

执笔人：仲维科　李礼

第十六章

《饮料、茶叶及相关制品中对乙酰氨基酚等 59 种化合物的测定》（BJS 201713）

第一节 方法概述

近年来许多不法商家为谋取暴利，在普通食品中添加化学药物，为消费者埋下健康隐患。根据文献调研，近年来频繁检出在凉茶、代用茶等食品中添加了各种化学药物，包括糖皮质激素、非甾体抗炎药、抗癫痫药、抗组胺药、抗生素等种类。例如2016年在网上销售的一种"安康清热排毒茶"，对头痛、喉咙痛等病症具有非常好的疗效，号称"比吃抗生素效果还快"。后经检测，发现该产品含有双氯芬酸钠，部分批次还含有对乙酰氨基酚。

目前食品中没有针对对乙酰氨基酚等解热镇痛类化合物的检测标准，只在中成药中有检测方法：原国家食品药品监督管理局药品检验补充检验方法和检验项目批准件（批准件编号：2009025）。其主要针对中成药中13种具有抗风湿疗效的化合物（包括氢化可的松、地塞米松、醋酸泼尼松、阿司匹林、氨基比林、布洛芬、双氯芬酸钠、吲哚美辛、对乙酰氨基酚、甲氧苄啶、吡罗昔康、萘普生、保泰松）。检测方法主要采用了薄层色谱法、高效液相色谱法及液相色谱–串联质谱法三种检测手段进行检测。其存在以下问题：①薄层色谱法：仅是快速简便的筛选方法，存在灵敏度不高及选择性低，应用范围窄等问题；②液相色谱法：由于食品中的化学成分复杂，干扰较大，容易出现假阳性结果；③液相色谱–串联质谱法：采用液相色谱峰面积进行定量分析，用液相色谱峰对应的一、二级质谱图进行定性分析。由于基质复杂、干扰严重，在使用液相色谱峰面积定量时容易造成假阳性，无法确保色谱峰的单一性；④紫外检测信号较质谱而言，信号较弱，检测不灵敏；⑤该方法13种化合物需要分三个检测系统分别进行定性和定量检测，分析方法繁琐、效率低。

建立饮料、茶叶及相关制品中对乙酰氨基酚等59种化合物的液相色谱–质谱测定方法，是基于国内外文献关于食品中解热镇痛类非法添加和市场监管检验阳性化合物的报道，最终确立了59种目标化合物，覆盖了有解热镇痛疗效的相关类别化合物，主要包括糖皮质激素、非甾体抗炎药、抗癫痫药、抗组胺药、抗生素等药物种类，包含了目前检出率较高的全部化合物。其中糖皮质激素具有强大的抗炎和迅速良好的退热作用；非甾体抗炎药具有解热、镇痛，而且大多数还有抗炎、抗风湿的作用；抗焦虑药地西泮具有镇静、催眠的作用，可以间接缓解疼痛；抗组胺药盐酸苯海拉明、马来酸氯苯那敏主要通过对H1受体的拮抗起到对抗组胺的过敏作用；抗生素通过杀灭或者抑制细菌，从而减弱细菌引起的疼痛和炎症。此方法将高效液相色谱与质谱的联用技术应用于化合物分析，并运用多反应监测技术（MRM）实现对多组分的同时定性和定量分析，满足复杂基质的高灵敏度和高通量的检测要求。该方法可同时检测饮料、茶叶及相关制品中对乙酰氨基酚等 59 种化合物，解决了以前方法选择性、灵敏度低，分析方法繁琐、效率低等问题，进一步完善食品中非法添加药物补充检验方法，可为后续相应补充检验方法的制定提供参考。

第二节　方法文本及重点条目解析

1　范围

本方法规定了食品中对乙酰氨基酚等 59 种化合物检测的制样和液相色谱－串联质谱测定方法。

本方法适用于饮料、茶叶及相关制品等食品中 59 种化合物单个或多个化合物的定性测定，必要时可参考本方法测定添加成分含量。

本方法建立了饮料、茶叶及相关制品中多种化学药物同时检测的液相色谱－串联质谱方法。通过文献调研、网络检索和前期实际检验数据积累，添加对乙酰氨基酚等药物的基质类型多为代用茶和凉茶饮料，故选择了日常生活中常见的绿茶、凉茶饮料和葛根薏仁代用茶（宣称具有清热祛湿的作用）作为考察基质。

2　原理

试样经甲醇或 0.1% 甲酸－甲醇超声提取，过滤后，上清液供高效液相色谱－串联质谱检测。

选择了对 59 种化合物中绝大多数成分具有较好溶解性的甲醇作为提取溶剂；经试验阿司匹林在弱酸性条件下比较稳定，故选择 0.1% 甲酸－甲醇作为阿司匹林的提取溶剂。

3　试剂和材料

除特殊注明外，所有试剂均为分析纯，水为符合 GB/T 6682 规定的一级水。

3.1 试剂

3.1.1 甲醇（CH_3OH）：色谱纯。

3.1.2 甲酸（$HCOOH$）：色谱纯。

3.1.3 乙腈（CH_3CN）：色谱纯。

3.1.4 甲酸铵（$CHOONH_4$）：色谱纯。

3.1.5 0.1% 甲酸甲醇溶液：取甲酸 1mL 用甲醇稀释至 1000mL。

3.1.6 5mmol/L 甲酸铵溶液：称取甲酸铵（3.1.4）0.315g，加水溶解并定容至 1000mL。

3.1.7 5mmol/L 甲酸铵溶液（含 0.1% 的甲酸）：取甲酸 1mL，称取甲酸铵（3.1.4）0.315g，加水溶解并定容至 1000mL。

3.1.8 0.1% 甲酸乙腈：取甲酸 1mL，加乙腈稀释至 1000mL。

3.2 标准品

对乙酰氨基酚、氨基比林、保泰松、地西泮、罗通定、酮洛芬、甲芬那酸、氯唑沙宗、安替比林、异丙安替比林、非那西丁、盐酸苯海拉明、磺胺甲恶唑、甲氧苄啶、氯苯那敏、阿司匹林、布洛芬、安乃近、曲安西龙、泼尼松龙、氢化可的松、泼尼松、可的松、甲基泼尼松龙、倍他米松、地塞米松、氟米松、倍氯米松、曲安奈德、氟氢缩松、曲安西龙双醋酸酯、泼尼松龙醋酸酯、氟米龙、氢化可的松醋酸酯、地夫可特、氟氢可的松醋酸酯、泼尼松醋酸酯、可的松醋酸酯、甲基泼尼松龙醋酸酯、倍他米松醋酸酯、布地奈德、氢化可的松丁酸酯、地塞米松醋酸酯、氟米龙醋酸酯、氢化可的松戊酸酯、曲安奈德醋酸酯、氟轻松醋酸酯、二氟拉松双醋酸酯、倍他米松戊酸酯、泼尼卡酯、哈西奈德、阿氯米松双丙酸酯、安西奈德、氯倍他索丙酸酯、氟替卡松丙酸酯、莫米他松糠酸酯、倍他米松双丙酸酯、倍氯米松双丙酸酯、氯倍他松丁酸酯。上述化合物的中文名称、英文名称、CAS 登录号、分子式、相对分子质量详见附录 A 中的表 A.1，纯度均≥98%。

3.3 标准溶液配制

3.3.1 标准储备液（400μg/mL）：精密称取各化合物（除阿司匹林外）10mg 分别于 25mL 容量瓶中，用甲醇（3.1.1）溶解并稀释至刻度，配制成浓度为 400μg/mL 的标准储备液；精密称取阿司匹林 10mg 于 25mL 容量瓶中，用 0.1% 甲酸甲醇溶液（3.1.5）溶解并稀释至刻度，配制成浓度为 400μg/mL 的标准储备液。

3.3.2 混合标准中间液 A（200 ng/mL）：分别精密吸取氯苯那敏、氨基比林、罗通定、甲氧苄啶、非那西丁、苯海拉明、异丙安替比林、氟米龙醋酸酯、安替比林、磺胺甲恶唑、甲基泼尼松龙、曲安奈德、曲安西龙双醋酸酯、布地奈德、曲安奈德醋酸酯、倍他米松戊酸酯、地西泮、保泰松、泼尼卡酯、氯倍他索丙酸酯、倍他米松双丙酸酯、倍氯米松双丙酸酯标准储备液（400μg/mL）（3.3.1）各 0.05mL，置于同一 100mL 容量瓶中，用甲醇（3.1.1）稀释并定容至刻度，摇匀，制成浓度为 200ng/mL 的标准使用液。

3.3.3 混合标准中间液 B（500ng/mL）：分别精密吸取泼尼松龙醋酸酯、氟轻松醋酸酯、二氟拉松双醋酸酯、安西奈德、阿氯米松双丙酸酯、氟替卡松丙酸酯、莫米他松糠酸酯、氯倍他松丁酸酯、对乙酰氨基酚、泼尼松龙、可的松、倍他米松、地塞米松、氢化可的松丁酸酯、氢化可的松戊酸酯标准储备液（400μg/mL）（3.3.1）各 0.125mL，置于同一 100mL 容量瓶中，用甲醇（3.1.1）稀释并定容至刻度，制成浓度为 500ng/mL 的标准使用溶液。

3.3.4 混合标准中间液 C（1μg/mL）：分别精密吸取泼尼松、氢化可的松、氟米松、倍氯米松、酮洛芬、氢化可的松醋酸酯、氟米龙、地夫可特、泼尼松醋酸酯、可的松醋酸酯、甲基泼尼松龙醋酸酯、倍他米松醋酸酯、地塞米松醋酸酯、甲芬那酸标准储备液（400μg/mL）（3.3.1）各 0.25mL，置于同一 100mL 容量瓶中，用甲醇（3.1.1）稀释并定容至刻度，摇匀，制成浓度为 1μg/mL 的标准使用溶液。

3.3.5 混合标准中间液 D（5μg/mL）：分别精密吸取氟氢可的松醋酸酯、曲安西龙、氟氢缩松、哈西奈德、安乃近、布洛芬、氯唑沙宗标准储备液（400μg/mL）（3.3.1）各 1.25mL，置于同一 100mL 容量瓶中，用甲醇稀释并定容至刻度，摇匀，制成浓度为 5μg/mL 的标准使用溶液。精密吸取阿司匹林标准储备液（400μg/mL）（3.3.1）1.25mL，置于 100mL 容量瓶中，用 0.1% 甲酸甲醇溶液（3.1.5）稀释并定容至刻度，摇匀，单独制成浓度为 5μg/mL 的标准使用溶液。

3.3.6 混合标准工作溶液：分别准确吸取混合标准中间液 A（3.3.2）、混合标准中间 B（3.3.3）、混合标准中间液 C（3.3.4）和混合标准中间液 D（3.3.5）适量，用甲醇（3.1.1）稀释，摇匀，作为系列标准工作溶液 S1~S5，浓度依次为混合标准中间液 A 中各化合物 2ng/mL、4ng/mL、8ng/mL、12ng/mL、20ng/mL；混合标准中间液 B 中各化合物 5ng/mL、10ng/mL、20ng/mL、30ng/mL、50ng/mL；混合标准中间液 C 中各化合物 10ng/mL、20ng/mL、40ng/mL、60ng/mL、100ng/mL 及混合标准中间液 D 中各化合物 50ng/mL、100ng/mL、200ng/mL、300ng/mL、500ng/mL，临用新配或依仪器响应情况配制适当浓度的混合标准工作溶液。阿司匹林标准曲线需单独用 0.1% 甲酸甲醇（3.1.5）溶液配制，浓度为 50ng/mL、100ng/mL、200ng/mL、300ng/mL、500ng/mL。

氟氢可的松醋酸酯、曲安西龙、氟轻松、哈西奈德在该条件下的响应较其他化合物的响应低，阿司匹林、安乃近、布洛芬、氯唑沙宗采集方式为负模式，响应较正模式的低，因此配制混合标准溶液时浓度为 5μg/mL。

④ 仪器和设备

4.1 液相色谱 – 串联质谱法：配电喷雾离子源。

4.2 分析天平：感量 0.01mg 和 0.0001g。

4.3 涡旋振荡器。

4.4 超声仪。

电喷雾离子源是小分子有机化合物常用的离子源，本研究尝试了 59 种药物在电喷雾离子源的电离情况，最终选择了电喷雾离子源。

⑤ 分析步骤

5.1 试样的制备

测定阿司匹林用样液：称取研磨后混匀的代用茶、茶叶或摇匀的液体饮料 1g（精确至 0.0001g），置于 50mL 量瓶中，加入 0.1% 甲酸甲醇溶液（3.1.5）约 40mL，涡旋 2min，超声 30min，放冷至室温，用 0.1% 甲酸甲醇溶液定容至刻度，摇匀，过微孔滤膜（0.22μm，尼龙膜），取滤液，根据实际浓度适当稀释至标准曲线线性范围内，供液相色谱 – 质谱联用仪分析。除不加试样外，均按试样同法操作，作为空白溶液。

测定其他化合物用样液：称取研磨后混匀的代用茶、茶叶或摇匀的液体饮料 1g（精确至 0.0001g），置于 50mL 量瓶中，加入甲醇（3.1.1）约 40mL，涡旋 2min，超声 30min，放冷至室温，用甲醇定容至刻度，摇匀，过微孔滤膜（0.22μm，尼龙膜），取滤液，根据实际浓度适当稀释至标准曲线线性范围内，供液相色谱 – 质谱联用仪分析。除不加试样外，均按试样同法操作，作为空白溶液。

供测定用样液应在制备后 12 小时内进样。

该方法研究先后尝试了比较复杂的前处理方法，例如 QuEChERS（有机溶剂提取后，用 PSA 和 C18 净化）和固相萃取（HLB 柱和 Cleanert®TPT 柱），结果发现其对原本回收率偏低的化合物并无改善，相反会影响其他化合物的回收，且对各个化合物回收率的影响不一致，故最终采用了超声提取；试样制备过程中，代用茶和饮料中大多含有糖类等水溶性成分，加入甲醇涡旋后，样品容易结块不分散，但超声提取可使样品在溶液分散，如若样品超声过程中不易分散，可手动振摇一下再超声。比较了甲醇、乙腈、50% 甲醇和 80% 甲醇的提取效果。考虑回收率、操作方便、成本、环保和毒性等因素，选择甲醇作为提取溶剂。阿司匹林的前处理需单独做，原因在于阿司匹林在 0.1% 甲酸甲醇溶液条件下才稳定，而 0.1% 甲酸甲醇溶液对安乃近的响应有很强的抑制作用，甚至会导致安乃近不出峰。

考察了加标溶液放置的稳定性。结果在 12h 内，3 种基质 59 种化合物相对稳定，相对标准偏差 RSD 均 < 15%，超过 12h 后凉茶基质中有部分化合物（对乙酰氨基酚、磺胺甲恶唑、甲芬那酸、氢化可的松醋酸酯、倍他米松醋酸酯、阿司匹林、安乃近、氯唑沙宗、布洛芬）相对标准偏差 RSD > 20%，故要求供试品溶液应在制备后 12 小时内进样。

5.2 仪器参考条件

5.2.1 色谱条件

5.2.1.1 正模式

a）色谱柱：Acclaim RSLC C$_{18}$（2.1mm×100mm，2.2μm），或性能相当者。

b）流动相：A 相：5mmol/L 甲酸铵溶液（含 0.1% 的甲酸）（3.1.7）；B 相：0.1% 甲酸乙腈（3.1.8），梯度洗脱程序见表 16-2-1。

c）流速：0.3mL/min。

d）柱温：30℃。

e）进样量：2μL。

f）运行时间：35min。

表 16-2-1 梯度洗脱

TIME/min	A/%	B/%
0	95	5
1	95	5
17	63	37
27	15	85
28	5	95
31	5	95
32	95	5
35	95	5

5.2.1.2 负模式

a）色谱柱：Acclaim RSLC C$_{18}$（2.1mm×100mm，2.2μm），或性能相当者。

b）流动相：A 相：5mmol/L 甲酸铵溶液（3.1.6）；B 相：乙腈（3.1.3），梯度洗脱程序见表 16-2-2。

c）柱温：30℃。

d）流速：0.3mL/min。

e）进样量：2μL。

f）运行时间：16min。

表 16-2-2　梯度洗脱

TIME	A/%	B/%
0	95	5
1	95	5
11	5	95
13	5	95
14	95	5
16	95	5

考察了 Thermo Accucore XL C_{18}（2.1mm×100mm，4μm）、Thermo Acclaim $RSLCC_{18}$（2.1mm×100mm，2.2μm）、Agilent ZORBAX Eclipse XDB-C_8（2.1mm×50mm，1.8μm）等色谱柱对待测化合物的分离效果，均尚可。Thermo Acclaim RSLC C_{18}（2.1mm×100mm，2.2μm）色谱柱峰形较好，故使用该色谱柱。

考察了乙腈-0.1% 乙酸溶液、含 0.1% 乙酸乙腈-0.1% 乙酸-10mmol/L 乙酸铵溶液；含 0.1% 甲酸乙腈和 0.1% 甲酸-5mmol/L 甲酸铵溶液，结果证明甲酸铵对化合物峰形及离子化效率优于乙酸铵，各待测化合物响应好，灵敏度高。最终采用含 0.1% 甲酸乙腈-0.1% 甲酸-5mmol/L 甲酸铵溶液作为正模式流动相。负模式采用乙腈-5mmol/L 甲酸铵溶液作为流动相。

该方法分析化合物较多，设置梯度洗脱时，分析时间要足够长，让所有化合物随着流动相的变化缓慢出峰；化合物的出峰时间应控制在 3min 以后，以避免出峰靠前化合物与基质共流出的情况，这样可改善出峰靠前化合物的回收率；在出峰时间密集的时间段，需调整质谱参数，保证化合物有足够的采集点数（例如安捷伦的质谱可以调整 Dwell 值），以改善化合物峰形较差或精密度差的问题，使仪器达到适合于多化合物分析的状态。

同分异构体倍他米松和地塞米松，倍他米松醋酸酯和地塞米松醋酸酯其母离子和子离子完全一致，试运行时一定要做到基本分离，否则需调整流动相或更换色谱柱。同时注意各自的出峰顺序，避免定性判断时将两组化合物相互混淆；二氟拉松双醋酸酯和氟轻松醋酸酯的母离子一致，也存在一样的子离子，在选择定性定量的离子时要选择不一致的。阿氯米松双丙酸酯、倍氯米松双丙酸酯、莫米他松糠酸酯三个化合物的母离子一致，注意确定三个化合物的出峰顺序；布地奈德具有旋光性，在图谱上会出现两个峰，参照文献报道，以出峰靠前的色谱峰为准。

5.2.2 质谱条件

a）离子源：电喷雾离子源（ESI）。

b）扫描方式：多反应监测模式（MRM）。

c）干燥气、雾化气、鞘气等均为高纯氮气或其他合适气体，使用前应调节相应参数使质谱灵敏度达到检测要求，毛细管电压、干燥气温度、鞘气温度、鞘气流量、碰撞能量等参数应优化至最佳灵敏度，监测离子对和定量离子对等信息详见附录 B。

注：（1）方法提供的监测离子对等测定条件为推荐条件，各实验室可根据所配置仪器的具体情况作出适当调整；在样品基质有测定干扰的情况下，可选用其他监测离子对。

（2）为提高检测灵敏度，可根据保留时间分段监测各化合物。

5.3 定性测定

按照高效液相色谱－串联质谱条件测定试样和标准工作溶液，记录试样和标准溶液中各化合物的色谱保留时间，以相对于最强离子丰度的百分比作为定性离子对的相对丰度，记录浓度相当的试样与标准工作溶液中相应成分的相对离子丰度。当试样中检出与 59 种化合物中某标准品质量色谱峰保留时间一致的色谱峰（变化范围在 ±2.5% 之内），并且相对离子丰度（k）允许偏差不超过表 16-2-3 规定的范围，可以确定试样中检出相应化合物。

表 16-2-3　定性时供试品溶液中离子相对丰度的允许偏差范围

相对丰度（%）	最大允许偏差（%）
k > 50%	± 20
50%≥k>20%	± 25
20%≥k>10%	± 30
k≤10%	± 50

化合物布洛芬在部分仪器会出现找不到子离子（m/z=159）的情况，可根据仪器的情况进行调整，满足其检测要求即可。

5.4 定量测定

5.4.1 标准曲线的制作

将混合标准工作溶液（3.3.6）分别按仪器参考条件（5.2）进行测定，得到相应的标准溶液的色谱峰面积。以混合标准工作溶液的浓度为横坐标，以色谱峰的峰面积为纵坐标，绘制标准曲线。

5.4.2 试样溶液的测定

将试样溶液（5.1）按仪器参考条件（5.2）进行测定，得到相应的样品溶液的色谱峰面积。根据标准曲线得到待测液中组分的浓度。

 6 **结果计算**

按下式（16-2-1）计算试样中待测物的含量：

$$X = \frac{c \times V}{1000 \times m} \times f \quad\quad\quad\quad\quad\quad（16\text{-}2\text{-}1）$$

式中：

X — 试样中各待测物的含量，单位为毫克每千克（mg/kg）；

c — 从标准曲线中读出的供试品溶液中各待测物的浓度，单位为纳克每毫升（ng/mL）；

V — 样液最终定容体积，单位为毫升（mL）；

m — 试样溶液所代表的质量，单位为克（g）；

f — 稀释倍数；

计算结果以重复性条件下获得的两次独立测定结果的算术平均值表示，结果保留三位有效数字。

方法在准确定性的基础上进行定量测定，考察了 1 倍定量限、2 倍定量限、5 倍定量限，三水平加标回收均能够准确定性；在代用茶和茶叶中，基质效应较明显，但可通过基质加标随行标曲消除基质效应，回收率可控制在 70%~130% 的范围内，在饮料基质中，通过基质加标随行标准曲线，回收率可控制在 90%~110%，其他验证机构的情况见表 16-2-4（验证单位的仪器及线性范围等情况），表 16-2-5（验证单位的基质加标随行标准曲线回收率范围）。在出现阳性样品时，在能获取相同基质的空白样品前提下，可通过基质标曲的方式获得更加准确的定量结果。

表 16-2-4 5家验证单位的仪器及线性范围等情况列表

单位	模式	仪器	色谱柱	线性范围	相关系数（R）	备注
上海所	+	Agilent 6495	Thermo Acclaim C₁₈（2.1mm×100mm，2.2μm）	2~20；5~50；10~100；50~500ng/mL	>0.99	安乃近 R 为 0.91
	−		Agilent Proshell EC-C₁₈（4.6mm×50mm，2.7μm）			
湖北院	+	AB 4500	Thermo Acclaim RSLC C₁₈（2.1mm×100mm，2.2μm）	2~20；5~50；10~100；50~500ng/mL	>0.99	
	−					
广东院	+	AB 5500	Agilent ZORBAX Eclipse XDB-C₁₈，2.1mm×50mm，1.8μm	2~20；5~50；10~100；50~500ng/mL	>0.99	
	−					
深圳院	+	AB 5500	CAPCELL PAK C₁₈ MG Ⅱ（3.0CELL P，3.0）	2~20；5~50；10~100；50~500ng/mL	>0.99	
	−					
浙江院	+	Agilent 6460 AB 5500	ACQUITY UPLC BEH（2.1mm×100mm，1.7μm）	2~20；5~50；10~100；50~500ng/mL	>0.99	
	−					

表 16-2-5 验证单位的基质加标随行标准曲线回收率范围

序号	化合物	验证单位以基质加标随行标准曲线计算回收率范围（%）		
		茶叶基质	代用茶基质	饮料基质
1	对乙酰氨基酚	71.6~99.5	85.5~116.1	79.9~115.4
2	氯苯那敏	81.3~119.8	85.9~118.3	89.5~130.6
3	氨基比林	73.7~113.3	82.3~103.2	92.8~121.0
4	甲氧苄啶	80.4~110.8	84.7~109.6	94.0~108.1
5	安替比林	81.2~114.4	86.2~106.0	82.8~105.6
6	非那西丁	83.0~113.9	82.6~109.2	89.9~125.5
7	磺胺甲恶唑	77.12~111.3	82.0~103.5	89.2~112.9
8	曲安西龙	72.5~98.3	67.7~115.3	73.4~110.0
9	罗通定	80.4~113.5	82.5~105.1	91.5~116.9
10	泼尼松龙	82.6~100.8	69.2~106.5	78.3~106.3
11	泼尼松	81.5~119.1	68.7~109.2	89.5~111.1
12	氢化可的松	82.2~96.0	69.0~109.4	81.4~131.4

续 表

序号	化合物	验证单位以基质加标随行标准曲线计算回收率范围（%）		
		茶叶基质	代用茶基质	饮料基质
13	可的松	84.4~102.8	76.4~110.8	84.3~112.7
14	苯海拉明	78.2~116.0	75.1~103.2	88.3~107.2
15	甲基泼尼松龙	87.4~110.6	64.1~115.5	85.3~109.7
16	异丙安替比林	85.5~118.8	82.4~103.9	84.6~118.4
17	倍他米松	77.4~106.9	59.6~108.6	89.9~122.7
18	地塞米松	87.7~113.6	61.3~116.9	95.3~112.6
19	氟米松	83.8~100.8	69.9~106.5	91.7~127.2
20	倍氯米松	85.3~103.3	63.5~107.3	92.0~120.9
21	曲安奈德	82.7~114.6	61.4~115.8	71.2~123.4
22	氟氢缩松	69.5~92.9	62.2~111.7	86.9~138.7
23	曲安西龙双醋酸酯	77.4~104.4	74.4~112.2	74.6~116.1
24	泼尼松龙醋酸酯	88.0~113.4	79.2~107.6	92.7~130.1
25	氢化可的松醋酸酯	84.0~100.9	77.7~106.1	89.1~129.9
26	氟米龙	82.6~121.4	66.0~109.0	82.6~105.5
27	氟氢可的松醋酸酯	82.5~110.3	78.0~106.8	92.9~128.4
28	地夫可特	87.5~115.4	75.8~104.8	81.5~107.9
29	泼尼松醋酸酯	79.1~113.1	72.7~124.8	89.2~113.2
30	可的松醋酸酯	81.8~103.3	63.5~109.6	79.3~127.0
31	酮洛芬	88.0~130.9	83.6~105.2	86.6~120.2
32	甲基泼尼松龙醋酸酯	80.5~102.2	71.5~105.0	71.4~112.5
33	倍他米松醋酸酯	83.9~123.0	69.8~113.3	91.7~121.9
34	布地奈德	78.3~99.6	78.4~104.5	88.2~128.4
35	氢化可的松丁酸酯	80.2~92.1	80.2~113.1	69.8~134.7
36	地塞米松醋酸酯	80.7~116.7	67.0~115.6	82.6~126.8
37	地西泮	79.1~110.7	82.8~108.1	85.4~112.2
38	氟米龙醋酸酯	84.8~99.8	82.2~114.1	84.3~131.0
39	氢化可的松戊酸酯	76.7~112.4	68.5~120.2	88.8~143.1
40	曲安奈德醋酸酯	77.4~106.5	72.1~132.8	86.8~128.4

序号	化合物	验证单位以基质加标随行标准曲线计算回收率范围（%）		
		茶叶基质	代用茶基质	饮料基质
41	氟轻松醋酸酯	83.3~103.9	83.8~122.1	92.1~119.8
42	二氟拉松双醋酸酯	75.5~103.2	76.8~116.5	76.7~126.0
43	倍他米松戊酸酯	83.0~111.9	82.0~125.5	79.4~133.3
44	哈西奈德	79.8~97.7	82.0~126.2	84.4~130.4
45	泼尼卡酯	82.1~98.4	63.5~119.2	70.9~217.9
46	保泰松	65.3~117.7	55.5~115.4	82.3~109.8
47	安西奈德	85.3~98.0	76.1~122.4	85.1~128.4
48	阿氯米松双丙酸酯	76.1~110.7	53.2~121.6	83.9~146.0
49	氯倍他索丙酸酯	77.2~99.0	84.0~132.7	86.9~134.9
50	氟替卡松丙酸酯	80.5~102.7	85.6~119.8	82.5~107.0
51	倍他米松双丙酸酯	73.5~98.3	76.5~117.4	83.0~122.7
52	甲芬那酸	80.0~107.8	87.3~128.4	83.7~127.8
53	莫米他松糠酸酯	76.6~117.7	50.8~112.4	83.9~132.6
54	倍氯米松双丙酸酯	69.5~96.6	68.4~116.7	86.6~106.1
55	氯倍他松丁酸酯	64.2~92.8	80.7~129.2	75.9~166.0
56	氯唑沙宗	75.1~116.3	93.9~128.3	93.5~109.3
57	阿司匹林	82.6~117.0	58.5~128.5	81.9~107.9
58	布诺芬	85.1~112.2	64.1~138.3	67.6~106.2
59	安乃近	79.0~119.8	77.3~124.6	83.4~711.8

7 检测方法的灵敏度、精密度

7.1 灵敏度

当样品取样量为 1g，定容体积为 50mL 时，本方法中各化合物的定量限如下：

安替比林、氨基比林、保泰松、倍氯米松双丙酸酯、倍他米松双丙酸酯、倍他米松戊酸酯、苯海拉明、布地奈德、地西泮、非那西丁、氟米龙醋酸酯、磺胺甲恶唑、甲基泼尼松龙、甲氧苄啶、罗通定、氯倍他索丙酸酯、氯苯那敏、泼尼卡酯、曲安奈德、曲安奈德醋酸酯、曲安西龙双醋酸酯、异丙安替比林定量限为 0.1mg/kg；

泼尼松龙醋酸酯、氟轻松醋酸酯、二氟拉松双醋酸酯、阿氯米松双丙酸酯、安西奈德、氟替卡松丙酸酯、莫米他松糠酸酯、氯倍他松丁酸酯、对乙酰氨基酚、泼尼松龙、可的松、倍他米松、地塞米松、氢化可的松丁酸酯、氢化可的松戊酸酯定量限为 0.25mg/kg；

氢化可的松、泼尼松、氟米松、倍氯米松、酮洛芬、氟米龙、氢化可的松醋酸酯、地夫可特、泼尼松醋酸酯、可的松醋酸酯、甲基泼尼松龙醋酸酯、倍他米松醋酸酯、地塞米松醋酸酯、甲芬那酸定量限为 0.5mg/kg；

曲安西龙、氟氢缩松、氟氢可的松醋酸酯、哈西奈德、阿司匹林、布洛芬、氯唑沙宗、安乃近定量限为 2.5mg/kg。

7.2 精密度

在重复性条件下获得的两次独立测定结果的绝对差值不得超过算术平均值的 15%。

定量限的测定方法为：精密称取空白样品 1g（精确至 0.0001g），按照试样制备方法制备，经微孔滤膜过滤，取续滤液作为空白基质，通过使用空白基质逐级稀释对照品溶液来考察定量限。根据测定结果应满足该最低量时准确度和精密度要求来确定定量限。需要指出的是，定量限受仪器型号、样品基质等因素影响，本方法给出的只是参考值，当实验室的定量限和本方法给出的检出限数值差异较大时，提示实验室检查仪器状态和操作过程。

附录 A

59 种化合物的相关信息

表 A.16-2-1　59 种解热镇痛类化合物中文名称、英文名称、CAS 登录号、分子式、相对分子质量

序号	化合物名称	英文名称	CAS 登录号	分子式	相对分子质量
1	对乙酰氨基酚	4–Acetamadophenol	103–90–2	$C_8H_9NO_2$	151.1
2	氨基比林	Aminophenazone	58–15–1	$C_{13}H_{17}N_3O$	231.1
3	甲氧苄啶	Trimethoprim	738–70–5	$C_{14}H_{18}N_4O_3$	290.1
4	安替比林	Antipyrine	60–80–0	$C_{11}H_{12}N_2O$	188.1
5	磺胺甲恶唑	Sulfamethoxazole	723–46–6	$C_{10}H_{11}N_3O_3S$	253.1
6	非那西丁	Phenacetin	62–44–2	$C_{10}H_{13}NO_2$	179.1
7	氯苯那敏	Chlorpheniramine maleate	113–92–8	$C_{20}H_{23}ClN_2O_4$	390.1
8	曲安西龙	Triamcinolone	124–94–7	$C_{21}H_{27}FO_6$	394.2
9	罗通定	Tetrahydropalmatine	10097–84–4	$C_{21}H_{25}NO_4$	355.2
10	泼尼松龙	Prednisolone	50–24–8	$C_{21}H_{28}O_5$	360.2
11	泼尼松	Prednisone	53–03–2	$C_{21}H_{26}O_5$	358.4
12	氢化可的松	Hydrocortisone	50–23–7	$C_{21}H_{30}O_5$	362.2
13	可的松	Cortisone	53–06–5	$C_{21}H_{28}O_5$	360.2
14	盐酸苯海拉明	Diphenhydramine Hydrochloride	147–24–0	$C_{17}H_{22}ClNO$	291.1
15	甲基泼尼松龙	Methylprednisolone	83–43–2	$C_{22}H_{30}O_5$	374.2
16	异丙安替比林	Propyphenazone	479–92–5	$C_{14}H_{18}N_2O$	230.1
17	倍他米松	Betamethasone	378–44–9	$C_{22}H_{29}FO_5$	392.2
18	地塞米松	Dexamethasone	50–02–2	$C_{22}H_{29}FO_5$	392.2
19	氟米松	Flumethasone	2135–17–3	$C_{22}H_{28}F_2O_5$	410.2
20	倍氯米松	Beclomethasone	4419–39–0	$C_{22}H_{29}ClO_5$	408.2

续 表

序号	化合物名称	英文名称	CAS 登录号	分子式	相对分子质量
21	曲安奈德	Tramcinoloneacetonide	76-25-5	$C_{24}H_{31}FO_6$	434.2
22	氟氢缩松	Fludroxycortide	1524-88-5	$C_{24}H_{33}FO_6$	436.2
23	曲安西龙双醋酸酯	Triamcinolone diacetate	67-78-7	$C_{25}H_{31}FO_8$	478.2
24	泼尼松龙醋酸酯	Prednisolone-21-acetate	52-21-1	$C_{23}H_{30}O_6$	402.2
25	氢化可的松醋酸酯	Hydrocortisone acetate	50-03-3	$C_{23}H_{32}O_6$	404.2
26	氟米龙	Fluoromethalone	426-13-1	$C_{22}H_{29}FO_4$	376.2
27	氟氢可的松醋酸酯	Fludrocortisone21-acetate	514-36-3	$C_{23}H_{31}FO_6$	422.2
28	地夫可特	Deflazacort	14484-47-0	$C_{25}H_{31}NO_6$	441.2
29	泼尼松醋酸酯	Prednisone 21-acetate	125-10-0	$C_{23}H_{28}O_6$	400.2
30	可的松醋酸酯	Cortisone 21-acetate	50-04-4	$C_{23}H_{30}O_6$	402.2
31	酮洛芬	Ketoprofen	22071-15-4	$C_{16}H_{14}O_3$	254.1
32	甲基泼尼松龙醋酸酯	Methylprednisolone 21-acetate	53-36-1	$C_{24}H_{32}O_6$	416.2
33	倍他米松醋酸酯	Betamethasone 21-acetate	987-24-6	$C_{24}H_{31}FO_6$	434.2
34	布地奈德	Budesonide	51372-29-3	$C_{25}H_{34}O_6$	430.2
35	氢化可的松丁酸酯	Hydrocortisone-17-butyrate	13609-67-1	$C_{25}H_{36}O_6$	432.3
36	地塞米松醋酸酯	Dexamethasone 21-acetate	1177-87-3	$C_{24}H_{31}FO_6$	434.2
37	地西泮	Diazepam	439-14-5	$C_{16}H_{13}ClN_2O$	284.1
38	氟米龙醋酸酯	Fluorometholone 17-acetate	3801--06-7	$C_{24}H_{31}FO_5$	418.2
39	氢化可的松戊酸酯	Hydrocortisone 17-valerate	57524-89-7	$C_{26}H_{38}O_6$	446.3
40	曲安奈德醋酸酯	Triamcinolone acetonide acetate	3870-07-3	$C_{26}H_{33}FO_7$	476.2
41	氟轻松醋酸酯	Fluocinonide	356-12-7	$C_{26}H_{32}F_2O_7$	494.2
42	二氟拉松双醋酸酯	Diflorasonediacetate	33564-31-7	$C_{26}H_{32}F_2O_7$	494.2
43	倍他米松戊酸酯	Betamethasone 17-valerate	2152-44-5	$C_{27}H_{37}FO_6$	476.3
44	哈西奈德	Halcinonide	3093-35-4	$C_{24}H_{32}ClFO_5$	454.2
45	泼尼卡酯	Prednicarbate	73771-04-7	$C_{27}H_{36}O_8$	488.2
46	保泰松	Phenylbutazone	50-33-9	$C_{19}H_{20}N_2O_2$	308.2
47	安西奈德	Amcinonide	51022-69-6	$C_{28}H_{35}FO_7$	502.2
48	阿氯米松双丙酸酯	Alclomethasonedipropionate	66734-13-2	$C_{28}H_{37}ClO_7$	520.2

序号	化合物名称	英文名称	CAS 登录号	分子式	相对分子质量
49	氯倍他索丙酸酯	Clobetasol 17-propionate	25122-46-7	$C_{25}H_{32}ClFO_5$	466.2
50	氟替卡松丙酸酯	Fluticasone propionate	80474-14-2	$C_{25}H_{31}F_3O_5S$	500.2
51	倍他米松双丙酸酯	Betamethasone dipropionate	5593-20-4	$C_{28}H_{37}FO_7$	504.3
52	甲芬那酸	Mefenamic acid	61-68-7	$C_{15}H_{15}NO_2$	241.1
53	莫米他松糠酸酯	Mometasonefuroate	83919-23-7	$C_{27}H_{30}Cl_2O_5$	520.1
54	倍氯米松双丙酸酯	Beclometasonedipropionate	5534-09-8	$C_{28}H_{37}ClO_7$	520.2
55	氯倍他松丁酸酯	Clobetasone 17-butyrate	25122-57-0	$C_{26}H_{32}ClFO_5$	478.2
56	氯唑沙宗	Chlorzoxazone	95-25-0	$C_7H_4ClNO_2$	169.0
57	阿司匹林	Acetylsalicylic acid	50-78-2	$C_9H_8O_4$	180.0
58	布洛芬	Ibuprofen	15687-27-1	$C_{13}H_{18}O_2$	206.1
59	安乃近	Analgin	68-89-3	$Cl_3H_{16}N_3NaO_4S$	333.3

附录 B

质谱参考条件

正模式

a）电离模式：ESI。

b）检测方式：动态多反应离子监测（dMRM）。

c）电离电压：4.0 kv（正离子扫描）。

d）干燥气流速：7L/min。

e）干燥气温度：325℃。

f）鞘气流速：11L/min。

g）鞘气温度：350℃。

h）雾化器流量：40 psi。

表 B.16-2-1　55 种化合物定性、定量离子和质谱分析参数参考值

序号	化合物名称	模式	RT/min	母离子	fragmentor	定性离子（CE）	定量离子（CE）
1	对乙酰氨基酚	+	3.83	152	73	93.0（23）	110.0（15）
2	氨基比林	+	4.67	232	77	187.0（7）	113.0（11）
3	甲氧苄啶	+	7.09	291	92	123.0（27）	230.0（23）
4	安替比林	+	8.25	189.1	67	131.0（23）	104.0（23）
5	磺胺甲恶唑	+	11.09	253.9	72	108.0（10）	156.0（10）
6	非那西丁	+	11.92	180.1	93	138.1（15）	110.2（19）
7	氯苯那敏	+	11.99	275	72	167.0（47）	230.0（11）
8	曲安西龙	+	12.03	395.2	80	225.1（25）	357.1（13）
9	罗通定	+	12.11	356	125	165.0（23）	192.0（27）
10	泼尼松龙	+	14.37	361.2	67	146.9（25）	343.1（6）
11	泼尼松	+	14.45	359.2	119	147.0（35）	341.0（7）
12	氢化可的松	+	14.55	363.2	41	105.0（51）	121.0（27）

序号	化合物名称	模式	RT/min	母离子	fragmentor	定性离子（CE）	定量离子（CE）
13	可的松	+	14.8	361.2	92	121.0（27）	163.0（23）
14	苯海拉明	+	14.86	256..0	62	152.0（39）	167.0（7）
15	甲基泼尼松龙	+	16.32	375.2	72	161.1（23）	357.1（7）
16	异丙安替比林	+	16.56	231.1	99	201.1（23）	189.2（19）
17	倍他米松	+	16.7	393.2	67	146.8（47）	355.0（8）
18	地塞米松	+	16.89	393.2	105	146.8（31）	355.0（7）
19	氟米松	+	17.06	411.2	67	121.1（39）	253.0（11）
20	倍氯米松	+	17.52	409.2	62	146.9（39）	391.1（7）
21	曲安奈德	+	17.83	435.2	68	338.9（11）	396.9（11）
22	氟氢缩松	+	18.41	437.2	135	120.8（47）	180.9（35）
23	曲安西龙双醋酸酯	+	18.57	479.2	62	440.9（7）	321.0（15）
24	泼尼松龙醋酸酯	+	18.63	403.2	76	146.8（27）	384.9（3）
25	氢化可的松醋酸酯	+	18.88	405.2	130	120.8（27）	309.1（15）
26	氟米龙	+	18.98	377.2	84	320.9（7）	278.9（11）
27	氟氢可的松醋酸酯	+	19.09	423.2	63	120.9（47）	238.9（27）
28	地夫可特	+	19.17	442.2	83	123.9（60）	141.9（39）
29	泼尼松醋酸酯	+	19.35	401.2	63	146.8（23）	295.0（11）
30	可的松醋酸酯	+	19.62	403.2	92	343.0（19）	162.8（31）
31	酮洛芬	+	19.96	255.1	94	209.0（3）	105.0（27）
32	甲基泼尼松龙醋酸酯	+	20.09	417.2	56	253.2（19）	399.2（7）
33	倍他米松醋酸酯	+	20.19	435.2	71	337.0（11）	309.0（7）
34	布地奈德	+	20.4	431.2	89	146.9（39）	413.0（7）
35	氢化可的松丁酸酯	+	20.54	433.3	119	345.0（11）	120.8（27）
36	地塞米松醋酸酯	+	20.58	435.2	67	337.0（7）	309.0（7）
37	地西泮	+	20.66	285.1	109	257.0（23）	154.0（27）
38	氟米龙醋酸酯	+	20.99	419.2	57	321.0（11）	279.0（11）
39	氢化可的松戊酸酯	+	21.72	447.3	63	120.8（35）	345.2（11）
40	曲安奈德醋酸酯	+	21.76	477.2	95	320.8（15）	338.9（11）
41	氟轻松醋酸酯	+	21.98	495.2	77	120.8（47）	337.0（15）

序号	化合物名称	模式	RT/min	母离子	fragmentor	定性离子（CE）	定量离子（CE）
42	二氟拉松双醋酸酯	+	22	495.2	71	278.8（15）	316.8（11）
43	倍他米松戊酸酯	+	22.55	477.3	71	278.8（15）	354.9（7）
44	哈西奈德	+	23.08	455.2	61	121.0（59）	104.9（43）
45	泼尼卡酯	+	23.08	489.3	62	114.8（15）	380.9（7）
46	保泰松	+	23.24	309	135	190.1（15）	160.1（19）
47	安西奈德	+	23.32	503.2	114	321.0（15）	338.9（11）
48	阿氯米松双丙酸酯	+	23.32	521.2	63	279.0（7）	301.0（15）
49	氯倍他索丙酸酯	+	23.44	467.2	63	354.9（11）	372.9（7）
50	氟替卡松丙酸酯	+	23.61	501.2	68	312.9（11）	292.9（15）
51	倍他米松双丙酸酯	+	23.86	505.3	66	318.9（15）	278.9（15）
52	甲芬那酸	+	23.89	242.1	88	209（25）	224（3）
53	莫米他松糠酸酯	+	23.69	521.2	99	263（39）	503（7）
54	倍氯米松双丙酸酯	+	24.41	521.2	61	319（15）	503（7）
55	氯倍他松丁酸酯	+	24.78	479.2	130	278.9（19）	342.8（15）·

负模式

a）电离模式：ESI。

b）检测方式：多反应离子监测（MRM）。

c）气帘气压力（CUR）：10.0psi。

d）碰撞气（CAD）：medium。

e）离子化电压（IS）：–4500.0V。

f）雾化温度（TEM）：400.0℃。

g）雾化气（GS1）：30.0psi。

h）辅助气（GS2）：30.0psi。

i）入口电压（EP）：–10.0V。

j）出口电压（CXP）：–15.0V。

表 B.16-2-2　4 种化合物定性、定量离子和质谱分析参数参考值

序号	化合物	模式	RT/min	母离子	DP	驻留时间/msec	定性离子（CE）	定量离子（CE）
1	阿司匹林	–	2.22	179.0	44	100	93.0（28）	137.0（8）

续　表

序号	化合物	模式	RT/min	母离子	DP	驻留时间/msec	定性离子（CE）	定量离子（CE）
2	安乃近	－	4.7	310.0	54	100	175.0（31）	191.0（18）
3	氯唑沙宗	－	7.15	168.0	80	100	76.0（34）	132.0（28）
4	布洛芬	－	7.45	205.0	50	100	159.0（9）	161.0（15）

附件C

典型色谱图

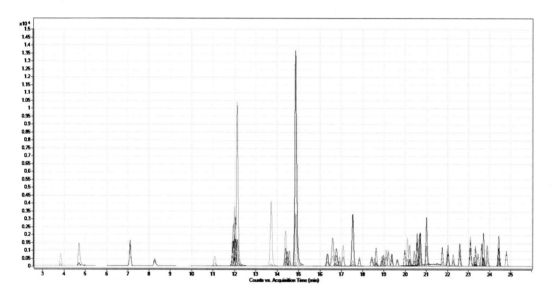

图 C.16-2-1　55 种解热镇痛化合物正模式下总离子流图

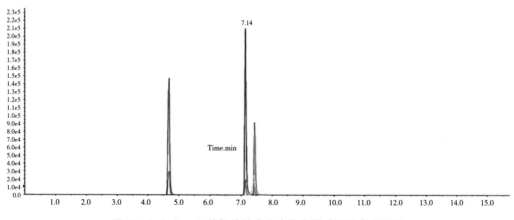

图 C.16-2-2　3 种解热镇痛化合物负模式下总离子流图

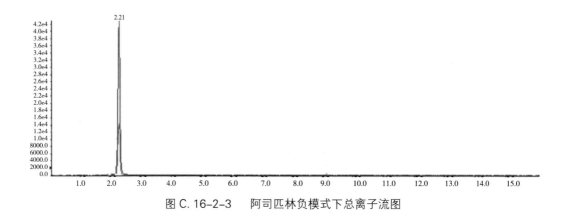

图 C.16-2-3　阿司匹林负模式下总离子流图

第三节　常见问题释疑

1. 是否需要利用基质标线?

本方法适用于饮料、茶叶及相关制品等食品中 59 种化合物单个或多个化合物的定性测定。可参考本方法测定含量。在实际测试样品的过程，使用对照品溶液标曲和供试品溶液进行定性筛查，确定化合物的检出情况；在准确定性的前提下，当有阳性样品检出时，如果能够获得类似的空白基质，可采用基质标线以获得更加准确的定量结果。

2. 质谱参数和监测离子对是否可根据实际机器情况进行调整?

因各机构使用的高效液相 – 串联质谱仪的品牌、型号各不相同，仪器的参数可能存在不同，个别化合物可能出现与方法上的监测离子对不一致的情况，因此质谱参数和监测离子对可根据实际情况进行调整，可满足检测的要求即可。

在方法验证过程中，有部分验证机构出现化合物布洛芬在某些仪器上找不到子离子（ m/z=159 ）的情况，可根据仪器情况选择可检测到的子离子，满足检测要求即可。

3. 试样制备稀释倍数问题?

非法添加具有添加剂量随意性较大的特点，实际检测过程中可对制备的待测液进行逐级稀释，防止因待测液浓度过高造成对质谱污染，且检测过程中要插入空白样品监测质谱是否污染的情况，防止出现假阳性结果。

4. 试样稳定性怎么样?

通过考察加标溶液放置的稳定性。结果在 12h 内，茶叶、代用茶与饮料 3 种基质 59 种化合物相对稳定，相对标准偏差 RSD 均 < 15%，超过 12h 后凉茶基质中有部分化合物（对乙酰氨基酚、磺胺甲恶唑、甲芬那酸、氢化可的松醋酸酯、倍他米松醋酸酯、阿司匹林、安乃近、氯唑沙宗、布洛芬）相对标准偏差 RSD > 20%，故要求供试品溶液应在制备后 12 小时内进样。

5. 部分化合物峰型不好或精密度不好，怎么解决？

对于在出峰时间密集的时间段，需调整质谱参数，保证化合物有足够的采集点数（例如安捷伦的质谱可以调整 Dwell 值），以改善化合物峰形较差或精密度差的问题，使仪器达到适合于多化合物同时分析的状态。

执笔人：余晓琴　黄泽玮

第十七章

《饮料、茶叶及相关制品中二氟尼柳等 18 种化合物的测定》（BJS 201714）

第一节　方法概述

我国地理纬度跨度大，高寒、高湿地区多，导致我国具有较高的风湿病发病率。风湿病是一类侵犯关节、骨骼、肌肉、血管及有关软组织或结缔组织为主的疾病，其中多数为自身免疫性疾病。这类病病程较长，反复发作，不易根除，患者受病痛困扰极为严重，并且许多风湿病，如类风湿关节炎的病因和发病机制尚未完全阐明，现也无根治方法，因此就需要病人长期服用抗风湿类药物，但由于担心药物的副作用，许多患者希望通过食疗来改善体质，缓解病痛，因而倾向于选择宣称对风湿类疾病有一定疗效的纯天然食品，例如植物饮料、植物固体饮料、茶叶和代用茶等。殊不知一些不法生产厂家恰好利用消费者这种心理，在所谓的纯天然食品中添加了抗风湿药物，若患者在不知情的情况下长期食用此类含非法添加药物的食品可能会引起严重后果。目前，已报道的在食品中检出的抗风湿类物质有萘普生、吲哚美辛、双氯芬酸钠等，添加量有的高达十几克每千克，因此建立饮料、茶叶及相关制品中添加抗风湿类物质的测定方法具有重要意义。

目前普通食品中没有针对抗风湿类化合物的检测标准，仅在中成药和保健食品中有相应的 3 个检测方法，分别为适用于消肿止痛功效中成药中涉嫌非法添加双氯芬酸、氨基比林的原国家食品药品监督管理局药品检验补充检验方法和检验项目批准件（批准件编号：2006006）、适用于抗风湿类中成药中非法添加氢化可的松、地塞米松、醋酸泼尼松、阿司匹林、氨基比林、布洛芬、双氯芬酸钠、吲哚美辛、对乙酰氨基酚、甲氧苄啶、吡罗昔康、萘普生、保泰松等 13 种化学药品的筛查和验证的原国家食品药品监督管理局药品检验补充检验方法和检验项目批准件（批准件编号：2009025）以及适用于保健食品中非法添加醋氯芬酸检测的《关于印发保健食品中非法添加沙丁胺醇检验方法等 8 项检验方法的通知》（食药监食监三〔2016〕28 号文）。这些方法均采用液相色谱峰面积进行定量分析。由于食品成分复杂、干扰严重，在进行多种目标物同时分析时无法确保色谱峰的单一性，因而，使用液相色谱仪检测可能造成假阳性和结果偏高，并且液相色谱紫外检测器较质谱而言信号较弱，检测不灵敏。为打击食品中非法添加抗风湿类物质行为，为监管提供更好地技术支撑，本方法采用液相色谱－串联质谱仪进行饮料、茶叶及相关制品中 18 种抗风湿物质的定性定量分析，具有更高的检测准确度和灵敏度。

第二节 方法文本及重点条目解析

1 范围

本方法规定了饮料、茶叶及相关制品中二氟尼柳等 18 种抗风湿类化合物的液相色谱 – 串联质谱测定方法。

本方法适用于饮料、茶叶及相关制品中二氟尼柳等 18 种抗风湿类化合物的测定，其他基质可参照本方法定性检测。

本方法建立了一种饮料、茶叶及相关制品中二氟尼柳等 18 种抗风湿类化合物的液相色谱 – 串联质谱测定方法。根据市场调研和资料查阅，选择了可能非法添加到饮料、茶叶及相关制品中具有抗风湿作用的二氟尼柳、美洛昔康、舒林酸、吡罗昔康、醋氯芬酸、贝诺酯、依托考昔、萘普生、芬布芬、奥沙普秦、尼美舒利、氟比洛芬、双氯芬酸钠、依托度酸、吲哚美辛、萘丁美酮、非普拉宗、塞来昔布作为测定对象。由于本方法只对非法添加风险较高的饮料、茶叶及相关制品基质进行了灵敏度、准确度、精密度的考察，未扩展到所有食品基质，故其他食品基质只可参照本方法进行定性检测。

2 原理

试样经甲醇水溶液提取，稀释后采用液相色谱 – 串联质谱仪检测，外标法定量。

通过考察，选择了对 18 种化合物均具有较好溶解性的甲醇水作为提取溶剂。

3 试剂和材料

除另有规定外，本方法所用试剂均为分析纯，水为 GB/T 6682 规定的一级水。

3.1 试剂

3.1.1 乙腈（CH_3CN）：色谱纯。

3.1.2 甲醇（CH_3OH）：色谱纯。

3.1.3 甲酸（HCOOH）：色谱纯。

3.1.4 乙酸铵（CH₃COONH₄）：优级纯或相当者。

3.2 溶液配制

3.2.1 含 0.05% 甲酸的 2mmol/L 乙酸铵溶液：称取 0.154g 乙酸铵（3.1.4），加入适量水溶解，再加入 0.5mL 甲酸，用水定容至 1000mL。

3.2.2 甲醇 – 水溶液（4+1）：准确量取 400mL 甲醇（3.1.2）和 100mL 水，混匀后备用。

3.3 标准品

二氟尼柳、美洛昔康、舒林酸、吡罗昔康、醋氯芬酸、贝诺酯、依托考昔、萘普生、芬布芬、奥沙普秦、尼美舒利、氟比洛芬、双氯芬酸钠、依托度酸、吲哚美辛、萘丁美酮、非普拉宗、塞来昔布标准品的中文名称、英文名称、CAS 登录号、分子式、相对分子质量详见附录 A 中的表 A.17–2–1，各标准品纯度均≥95%。

3.4 标准溶液的配制

3.4.1 标准储备液（500μg/mL）：准确称取各标准品（3.3）50.0mg，分别置于 100mL 容量瓶中，美洛昔康加 5mL 水溶解，再用甲醇稀释至刻度，其余标准品用甲醇溶解并稀释至刻度，摇匀，配制成浓度各为 500μg /mL 标准储备液，–20℃保存，有效期 3 个月。

3.4.2 混合标准中间液 A（1μg/mL）：分别准确吸取 0.2mL 美洛昔康、舒林酸、吡罗昔康、贝诺酯、依托考昔、奥沙普秦、双氯芬酸钠、依托度酸、非普拉宗各标准储备溶液（3.4.1），置于同一 100mL 容量瓶中，用甲醇稀释至刻度，摇匀，配制成浓度均为 1μg/mL 的混合标准中间液 A，–20℃保存，有效期 1 个月。

3.4.3 混合标准中间液 B（5μg/mL）：分别准确吸取 1.0mL 二氟尼柳、醋氯芬酸、萘普生、芬布芬、尼美舒利、氟比洛芬、吲哚美辛、萘丁美酮、塞来昔布各标准储备溶液（3.4.1），置于同一 100mL 容量瓶中，用甲醇稀释至刻度，摇匀，配制成浓度均为 5μg/mL 的混合标准中间液 B，–20℃保存，有效期 1 个月。

3.4.4 混合标准系列工作溶液：分别准确吸取混合标准中间液 A 和 B 适量，置于同一容量瓶中，用甲醇稀释配制成系列标准工作溶液 S1~S5。混合标准中间液 A（3.4.2）中各化合物浓度为 2ng/mL、4ng/mL、10 ng/mL、20ng/mL、40ng/mL；混合标准中间液 B（3.4.3）中各化合物浓度为 10ng/mL、20ng/mL、50ng/mL、100ng/mL、200ng/mL；临用新制或依仪器响应情况配制适当浓度的混合标准工作溶液。

配制 18 种标准物质储备液，若振摇没有完全溶解时，可采用超声溶解，直至标准品完全溶解。

二氟尼柳、醋氯芬酸、萘普生、芬布芬、尼美舒利、氟比洛芬、吲哚美辛、萘丁美酮、塞来昔布 9 种化合物在该条件下响应不如其他物质灵敏，因此配制混合标准中间液时浓度为 5μg/mL。

4 仪器和设备

4.1 高效液相色谱 – 串联质谱仪，配有电喷雾离子源（ESI 源）。

4.2 粉碎机。

4.3 电子天平：感量分别为 0.0001g 和 0.01g。

4.4 超声波水浴。

4.5 微孔滤膜：0.22μm，有机相。

由于检测的目标化合物品种较多，且茶叶及其制品的基质比较复杂，使用液相色谱很难进行有效分离，定性定量时因无法确保色谱峰的单一性可能造成假阳性和结果偏高。高效液相色谱 – 串联质谱仪可从分子水平进行准确定性，且具有更高的检测灵敏度，故本方法选择高效液相色谱 – 串联质谱法对目标化合物进行测定。

5 试样制备

5.1 饮料

充分混匀，直接取用。

5.2 茶叶及相关制品

取适量有代表性的试样，粉碎机粉碎后过 40 目筛，装入洁净容器中，密封并标记。

为保证待测样品均匀性，饮料样品需要充分混匀，茶叶及相关制品需要进行粉碎过筛处理。

6 分析步骤

6.1 样品提取

6.1.1 饮料

准确称取 1g（精确至 0.01g）试样置于 50mL 容量瓶中，加入 20mL 甲醇 – 水溶液（4+1）（3.2.2），摇匀（固体饮料需充分溶解），再用甲醇 – 水溶液（4+1）（3.2.2）定容至刻度，混匀，经 0.22μm 滤膜过滤，取滤液，根据实际浓度适当地稀释至工作曲线线性范围内，供高效液相色谱 – 串联质谱测定。

6.1.2 茶叶及相关制品

准确称取 1g（精确至 0.01g）试样置于 25mL 容量瓶中，加入 20mL 甲醇 – 水溶液（4+1）（3.2.2），摇匀，超声 30min，冷却至室温后，用甲醇 – 水溶液（4+1）（3.2.2）定容至刻度，混匀静置 10min，准确吸取 2mL 上清液至 10mL 容量瓶中，用甲醇 – 水溶液（4+1）（3.2.2）定容至刻度，混匀，经 0.22μm 滤膜过滤，取滤液，根据实际浓度适当地稀释至工作曲线线性范围内，供高效液相色谱 – 串联质谱测定。

提取溶剂方面，由于茶叶及相关制品粉碎后基质微孔结构对目标化合物具有一定吸附性，因此提取溶剂中需要加入一定比例的水，使其组织溶胀，提取液渗透至微孔内部，进而提高回收率。通过对比 6:4、7:3、8:2、9:1、10:0 比例的甲醇水提取效果，最终选择甲醇水溶液（4+1）作为提取溶剂。由于饮料类样品均能溶于甲醇水溶液中，故选择了和茶叶及相关制品相同的提取溶剂。

提取方式方面，通过对茶叶及相关制品分别采用振荡、均质、超声三种提取方式进行比较，通过回收率进行评价，发现超声提取方式的提取率与均质提取相当，但明显高于振荡提取方式。超声提取简单易行，因此茶叶及相关制品选择超声提取方式。

在净化方式方面，分别考察了固相萃取柱法和直接稀释法两种方法，通过样品基质加标，以回收率和重复性考察净化效果，发现由于 18 种目标化合物结构和性质差异较大，固相萃取柱法很难同时保证所有目标化合物的回收率处于理想水平，最终选择了直接稀释法。通过考察 2、5、10 稀释倍数时的回收率和检出限，最终将稀释倍数定为 5 倍。

6.2 测定

6.2.1 仪器参考条件

6.2.1.1 液相色谱条件

a）色谱柱：C_{18} 柱，100mm × 2.1mm，粒径 2.2μm，或性能相当者。

b）流动相：A 为乙腈（3.1.1），B 为含 0.05% 甲酸的 2mmol/L 乙酸铵溶液（3.2.1），梯度洗脱程序见表 17–2–1。

c）流速：0.3mL/min。

d）柱温：35℃。

e）进样量：2μL。

表 17-2-1　梯度洗脱程序

时间（min）	流动相 A（%）	流动相 B（%）
0	5	95
1	5	95
11	95	5
13	95	5
14	5	95
16	5	95

6.2.1.2 质谱条件

a）离子源：电喷雾离子源（ESI 源）。

b）检测方式：多反应监测（MRM）。

c）扫描方式：正离子模式和负离子模式。

d）气帘气（CUR）、雾化气（GS1）、辅助气（GS2）、碰撞气（CAD）均为高纯氮气或其他合适气体，使用前应调节相应参数使质谱灵敏度达到检测要求，电喷雾电压（IS）、去簇电压（DP）、碰撞能量（CE）等参数使用前应优化至最佳灵敏度，监测离子对和定量离子对等信息详见附录 B。

6.2.2 定性测定

按照上述条件测定混合标准使用液和待测液，如果试样待测液中色谱峰的保留时间与混合标准使用液中某一组分保留时间一致（变化范围在 ±2.5% 之内），试样待测液中色谱峰定性离子对的相对丰度与浓度相当的混合标准使用液相对丰度一致，相对丰度（k）偏差不超过表 17-2-2 规定的范围，则可判定为试样中存在该成分。

表 17-2-2　定性确证时相对离子丰度的最大允许偏差

相对离子丰度（%）	k>50%	50%≥k>20%	20%≥k>10%	k≤10%
允许的最大偏差（%）	± 20	± 25	± 30	± 50

由于目标化合物较多，为使每种化合物均有较好的分离，本方法最终选择了 Thermo Acclaim RSLC C$_{18}$ 柱（2.1mm×100mm，2.2μm）的液相色谱柱用于目标化合物的分离。方法验证机构使用的色谱柱为：Thermo Hypersil Gold C$_{18}$（2.1mm×100mm，3.0μm）、Waters XTerra C$_{18}$ 柱（2.1mm×100mm，3.0μm）、Waters Acquity UPLC BEH C$_{18}$ 柱（2.1mm×100mm，1.7μm）、Thermo Acclaim RSLC C$_{18}$ 柱（2.1mm×100mm，2.2μm）四款通用型色谱柱，均能达到分离的要求。

通过对比在流动相中加酸对目标物分离的影响，发现在流动相中添加 0.05% 甲酸会提高目标化合物的分离度和改善目标化合物的峰型；另外，通过对比流动相中添加不同浓度盐对峰面积的影响，发现添加盐含量在 2mmol/L 时，目标化合物的响应最高，但如果单独做负离子模式扫描时，采用不加甲酸的流动相会提高负离子模式下的灵敏度，最终考虑到有的实验室有性能较好的液相色谱 – 质谱联用仪，可采用复模式一次检测 18 种目标化合物，所以方法最终选择了可以正、负离子模式兼容的流动相。

本方法比较了 18 种化合物在正、负离子两种检测模式下的灵敏度，发现吲哚美辛、尼美舒利、布洛芬、双氯芬酸钠、醋氯芬酸、二氟尼柳、依托度酸、氟比诺芬、萘普生 9 种物质在负离子模式下响应较好，因此，这 9 种物质采用负离子模式，剩余的 9 种物质采用正离子模式。本方法还比较了采用正、负离子模式切换方式同时检测和分正、负离子模式两次分别检测，发现在仪器性能较好时，这两种方式均能达到较好地灵敏度，因此，为了使方法具有普遍适用性和易于推广使用，本方法在附录 B 中注明各实验室可根据所配置仪器的具体情况作适当调整，选择不同的扫描方式以满足方法灵敏度的要求。

6.2.3 定量测定

将混合标准系列工作溶液（3.4.4）按仪器参考条件（6.2.1）进行测定。以混合标准系列工作溶液的浓度为横坐标，以峰面积为纵坐标绘制标准工作曲线。若试样检出与混合标准系列工作溶液一致的化合物，根据标准工作曲线按外标法以峰面积计算得到其含量。

二氟尼柳等 18 种标准物质色谱图见附录 C。

7 结果计算

结果按式（17-2-1）计算：

$$X = \frac{c \times V}{m \times 1000} \times K \quad\cdots\cdots\cdots\cdots\cdots\cdots\cdots\cdots\cdots\cdots\cdots\text{（17-2-1）}$$

式中：

X — 试样中各待测物的含量，单位为毫克每千克（mg/kg）；

c — 从标准工作曲线中读出的供试品溶液中各待测组分的浓度，单位为纳克每毫升（ng/mL）；

V — 试样溶液最终定容体积，单位为毫升（mL）；

m — 称样量，单位为克（g）；

K — 试样制备过程中的稀释倍数。

计算结果以重复性条件下获得的两次独立测定结果的算术平均值表示，结果保留三位有效数字。

为了全面研究基质对 18 种化合物测定的影响，我们分别作了纯溶剂的标准曲线和植物饮料、固体饮料、代用茶、茶叶四种基质匹配的标准曲线，结果表明大部分目标化合物的基质效应影响不大，均未超过 30.0%，处在可以接受的范围，并且考虑到方法使用过程中的便捷性和现实中难以找到和被检样品成分一致的空白基质的原因，本方法最终采用空白溶剂标曲外标法定量的方式。

8 检测方法的灵敏度、准确度、精密度

8.1 灵敏度

当饮料称样量为 1g，定容体积为 50mL，本方法中各化合物的定量限如下：

美洛昔康、舒林酸、吡罗昔康、贝诺酯、依托考昔、奥沙普秦、双氯芬酸钠、依托度酸、非普拉宗定量限为 0.2mg/kg；二氟尼柳、醋氯芬酸、萘普生、芬布芬、尼美舒利、氟比洛芬、吲哚美辛、萘丁美酮、塞来昔布定量限为 1.0mg/kg。

当茶叶及相关制品称样量为 1g，定容体积为 125mL，本方法中各化合物的定量限如下：

美洛昔康、舒林酸、吡罗昔康、贝诺酯、依托考昔、奥沙普秦、双氯芬酸钠、依托度酸、非普拉宗定量限为 0.5mg/kg；二氟尼柳、醋氯芬酸、萘普生、芬布芬、尼美舒利、氟比洛芬、吲哚美辛、萘丁美酮、塞来昔布定量限为 2.5mg/kg。

8.2 准确度

本方法在 0.2~25mg/kg 添加浓度范围内，回收率为 71%~116%。

8.3 精密度

在重复性条件下获得的两次独立测定结果的绝对差值不得超过算术平均值的 15%。

定量限的测定：分别选择液体植物饮料、固体饮料和茶叶三种空白样品，采用逐步定量添加标准溶液的方式，按照方法前处理步骤操作，分别采用不同质谱和不同扫描方式，以信号和噪音的比值（S/N）考察检出限，S/N = 10 的浓度为定量限。最终选择不同质谱品牌均能达到的定量限作为方法的定量限。并通过查阅文献中已检出抗风湿类物质非法添加的浓度和 18 种目标化合物作为抗风湿药物的量效关系，确认本方法的定量限可满足监管需求。

通过实验室内和实验室间的验证，本方法在 0.2~25mg/kg 添加浓度范围内，回收率为 71%~116%，在重复性条件下获得的两次独立测定结果的绝对差值小于算术平均值的 15%。

二氟尼柳等 18 种化合物相关信息

表 A.17-2-1　18 种化合物的中文名称、英文名称、CAS 登录号、分子式、相对分子质量

序号	中文名称	英文名称	CAS 登录号	分子式	相对分子质量
1	二氟尼柳	Diflunisal	22494–42–4	$C_{13}H_8F_2O_3$	250.2
2	美洛昔康	Meloxicam	71125–38–7	$C_{14}H_{13}N_3O_4S_2$	351.4
3	舒林酸	Sulindac	38194–50–2	$C_{20}H_{17}FO_3S$	356.41
4	吡罗昔康	Piroxicam	36322–90–4	$C_{15}H_{13}N_3O_4S$	331.35
5	醋氯芬酸	Aceclofenac	89796–99–6	$C_{16}H_{13}Cl_2NO_4$	354.18
6	贝诺酯	Benorilate	5003–48–5	$C_{17}H_{15}NO_5$	313.3
7	依托考昔	Etoricoxib	202409–33–4	$C_{18}H_{15}ClN_2O_2S$	358.84
8	萘普生	Naproxen	22204–53–1	$C_{14}H_{14}O_3$	230.26
9	芬布芬	Fenbufen	36330–85–5	$C_{16}H_{14}O_3$	254.28
10	奥沙普秦	Oxaprozin	21256–18–8	$C_{18}H_{15}NO_3$	293.32
11	尼美舒利	Nimesulide	51803–78–2	$C_{13}H_{12}N_2O_5S$	308.31
12	氟比洛芬	Flurbiprofen	5104–49–4	$C_{15}H_{13}FO_2$	244.26
13	双氯芬酸钠	Diclofenac sodium	15307–79–6	$C_{14}H_{10}Cl_2NNaO_2$	318.13
14	依托度酸	Etodolac	41340–25–4	$C_{17}H_{21}NO_3$	287.35
15	吲哚美辛	Indometacin	53–86–1	$C_{19}H_{16}ClNO_4$	357.79
16	萘丁美酮	Nabumetone	42924–53–8	$C_{15}H_{16}O_2$	228.29
17	非普拉宗	Feprazone	30748–29–9	$C_{20}H_{20}N_2O_2$	320.39
18	塞来昔布	Celecoxib	169590–42–5	$C_{17}H_{14}F_3N_3O_2S$	381.37

附录 B

参考质谱条件

a）离子源：电喷雾离子源（ESI 源）。

b）检测方式：多反应监测（MRM）。

c）扫描方式：正离子模式和负离子模式。

d）电喷雾电压（IS）：5500 V（ES+）；–4500 V（ESI–）。

e）气帘气（CUR）：35 psi。

f）雾化气（GS1）：55 psi。

g）辅助气（GS2）：55 psi。

h）离子源温度（TEM）：500℃。

表 B.17-2-1　二氟尼柳等 18 种化合物定性、定量离子和质谱分析参数

序号	化合物名称	电离方式	母离子（m/z）	子离子（m/z）	去簇电压（V）	碰撞能量（V）	保留时间（min）
1	二氟尼柳	ESI–	248.9	204.9* 156.9	60	27 45	8.19
2	美洛昔康	ESI+	352	115.0* 141	80	22 26	8.41
3	舒林酸	ESI+	357.1	233.1* 340.1	105	66 30	8.58
4	吡罗昔康	ESI+	332	164.0* 121	80	25 28	8.61
5	醋氯芬酸	ESI–	354	74.9* 251.9	20	25 30	8.93
6	贝诺酯	ESI+	314.1	121.1* 272.1	68	20 11	8.96

续 表

序号	化合物名称	电离方式	母离子（m/z）	子离子（m/z）	去簇电压（V）	碰撞能量（V）	保留时间（min）
7	依托考昔	ESI+	359	280.1* 252.1	160	42 61	9.12
8	萘普生	ESI−	229	170.0* 185	10	22 8	9.42
9	芬布芬	ESI+	255.1	181.1* 237.1	50	34 15	9.62
10	奥沙普秦	ESI+	294.1	103.1* 276.1	90	42 23	9.93
11	尼美舒利	ESI−	306.9	197.9* 228.9	60	36 24	10.15
12	氟比诺芬	ESI−	243	198.9* 179	10	15 20	10.15
13	双氯芬酸钠	ESI−	295.9	251.9* 213.9	45	16 30	10.26
14	依托度酸	ESI−	286	242.0* 212	70	23 33	10.28
15	吲哚美辛	ESI−	356	296.9* 311.9	20	27 13	10.42
16	萘丁美酮	ESI+	229.1	128.1* 171.1	70	55 22	10.71
17	非普拉宗	ESI+	321.1	265.1* 253.1	80	20 23	10.95
18	塞来昔布	ESI+	382	362.1* 282.1	110	41 50	11.04

* 定量离子对。

注：（1）方法提供的监测离子对等测定条件为推荐条件，各实验室可根据所配置仪器的具体情况作适当调整；在样品基质有测定干扰的情况下，可选用其他监测离子对。

（2）为提高检测灵敏度，可根据保留时间分段监测各化合物。

附录 C

二氟尼柳等 18 种标准物质色谱图

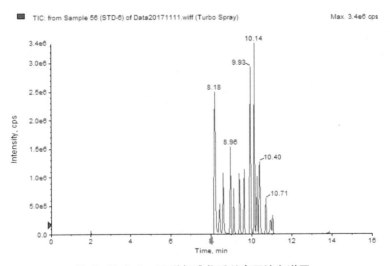

图 C.17-2-1　18 种标准物质总离子流色谱图

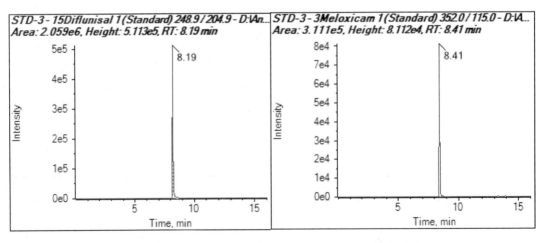

1. 二氟尼柳　　　　　　　　　　　　　　2. 美洛昔康

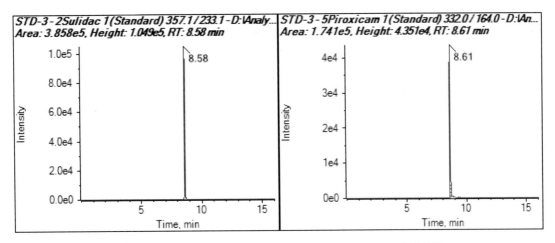

3. 舒林酸

4. 吡罗昔康

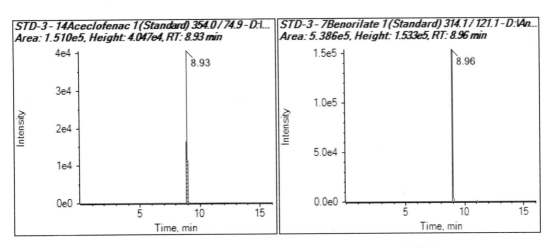

5. 醋氯芬酸

6. 贝诺酯

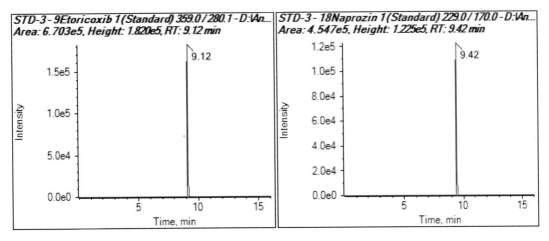

7. 依托考昔

8. 萘普生

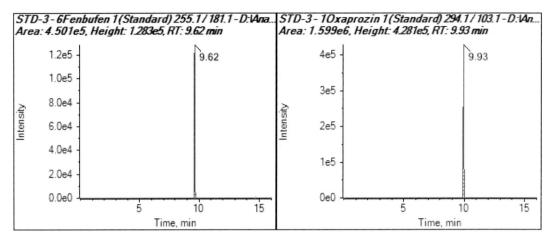

9. 芬布芬   10. 奥沙普秦

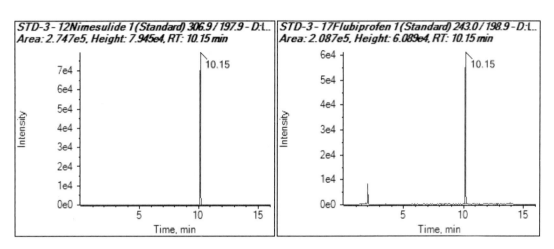

11. 尼美舒利   12. 氟比洛芬

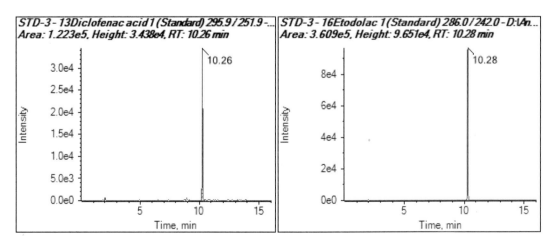

13. 双氯芬酸钠   14. 依托度酸

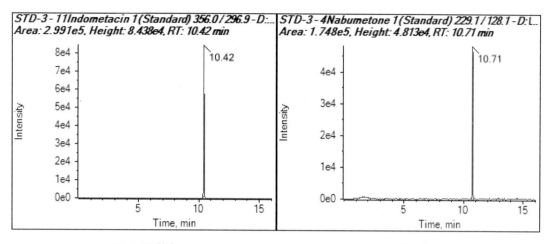

15. 吲哚美辛

16. 萘丁美酮

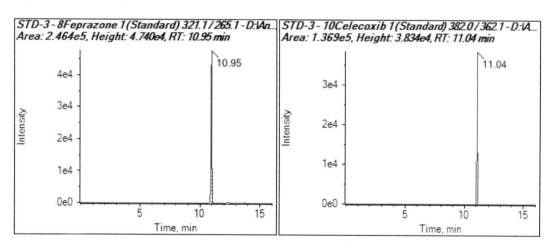

17. 非普拉宗

18. 塞来昔布

图 C. 17-2-2　18 种标准物质提取离子色谱图

第三节　常见问题释疑

1. 溶剂标准曲线和基质标准曲线如何选择？

理论上基质标准曲线在定量上更为准确，但是在实际检测中找到与检测对象相同的阴性基质较为困难，并且在检测大批量样品时需要配制多个基质标准曲线，操作复杂。如果方法经考察基质效应后，发现基质效应的影响在可接受范围内，且灵敏度、准确度和精密度均满足测试要求，最好选择溶剂标准曲线用于定量。

2. 为什么多目标化合物前处理过程中多选择直接稀释法而未选择固相萃取柱法？

由于多种化合物在固相萃取柱中的回收率无法同时满足检测要求，而直接稀释法虽然无法除去样品中的干扰物质，但稀释到一定倍数后，能减少基质效应和仪器污染情况，且能保证多目标化合物回收率均在满意范围内，故常选择直接稀释法。

3. 建立方法时应选择高端还是低端仪器？

由于建立的方法供系统内外众多技术机构使用，如果在研究方法时选择高端设备，实际使用时缺少高端设备的机构其检出限等指标将难以达到方法要求，故建立方法时应选择中低端仪器。

执笔人：张莉　江丰

第十八章

《豆制品中碱性橙 2 的测定》（BJS 201715）

第一节　方法概述

染料是指在一定介质中，能使纤维或其他物质牢固着色的化合物。目前，染料已不只限于纺织物的染色和印花，还在油漆、塑料、纸张、皮革、光电通讯等许多工业部门得到广泛应用。然而近年来，一些食品生产经营单位和个体生产者受经济利益驱使，利用碱性橙工业染料易于上色且不易褪色的特点，对豆腐皮、腐竹、黄鱼、辣椒及其制品进行染色，使食品外形色泽光亮，以掩盖过期、变质食品的不良外观，欺骗消费者，不仅使消费者在经济上蒙受损失，还对其健康造成潜在威胁。

作为碱性橙工业染料的一种，碱性橙 2 属于偶氮类碱性工业染料，中文别名王金黄、块黄、柯衣定，主要用于纺织品、皮革制品及木制品的染色，过量摄取、吸入以及皮肤接触均会造成急性和慢性的中毒伤害。2008 年以来，全国打击违法添加非食用物质和滥用食品添加剂专项整治领导小组相继公布了五批《食品中可能违法添加的非食用物质和易滥用的食品添加剂名单》，腐皮中王金黄、豆制品中碱性嫩黄、豆瓣酱中酸性橙 Ⅱ 均在其中。由于豆制品在大众的日常饮食中占有较大比重，该物质的添加将极大危害人民群众的健康。由此可见，建立简便、快速、有效的方法检测该类违法添加成分十分必要。

文献报道的食品中非法添加工业染料的检测方法有多种，其中高效液相色谱法和高效液相色谱 – 质谱 / 质谱联用法（LC-MS/MS）成为目前检测非法添加工业染料的主流方法。GB23496-2009《食品中禁用物质的检测 碱性橙染料高效液相色谱法》涉及豆制品中碱性橙 2 的检测，但该方法在实际操作中难以达到方法规定的灵敏度，而我们实验室曾经建立了超高效液相色谱电喷雾串联四极杆质谱法检测豆制品中包括碱性橙 2 在内的 12 种禁用工业染料的分析方法，并应用于实际样品的检测，由于该方法需要兼顾豆制品中极性差异很大的 12 种橙黄色染料的同时提取、净化和 LC — MS /MS 检测方法，再加之碱性橙 2 尽管水溶性好，但具有与蛋白质结合牢固的特点，缺乏针对碱性橙 2 的样品有效提取和净化方法，故本方法着重研究了样品提取、净化条件，利用碱性橙 2 在酸性条件下与乙酸根形成离子对化合物，被萃取到乙腈层，再经冷冻及混合型阳离子交换固相萃取柱（SPE）净化，从而有效解决了不同基质中碱性橙 2 的提取和净化问题。

第二节 方法文本及重点条目解析

1 范围

本方法规定了豆制品中碱性橙 2 的高效液相色谱 – 质谱 / 质谱测定方法。

本方法适用于豆腐、豆干、腐竹、豆皮、油炸豆腐中碱性橙 2 的测定和确证。

本方法建立了高效液相色谱 – 质谱 / 质谱法测定豆制品中碱性橙 2 的方法，筛选了豆腐、腐竹、豆皮、豆干、油炸豆腐等样品，首选腐竹干基进行样品的提取与净化研究，对于含油脂较多的油炸豆腐进行了进一步净化研究。

2 原理

试样经水 – 乙酸 – 乙酸铵 – 乙腈超声萃取，提取液于 –20℃冷冻分层，离心去除少量脂质类杂质，酸化后以混合型阳离子交换固相萃取柱净化，液相色谱 – 质谱 / 质谱测定和确证，外标法定量。

对于脱水的豆制品如腐竹、干豆腐皮等，若直接用乙腈提取，则乙腈不易渗透到样品组织内，少量水的加入可使样品吸水溶胀，有利于乙腈提取；而酸性条件下碱性橙 2 与乙酸根可形成离子对化合物，故由水 – 乙酸 – 乙酸铵 – 乙腈组合超声萃取目标化合物。

3 试剂和材料

注：水为 GB/T 6682 规定的一级水。

3.1 试剂

3.1.1 乙腈（CH_3CN）：色谱纯。

3.1.2 甲醇（CH_3OH）：色谱纯。

3.1.3 甲酸（$HCOOH$）：色谱纯。

3.1.4 甲酸铵（$HCOONH_4$）：色谱纯。

3.1.5 氯化钠（$NaCl$）：分析纯。

3.1.6 冰乙酸（CH_3COOH）：分析纯。

3.1.7 乙酸铵（CH_3COONH_4）：分析纯。

3.1.8 0.4% 乙酸 –20mmol/L 乙酸铵水溶液：精确称取乙酸铵 0.77g，移取冰乙酸 2mL，用水溶解并定容至 500mL。

3.1.9 0.1% 甲酸 –10mmol/L 甲酸铵水溶液：精确称取甲酸铵 0.32g，移取甲酸 0.5mL，用水溶解并定容至 500mL。

3.2 标准品

碱性橙 2：中文别名王金黄、柯衣定，英文名称 Chrysoidin，CAS 号 :532–82–1，分子式 $C_{12}H_{12}N_4 \cdot HCl$，相对分子质量 248.72，纯度 ≥95%。

3.3 标准溶液配制

3.3.1 标准储备液：准确称取适量碱性橙 2 标准品，用少量 50% 乙腈 – 水溶解，再用乙腈定容，制成 1000mg/L 标准储备液，–18℃以下保存，标准储备液在 12 个月内稳定。

3.3.2 空白基质溶液：按照 6.1 规定的样品预处理方法操作制备。

3.3.3 标准系列工作液：用空白基质溶液（3.3.2）将标准储备液（3.3.1）稀释成 0.5μg/L 、1.0μg/L、5.0μg/L、10.0μg/L、15.0μg/L 作为液相 – 质谱 / 质谱标准工作液。现配现用。

碱性橙 2 固体标准易溶于水，而不易溶于乙腈，若采用纯水溶解，则不利于 –18℃以下保存，故先加入 50% 乙腈 – 水溶解，溶解时可辅助超声，再加入乙腈定容。

3.4 材料

3.4.1 Oasis MCX 固相萃取小柱：60mg/3mL，或性能相当者。使用前依次用 3mL 甲醇、3mL 水活化。

3.4.2 聚四氟乙烯滤膜：0.22μm。

3.4.3 具塞塑料离心管：50mL、15mL。

有机系 NYLON（尼龙）微孔滤膜过滤器对某些染料有一定的吸附作用，实验表明净化后的提取液过 0.22μm 滤膜后导致被测物碱性橙 2 染料 20% 左右的损失，而选用聚四氟乙烯（PTFE）滤膜则可减少过膜带来的损失。

4 **仪器和设备**

4.1 超高效液相色谱 – 串联四极杆质谱仪：配有电喷雾离子源（ESI）。

4.2 电子天平：感量为 0.0001g 和 0.01g。

4.3 漩涡混合器。

4.4 超声波清洗器。

4.5 低温离心机：转速不低于 5000r/min。

4.6 组织捣碎机。

5 **试样制备与保存**

将固体样品充分粉碎混匀，试样于 –18℃以下冷冻保存。

含水豆制品常温放置易腐败、变质，脱水豆制品腐竹、干豆皮常温放置久了，易生虫，故样品在低温冷冻条件下保存。

6 **分析步骤**

6.1 样品预处理

6.1.1 提取

称取 1g（精确到 0.01g）干燥试样或 2g 含水试样于 50mL 塑料离心管内，加入 2.5mL 0.4% 乙酸 –20mmol/L 乙酸铵水溶液（3.1.8）混匀、加入 10mL 乙腈，涡旋混匀 15 s，超声萃取 30min，静置分层，4℃下 9000r/min 离心 10min，取上清液于 50mL 离心管内。残渣中再按上述步骤重复提取一次，合并上清液。

6.1.2 净化

6.1.2.1 –20℃冷冻、离心

提取液中加入约 0.5g 氯化钠，于 –20℃冷冻 2h，分层，取出后 4℃下 9000r/min 离心 5min，上层乙腈待过固相萃取柱净化或直接用于 LC–MS/MS 测定。

6.1.2.2 过固相萃取柱

取乙腈提取液（6.1.2.1）10mL，加入 200μL 甲酸酸化，过 Oasis MCX 固相萃取小柱（3.4.1），用 5mL 甲醇淋洗，然后将固相萃取柱抽干，用 3mL 5% 氨水 – 甲醇溶液洗脱目标化合物，收集洗脱液，35℃氮吹浓缩至近干，用 2.0mL 80% 乙腈－水溶液溶解，9000r/min 离心 5min 或过 0.22μm 聚四氟乙烯滤膜，LC–MS/MS 测定。

方法研制中采用腐竹基质制备了阳性样品。具体方法：将腐竹样品粉碎、加入适量碱性橙 2 标准溶液，并加入适量水，充分搅拌均匀后真空冷冻干燥，该阳性样品用于优化样品的提取条件。

碱性橙 2 具有较好的水溶性，分别试验了 2% 及 4% 三氯乙酸沉淀蛋白提取碱性橙 2，结果显示提取率小于 10%，显然仅仅采用酸性水溶液不能有效提取豆制品中碱性橙 2。豆制品中蛋白的等电点在 4.5 左右，选择水－乙酸－乙腈（0.4% 乙酸）作为提取溶剂有利于蛋白沉淀，在提取液酸度不变（0.4% 乙酸）的条件下，试验了不同比例的乙腈的提取效果，随着乙腈含量从 30%、50%、60%、70%、80% 的逐步递增，回收率亦逐渐增加，70% 和 80% 乙腈提取时的回收率高于 85%~90% 乙腈提取的回收率，提取效果最好。故选择 80% 乙腈 –0.4% 乙酸溶液为提取液。

保持提取液中 80% 乙腈含量不变的条件下，对酸度进行进一步优化，比较不同酸度条件下的提取效果，乙酸由 0.4%、0.8%、1.2% 到 1.6%，随着酸度的增加，回收率反而呈下降趋势，可能的原因是当酸性增强，碱性橙 2 分子中的氨基离子化效应增强，反而不易被乙腈萃取，而在提取液中加入 20mmol/L 乙酸铵，可使带负电的乙酸根与带正电的碱性橙 2 形成离子对，从而有利于乙腈提取，故最终确定样品的提取液为水－乙酸－乙酸铵－乙腈。

乙腈与水的混合提取液若直接进样，会带来基质效应，基线噪音升高，灵敏度下降，且影响色谱柱寿命，采用 –20℃冷冻和低温高速离心去除乙腈提取液中脂质类干扰物，减少了基质效应，方法简便、亦可满足检测灵敏度要求。

文献报道选择混合型弱阴离子交换柱净化提取液中的碱性橙 2，回收率在 90% 左右。由于碱性橙 2 为含氮弱碱性化合物，酸化后可带正电，从化合物结构分析更适合混合型阳离子交换（MCX）SPE 柱净化，而实验也证实了基质加标样品过 MCX 固相萃取柱净化、浓缩，其过柱回收率为 90% 左右，应用该方法对基质复杂样品可进一步净化。过固相萃取小柱时流速会影响样品处理的重现性，操作者应注意上样和洗脱时控制流速为 0.5–5.0mL/min，淋洗后抽干小柱，再加入洗脱液，洗脱液氮吹时控制温度不要超过 40℃，吹至近干，用 80% 乙腈－水溶解，若溶解不完全，还可用含有 0.1% 甲酸的 80% 乙腈－水溶解或 100% 乙腈溶解。

称取 1g 或 2g 空白基质样品，按上述提取过程进行处理，得到的基质提取液用于配制相应的基质匹配工作曲线。

6.2 液相色谱 – 质谱 / 质谱仪器测定参考条件

6.2.1 超高效液相色谱条件

a）色谱柱：ACQUITY UPLC BEH C$_{18}$，1.7μm，2.1mm×100mm，或性能相当者。

b）流动相：A 为 0.1% 甲酸 –10mmol/L 甲酸铵水溶液（3.1.9），B 为乙腈（3.1.1），梯度洗脱条件见表 18-2-1。

c）流速：0.3mL/min。

d）柱温：40℃。

e）进样量：5μL。

表 18-2-1　超高效液相色谱梯度洗脱条件

时间（min）	流动相 A（%）	流动相 B（%）
0.0	90.0	10.0
5.0	40.0	60.0
5.1	10.0	90.0
7.0	10.0	90.0
7.1	90.0	10.0
9.0	90.0	10.0

6.2.2 质谱条件

a）ESI（＋）离子源。

b）毛细管电压：2.8 kV。

c）离子源温度：150℃。

d）脱溶剂气温度：400℃。

e）脱溶剂气流量：800 L/h。

f）特征离子见表 18-2-2。

表 18-2-2　碱性橙 2 的定性离子、定量离子、锥孔电压和碰撞能量

化合物名称	母离子（m/z）	子离子（m/z）	锥孔电压（V）	碰撞能量（eV）
碱性橙 2	213.1	77.1*；121.0	38	20/20

注：* 为定量离子；对不同质谱仪器，仪器参数可能存在差异，测定前应将质谱参数优化到最佳。

LC–MS/MS 检测采用电喷雾的电离模式，由于电喷雾是在溶液状态下电离，因此，流动相的组成对碱性橙 2 的电离有很大的影响，碱性橙 2 为正离子模式，选择有利于正离

子电离的甲酸－水－乙腈做流动相可提高离子化效率。由于进样液为乙腈或 80% 乙腈－水，为克服溶剂化效应带来的峰形改变，流动相中加入 10mmol/L 甲酸铵，使碱性橙 2 呈对称峰型，以保证定量的准确性。

碱性橙 2 可以采用等度洗脱的方式进行分离，考虑到实际样品测定时如果一直用等度洗脱，测定样品过多时，会造成杂质峰在一个分离周期结束后仍没有完全洗脱下来而干扰下一个分离周期的样品测定，因此采用梯度洗脱进行分离，在碱性橙 2 出峰后，增大流动相的洗脱强度，以清洗色谱柱中的残留杂质，然后再回到初始梯度。梯度洗脱表见表 18-2-1。

6.3 液相色谱－质谱/质谱测定

6.3.1 定性测定

以保留时间和特征离子对/定性离子对所对应的 LC-MS/MS 色谱峰的相对丰度进行定性。要求样液中碱性橙 2 的色谱峰保留时间与标准溶液一致（变化范围在 ±2.5% 之内），同时样液中碱性橙 2 的两对离子对应 LC-MS/MS 色谱峰丰度比与标准溶液相对丰度比一致，相对离子丰度（k）的允许偏差范围见表 18-2-3，则可判断样品中存在碱性橙 2。

表 18-2-3　定性确证时相对离子丰度的最大允许偏差

相对离子丰度（%）	k > 50%	50%≥k>20%	20%≥k>10%	k≤10%
允许的最大偏差（%）	± 20	± 25	± 30	± 50

6.3.2 定量测定

本方法采用基质匹配外标曲线定量，得到碱性橙 2 质量浓度与峰面积的工作曲线。将试样溶液按仪器参考条件（6.2）进行测定，得到相应的样品溶液的色谱峰面积。根据标准工作曲线得到待测液中碱性橙 2 的质量浓度，平行测定次数不少于两次。试样待测液响应值若超出标准曲线线性范围，应用基质提取液稀释后进行分析。

标准、样品加标溶液多反应监测（MRM）色谱图参见附录 A 的图 A. 18-2-1~ 图 A. 18-2-2。

7 结果计算

结果按式（18-2-1）计算：

$$X = \frac{c \times V \times 1000}{m \times 1000} \quad\cdots\cdots\cdots\cdots\cdots\cdots\cdots\cdots\cdots（18-2-1）$$

式中：

X—试样中碱性橙 2 的含量，单位为微克每千克（μg/kg）；

c—由标准曲线得出的样液中碱性橙 2 的质量浓度，单位为微克每升（μg/L）；

V—试样溶液定容体积，单位为毫升（mL）；

m—试样称取的质量，单位为克（g）；

计算结果以重复性条件下获得的两次独立测定结果的算术平均值表示，结果保留三位有效数字。

8 检测方法的精密度、灵敏度、准确度

8.1 精密度

在重复条件下获得的两次独立测定结果的绝对差值不得超过算术平均值的 10%。

8.2 灵敏度

本方法的检出限为 1.3μg/kg，定量限为 4.0μg/kg。

8.3 准确度

本方法在 4~100μg/kg 添加含量范围内，腐竹中碱性橙 2 回收率为 86.6%~89.5%；豆腐干中碱性橙 2 回收率为 95.4%~100.8%；豆皮中碱性橙 2 回收率为 90.3%~97.1%；油炸豆腐中碱性橙 2 回收率为 76.2%~80.0%。

检出限的测定方法为：精密称取空白样品 1g，加入一定质量浓度的标准溶液，按照样品前处理方法进行提取和净化。以信号和噪声（S/N）的比值作为考察定量限和检出限的指标。S/N = 10 的信号所对应的量为定量限，S/N = 3 的信号所对应的量为检出限。需要指出的是，检出限受仪器型号、样品基质等因素影响，本方法给出的只是参考值。

本方法对准确度的要求为，经过（6.1.2.1）净化步骤直接上样的样品三个浓度的加标回收率应在 84% 以上，进一步经过（6.1.2.2）净化的样品，即过固相萃取柱净化后，三个浓度的加标回收率应在 70.0% 以上。

附录 A

碱性橙 2 多反应监测（MRM）色谱图

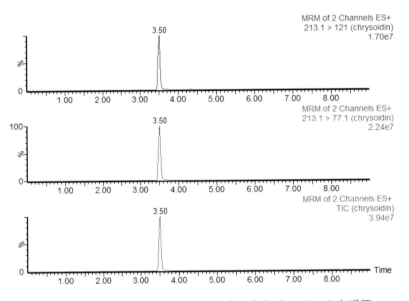

图 A.18-2-1　碱性橙 2 标准溶液多反应监测（MRM）色谱图

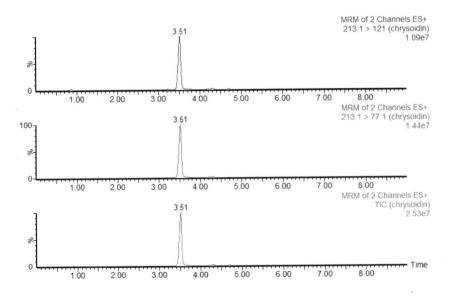

图 A.18-2-2　豆制品中碱性橙 2 加标样品多反应监测（MRM）色谱图

第三节　常见问题释疑

1.方法建立过程中为何采用两种净化方式？

方法建立时对适用范围内的五种豆制品基质分别进行了优化，豆腐、豆干、腐竹及豆皮净化至（6.1.2.1）即可有效的减少基质抑制，方法简便、快速；对于油炸豆制品，所含脂质类杂质较高，则需进一步净化至（6.1.2.2），方可上样测定。

2.两种净化方式的灵敏度是否存在差异？

本方法规定的检出限为（6.1.2.1）净化步骤可达到的灵敏度，若样品经过固相萃取柱（6.1.2.2）浓缩，灵敏度可进一步提高。

3.液相色谱条件、质谱参数是否可根据实际情况进行修改？

色谱柱品牌不同，分离过程中流动相可进行调整；高效液相 – 串联质谱仪型号各不相同，仪器的参数可根据实际情况进行调整，满足检测的要求即可。

4.实验室不具备聚四氟乙烯滤膜，该如何处理样品？

可将样品溶液经 9000r/min 高速离心 5min，上清液直接进样即可。

5.当实验室的检出限和本方法给出的检出限数值差异较大时，怎么办？

操作者需仔细检查仪器状态和操作过程。

执笔人：赵珊　丁晓静

第十九章

《保健食品中 9 种水溶性维生素的测定》（BJS 201716）

第一节　方法概述

水溶性维生素是人体维持正常生理功能所必须的一类微量有机物质，适量摄取对生长、代谢、发育都起到了积极的促进作用。随着食品工业的发展和人们对保健食品需求程度的日渐提高，市场上出现了多种维生素类营养素补充剂，适宜人群广泛，受众多集中于孕产妇及婴幼儿，保证产品质量与标示含量的一致性至关重要。

维生素 B_1 又称硫胺素，主要存在于豆类、瘦肉等中，易被小肠吸收，其活性形式为焦磷酸硫胺素。维生素 B_2 又称核黄素，在奶制品、肉蛋类中丰富存在。烟酸为吡啶 -3- 甲酸，又名尼克酸，烟酰胺为吡 -3- 甲酰胺，又名尼克酰胺，它们也被称为维生素 PP 或维生素 B_3，是吡啶衍生物。泛酸广泛存在于动、植物组织中，本方法使用的维生素 B_5 为泛酸钙，维生素 B_6 为盐酸吡哆醇。维生素 B_7 也叫生物素，本方法使用的维生素 B_7 为 D（+）- 生物素。维生素 B_9 即叶酸，又称蝶酰谷氨酸。维生素 B_{12} 又称氰钴胺素，是唯一含金属的维生素，广泛存在于动物食品中。

目前《保健食品检验与评价技术规范（2003 年版）》中发布的保健食品中盐酸硫胺素、盐酸吡哆醇、烟酸、烟酰胺和咖啡因的测定方法中涵盖了 4 种水溶性维生素；其他只能参考食品标准，包括：GB 5009.84-2016 食品安全国家标准 食品中维生素 B_1 的测定、GB 5009.85-2016 食品安全国家标准 食品中维生素 B_2 的测定、GB 5009.154-2016 食品安全国家标准 食品中维生素 B_6 的测定、GB 5413.14-2010 食品安全国家标准 婴幼儿食品和乳品中维生素 B_{12} 的测定、GB 5009.89-2016 食品安全国家标准 食品中烟酸和烟酰胺的测定、GB 5009.211-2014 食品安全国家标准 食品中叶酸的测定、GB 5009.259-2016 食品安全国家标准 食品中生物素的测定、GB 5009.210-2016 食品安全国家标准食品中泛酸的测定。

结合实际工作发现，以上检验方法暴露出一定的不足。例如，9 种维生素的测定分散在多个标准中，受到仪器和方法原理的限制，无法实现同步测定的需求；另外，采用高效液相色谱法，灵敏度较低，有些产品的维生素 B_{12} 添加量低于方法的检出限；同时，食品检验标准前处理繁杂费时，且不尽相同，对于营养素补充剂相对简单的基质而言，不仅大大降低了工作效率，而且影响了回收率。

本方法的建立解决了上述监管亟待解决的问题，针对营养素补充剂中水溶性维生素主要原料维生素 B_1、维生素 B_2、泛酸、维生素 B_6、生物素、叶酸、维生素 B_{12}、烟酸、烟酰胺等 9 种物质建立了液相色谱 - 质谱测定方法。

第二节　方法文本及重点条目解析

1 范围

本方法规定了保健食品中维生素 B_1、维生素 B_2、泛酸、维生素 B_6、生物素、叶酸、维生素 B_{12}、烟酸、烟酰胺含量的液相色谱－串联质谱测定方法。

本方法适用于营养素补充剂类保健食品中维生素 B_1、维生素 B_2、泛酸、维生素 B_6、生物素、叶酸、维生素 B_{12}、烟酸、烟酰胺含量的测定。

本方法建立了一种保健食品中多种水溶性维生素同时检测的液相色谱－串联质谱方法。根据市场调研，选择了此类保健食品常见的的两种基质（片剂和口服液）进行研究，片剂代表了含有黏合剂、填充剂、崩解剂等的基质类型，口服液代表了含糖量较高的基质类型。

2 原理

试样经水提取后，采用液相色谱－串联质谱仪检测，外标法定量。

水溶性维生素易溶于水、甲醇和乙醇，且 pH 值对 9 种各组分的稳定性及溶解性的影响存在较大差异，分别选取水、醋酸铵缓冲溶液（pH 4.5）、0.1% 甲酸水溶液、甲醇和乙醇作为提取溶剂，以空白样品添加回收率作为评价指标，进行比对试验。结果表明，以水为提取溶剂时，9 种维生素的回收率均较高，且重现性好，因此，选择水作为提取溶剂。

以水作为提取溶剂，分别考察了涡旋 1min、2min、3min 和超声 5min、10min、15min 两种提取方式。如图 19-2-1 所示，涡旋提取样品，大部分待测组分随着提取时间的延长，回收率持续下降，提取率在 70% 左右。超声提取样品回收率随着提取时间的增加先上升，但由于继续超声引起温度逐步升高，维生素 B_2 和叶酸等受热易分解组分的回收率随之呈现下降趋势。试验表明，超声提取 10min 的效果最佳，9 种待测物的回收率均达到 85% 以上。因此，最终将提取方式确定为超声 10min。

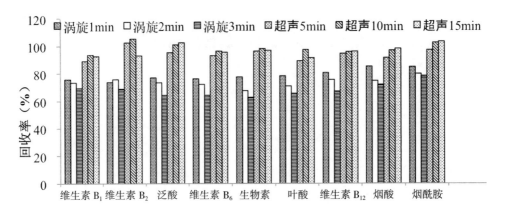

图 19-2-1　9 种维生素提取效果比较

3 试剂和材料

注：除非另有规定，本方法所用试剂均为分析纯，水为 GB/T 6682 规定的一级水。

3.1 试剂

3.1.1 甲醇：质谱级。

3.1.2 甲酸：质谱级。

3.1.3 氨水：含量 26%。

3.1.4 冰醋酸。

3.1.5 浓盐酸。

3.1.6 氨水（1+5）：量取 100mL 氨水（3.1.3）缓慢倒入 500mL 水中，混匀。

3.1.7 盐酸（0.01mol/L）：吸取 9mL 浓盐酸（3.1.5），溶于 1000mL 水中。吸取该溶液 50mL，用水稀释并定容至 500mL。

3.1.8 0.1% 甲酸水溶液：取甲酸 1mL 用水稀释至 1000mL，用滤膜（3.4）过滤后备用。

3.1.9 0.1% 甲酸甲醇溶液：取甲酸 1mL 用甲醇稀释至 1000mL，用滤膜（3.4）过滤后备用。

3.2 标准品

维生素 B$_1$（硫胺素盐酸盐）、维生素 B$_2$、泛酸（泛酸钙）、维生素 B$_6$（吡哆醇）、生物素、叶酸、维生素 B$_{12}$、烟酸、烟酰胺标准品的中文名称、英文名称、CAS 登录号、分子式、相对分子量见附录 A 表 A.19-2-1，纯度≥98%。

3.3 标准溶液配制

3.3.1 标准储备液（1mg/mL）

3.3.1.1 维生素 B_1 标准储备液：称取维生素 B_1 标准品（3.2）0.1g（精确至 0.0001g），用 0.01mol/L 盐酸（3.1.7）溶解并定容于 100mL 棕色容量瓶中。

3.3.1.2 维生素 B_2、生物素、叶酸标准储备液：分别称取生物素、叶酸标准品（3.2）0.1g（精确至 0.0001g），加入 30mL 氨水（3.1.6）溶解，甲酸调节 pH 值至 7.0 后，用水转移并定容至 100mL 棕色容量瓶中。

3.3.1.3 维生素 B_6、维生素 B_{12}、烟酸、烟酰胺、泛酸标准储备液：分别称取维生素 B_6、维生素 B_{12}、烟酸、烟酰胺和泛酸标准品（3.2）0.1g（精确至 0.0001g），用水溶解并定容至 100mL 棕色容量瓶中。

3.3.2 空白基质溶液的配制

取空白试样按照试样制备方法（5.1）操作。

3.3.3 基质标准工作液

3.3.3.1 维生素 B_1 基质标准工作液：准确吸取维生素 B_1 标准储备液（3.3.1）适量，用空白基质溶液（3.3.2）将其稀释成含量分别为 0.01μg/mL、0.05μg/mL、0.1μg/mL、0.5μg/mL、1μg/mL 的基质标准工作液。

3.3.3.2 8 种维生素基质混合标准工作液：准确吸取维生素 B_2、泛酸、生物素、维生素 B_6、叶酸、维生素 B_{12}、烟酸、烟酰胺标准储备液（3.3.1）适量，用空白基质溶液将其稀释成含量分别为 0.01μg/mL、0.05μg/mL、0.1μg/mL、0.5μg/mL、1μg/mL 的基质混合标准工作液。

注：操作过程应在避光环境下进行。

3.4 微孔滤膜：0.22μm，有机相。

多数维生素对光、热敏感，易氧化分解，所以操作过程应在避光环境下进行。另外，维生素对酸碱敏感，不同化合物之间的稳定性和溶解性差异大，很难满足同步测定的需求，在标准溶液配制过程中，在摸索出每一个化合物最佳溶解条件的基础上，通过调节 pH 值来保证混合标准溶液的稳定性。

本研究中先尝试以水作为溶剂对 9 种维生素标准品进行溶解，但维生素 B_1 易分解，在酸性条件下较稳定，故维生素 B_1 用 0.01mol/L 盐酸溶解。维生素 B_2、生物素、叶酸在碱性条件下易溶解，但稳定性欠佳，故用氨水（3.1.6）溶解标准品后，再用甲酸调节溶液 pH 至 7。其他维生素在纯水中溶解性、稳定性良好。

考虑到维生素 B_1 在中性或碱性条件下易分解，所以，单独配制基质标准工作液。维生素 B_2、生物素、叶酸、维生素 B_6、维生素 B_{12}、烟酸、烟酰胺、泛酸在中性条件下稳定性良好，选择配制成混合基质标准工作液。图 19-2-2 可见，在片剂基质中，维生素 B_1 单独配制后，稳定性得到了明显的改善。

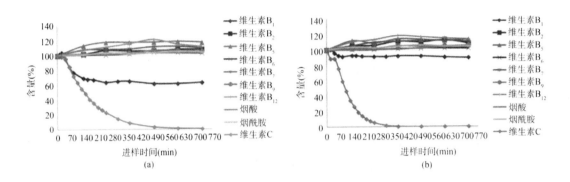

图 19-2-2　9种维生素混合标准溶液的稳定性试验结果

（a）混合配制；（b）单独配制

4 仪器和设备

4.1 高效液相色谱 – 串联质谱仪：配有电喷雾离子源。

4.2 超声波清洗器。

4.3 分析天平：感量分别为 0.01g 和 0.0001g。

电喷雾离子源是小分子有机化合物常用的离子源，本研究尝试了9种化合物在电喷雾离子源的电离情况，最终选择了电喷雾离子源。

5 分析步骤

1.1 试样制备

将 20 粒片剂或胶囊试样粉碎后混匀，液体试样混合均匀。

1.2 试样提取

准确称取混合均匀的试样 2g（精确至 0.01g）于 50mL 棕色容量瓶中，加入 40mL 水，超声 10min，冷却至室温，用水定容至刻度，摇匀，上清液经微孔滤膜

（3.4）过滤，供液相色谱 – 串联质谱仪测定。

注：操作过程应在避光环境下进行。

5.3 仪器参考条件

5.3.1 色谱条件

a）色谱柱：HSS T₃ 柱，1.8μm，100mm×2.1mm（内径），或性能相当者。

b）流动相：A 为 0.1% 甲酸水溶液（3.1.8），B 为 0.1% 甲酸甲醇溶液（3.1.9），洗脱梯度见表 19-2-1。

c）流速：0.3mL/min。

d）柱温：30℃。

e）进样量：2μL。

表 19-2-1　洗脱梯度

时间（min）	流动相 A（%）	流动相 B（%）
0	99	1
3	99	1
5	5	95
8	50	50
10	99	1
15	99	1

表 19-2-2　水溶性维生素的定性离子对、定量离子、碎裂电压和碰撞能量

中文名称	母离子（m/z）	子离子（m/z）	碎裂电压（V）	碰撞能量（eV）
维生素 B₁	265.1	122.2*；144.1	100	15；15
维生素 B₂	377.1	243.1*；172.2	135	25；32
泛酸	220.2	90.1*；184.2	100	10；20
维生素 B₆	170.2	152.1*；134.1	100	12；22
生物素	245.1	227.1*；97.1	100	12；22
叶酸	442.1	295.1*；176.2	100	10；40
维生素 B₁₂	679.4	147.2*；359.1	200	20；40
烟酸	124.1	80.1*；78.1	100	28；32
烟酰胺	123.1	80.1*；53.1	100	5；5

＊：定量离子

5.4 定性测定

按照上述条件测定试样和混合标准工作液，如果试样中的质量色谱峰保留时间与混合标准工作液中的某种组分一致（变化范围在 ±2.5% 之内）；试样中定性离子对的相对丰度与浓度相当混合标准工作液的相对丰度一致，相对丰度偏差不超过表19-2-3规定的范围，则可判定为试样中存在该组分。

表 19-2-3　定性确证时相对离子丰度的最大允许偏差

相对离子丰度（%）	> 50	> 20~50	> 10~20	≤10
允许的最大偏差（%）	± 20	± 25	± 30	± 50

5.5 定量测定

5.5.1 标准曲线的制作

将基质标准工作液（3.3.3）分别按仪器参考条件（5.3）进行测定，得到相应的标准溶液的色谱峰面积。以基质标准工作液的浓度为横坐标，以色谱峰的峰面积为纵坐标，绘制标准曲线。

5.5.2 试样溶液的测定

将试样溶液（5.2）按仪器参考条件（5.3）进行测定，得到相应的样品溶液的色谱峰面积。根据标准曲线得到待测液中组分的浓度，平行测定次数不少于两次；试样待测液响应值若低于标准曲线线性范围，应取 5.2 中试样提取续滤液进行分析；试样待测液响应值若超出标准曲线线性范围，应用水稀释后进行分析。

标准品液相色谱图参见附录 B 的图 B.19-2-1~图 B.19-2-9。

5.5 定量测定

5.5.1 标准曲线的制作

将基质标准工作液（3.3.3）分别按仪器参考条件（5.3）进行测定，得到相应的标准溶液的色谱峰面积。以混合标准工作液的浓度为横坐标，以色谱峰的峰面积为纵坐标，绘制标准曲线。

5.5.2 试样溶液的测定

将试样溶液（5.2）按仪器参考条件（5.3）进行测定，得到相应的样品溶液的色谱峰面积。根据标准曲线得到待测液中组分的浓度，平行测定次数不少于两次；试样待测液响应值若低于标准曲线线性范围，应取 5.2 中试样提取续滤液进行分析；试样待测液响应值若超出标准曲线线性范围，应用提取溶液（3.1.6）稀释后进行分析。

标准品液相色谱图参见附录 B 的图 B.19-2-1~图 B.19-2-9。

首先选择了通用型，pH 值耐受范围广，稳定性好的 C_{18} 色谱柱进行检测，结果表明，维生素 B_1、叶酸、吡哆醇、烟酰胺峰形呈宽峰、双峰；维生素 B_2 出峰时间晚，响应低；烟酸峰形拖尾。故更换为适用于水溶性的、极性大的小分子化合物，与纯水流动相兼容的 HSS T_3 色谱柱，各组分得到较好的分离，峰形尖锐对称。

比较了水 – 乙腈和水 – 甲醇流动相体系，发现乙腈在本仪器上噪音较大，基底较高，放弃使用。而以水 – 甲醇作为流动相时，维生素 B_1 拖尾，叶酸呈双峰，影响定量分析，故优化为 0.1% 甲酸水溶液 – 甲醇和 0.1% 甲酸水溶液 –0.1% 甲酸甲醇溶液，以不同流速和梯度程序分离待测物。结果表明，采用 0.1% 甲酸水溶液 –0.1% 甲酸甲醇溶液进行梯度洗脱，9 种水溶性维生素在 6min 内获得良好的分离及峰形。

采用 MRM 模式对 9 种维生素进行分析，在 ESI 正离子模式下进行一级质谱扫描，确定母离子。其中维生素 B_{12} 的 $[M+1]^+$ 准分子离子的丰度较低，但其 $[M+1]^{++}$ 双电荷准分子离子的丰度较高，作为母离子，其他 9 种化合物均以其 $[M+1]^+$ 准分子离子为母离子，通过子离子扫描对各维生素进行扫描，确定 MRM 模式下各特征碎片离子。

6 结果计算

结果按式（19-2-1）计算：

$$X = \frac{c \times V \times 100}{m} \quad \cdots\cdots\cdots\cdots\cdots\cdots\cdots\cdots\cdots\cdots\cdots\cdots（19\text{-}2\text{-}1）$$

式中：

X—试样中某种组分的含量，单位为微克每百克（μg/100g）；

c—由标准曲线得出的样液中某种组分的浓度，单位为微克每毫升（μg/mL）；

V—试样溶液定容体积，单位为毫升（mL）；

m—试样称取的质量，单位为克（g）；

计算结果以重复性条件下获得的两次独立测定结果的算术平均值表示，结果保留三位有效数字。

7 精密度

在重复条件下获得的两次独立测定结果的绝对差值不得超过算术平均值的 10%。

8 **其他**

当称样量为 2.00g，定容体积为 50mL 时，维生素 B_1、维生素 B_6、叶酸检出限为 2.5μg/100g，定量限为 10μg/100g；维生素 B_2、泛酸、烟酸、烟酰胺检出限为 5μg/100g，定量限为 15μg/100g；生物素、维生素 B_{12} 检出限为 7.5μg/100g，定量限为 25μg/100g。

按照方法文本称取片剂或口服液空白样品，按照低、中、高三个浓度水平分别添加适量的 9 种化合物标准品，每个水平做 6 个平行，按照方法规定的操作步骤进行测定，考察方法的回收率及精密度。片剂中不同浓度平均加标回收率为 87.3%~107.6%，平均相对标准偏差为 1.09~6.79（n=6）；口服液不同浓度平均加标回收率为 85.9%~107.2%，平均相对标准偏差为 1.30~6.34（n=6）。

表 19-2-4　水溶性维生素的回收率

化合物名称	片剂基质			口服液基质		
	添加水平（mg/kg）	回收率（%）	RSD（%）	添加水平（mg/kg）	回收率（%）	RSD（%）
维生素 B_1	0.25	96.9	6.22	0.25	95.7	4.75
	2.5	101.6	5.30	2.5	101.7	3.09
	12.5	97.0	6.20	12.5	107.2	4.10
维生素 B_2	0.25	100.3	1.11	0.25	100.7	1.32
	2.5	103.9	4.13	2.5	90.2	6.34
	12.5	98.5	5.67	12.5	100.0	3.18
泛酸	0.25	95.8	2.25	0.25	97.2	1.52
	2.5	95.5	2.65	2.5	89.8	2.01
	12.5	95.4	2.70	12.5	99.3	1.87
维生素 B_6	0.25	104.5	4.66	0.25	95.3	5.70
	2.5	104.5	1.95	2.5	93.4	5.04
	12.5	99.6	3.92	12.5	96.3	2.34
生物素	0.25	103.5	2.31	0.25	96.4	3.84
	2.5	104.3	1.36	2.5	89.6	2.33
	12.5	107.6	5.02	12.5	98.3	4.26

续 表

化合物名称	片剂基质			口服液基质		
	添加水平 （mg/kg）	回收率 （%）	RSD （%）	添加水平 （mg/kg）	回收率 （%）	RSD （%）
叶酸	0.25	103.4	1.09	0.25	99.9	1.89
	2.5	103.7	1.53	2.5	91.5	1.43
	12.5	87.3	6.21	12.5	94.0	6.20
维生素 B_{12}	0.25	94.2	6.79	0.25	98.4	2.65
	2.5	106.7	3.33	2.5	86.7	5.41
	12.5	106.8	3.22	12.5	96.7	2.62
烟酸	0.25	97.6	5.21	0.25	100.8	1.92
	2.5	96.6	1.23	2.5	85.9	2.42
	12.5	100.2	2.68	12.5	99.9	1.82
烟酰胺	0.25	100.4	4.04	0.25	95.9	3.15
	2.5	100.3	2.45	2.5	88.0	3.27
	12.5	99.3	3.46	12.5	94.2	5.99

　　检出限的测定方法为：精密称取空白样品 2g（精确至 0.0001g），加入一定浓度的混和标准溶液，按照试样制备方法制备，经微孔滤膜过滤，取续滤液作为待测液。以信号和噪音的比值（S/N）考察检出限，S/N = 3 的浓度为检出限。需要指出的是，检出限受仪器型号、样品基质等因素影响，本方法给出的只是参考值，当实验室的检出限和本方法给出的检出限数值差异较大时，提示实验室检查仪器状态和操作过程。

附录 A

水溶性维生素标准品信息

表 A.19-2-1　水溶性维生素标准品的中文名称、英文名称、CAS 登录号、分子式、相对分子量

序号	中文名称	英文名称	CAS 登录号	分子式	相对分子量
1	维生素 B_1	Thiamine	59–43–8	$C_{12}H_{17}ClN_4OS$	264.35
2	维生素 B_2	Riboflavin	83–88–5	$C_{17}H_{20}N_4O_6$	376.37
3	泛酸	Pantothenic Acid	137–08–6	$C_9H_{17}NO_5$	219.23
4	维生素 B_6	Pyridoxine	65–23–6	$C_8H_{11}NO_3$	169.18
5	生物素	Biotin	58–85–5	$C_{10}H_{16}N_2O_3S$	244.30
6	叶酸	Folic Acid	53–30–3	$C_{19}H_{19}N_7O_6$	441.40
7	维生素 B_{12}	Vitamin B12	200–680–0	$C_{63}H_{88}CoN_{14}O_{14}P$	1355.37
8	烟酸	Nicotinic Acid	59–67–6	$C_6H_5NO_2$	123.11
9	烟酰胺	Nicotinamide	98–92–0	$C_6H_6N_2O$	122.13

附录 B

水溶性维生素标准品色

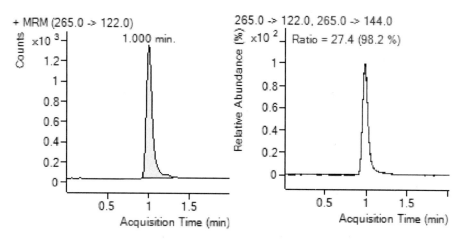

图 B.19-2-1　维生素 B$_1$ 色谱图

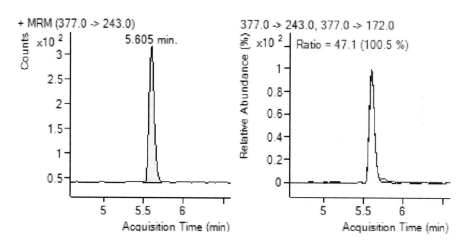

图 B.19-2-2　维生素 B$_2$ 色谱图

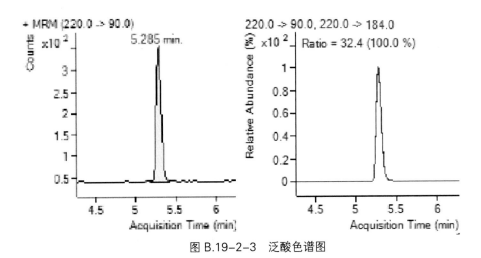

图 B.19-2-3　泛酸色谱图

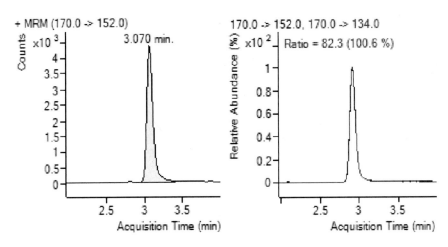

图 B.19-2-4　维生素 B$_6$ 色谱图

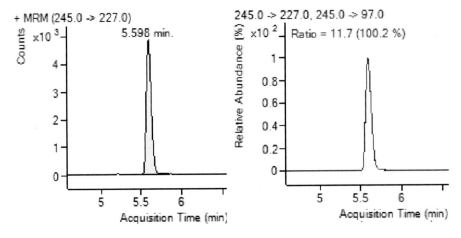

图 B.19-2-5　生物素色谱图

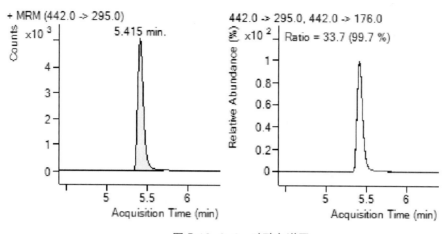

图 B.19-2-6 叶酸色谱图

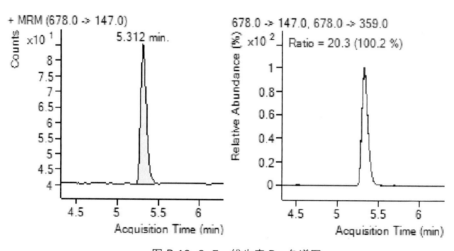

图 B.19-2-7 维生素 B₁₂ 色谱图

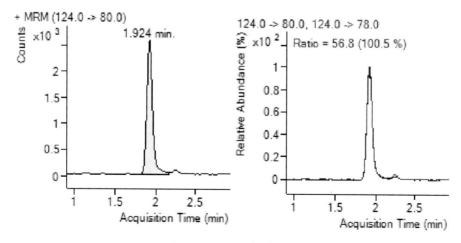

图 B.19-2-8 烟酸色谱图

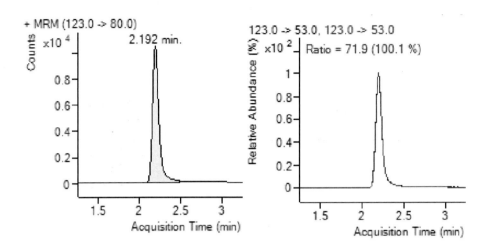

图 B.19-2-9　烟酰胺色谱图

第三节 常见问题释疑

1. 标准溶液是否可以长期储存备用？

水溶性维生素稳定性较差，对光、热敏感，为了保持结果的准确性，实验全程需要注意避光操作，标准溶液建议临用现配。

2. 质谱参数是否可根据实际机器情况进行修改？

因各机构使用的高效液相－串联质谱仪的品牌、型号各不相同，仪器的参数可能存在不同，因此质谱参数可根据实际情况进行调整，可满足检测的要求即可。

3. 方法建立过程中是否验证了每种基质？

方法建立时对市场上常见的两种样品基质（片剂和口服液）中 9 种水溶性维生素的出峰情况和检出限分别进行了实验室内和室间验证。

4. 测定复杂基质时如何改善基质效应，获得准确定量结果？

为了获得准确定量结果，本方法在可以获得空白基质的情况下采用空白基质配制标准工作溶液，消除基质效应，避免部分样品基质效应严重，导致回收率严重偏低或偏高的情况发生。另外，在满足灵敏度的前提下稀释样品；或微调流动相梯度，将待测物与共流出成分有效分离，均可改善基质效应。

5. 试样制备稀释倍数问题？

因实际检测过程中不同的试样中不同维生素的浓度可能存在比较大的差异，实际检测过程中可根据试样中的浓度对称样量和最终定容体积进行适当的调整，使试样测定液中待测组分浓度在标准曲线浓度范围内以方便计算，且不宜造成因浓度过高对质谱仪的污染。需要注意的是用来配制基质标准曲线的基质空白提取液也需要同时进行一样的调整。

执笔人：宁霄　张伟清

第二十章

《保健食品中 9 种脂溶性维生素的测定》（BJS 201717）

第一节 方法概述

维生素是维持人体正常的物质代谢和某些特殊生理功能不可缺少的一类低分子有机化合物。根据维生素的物理性质不同，可分为水溶性维生素和脂溶性维生素两大类。脂溶性维生素包括 β – 胡萝卜素、维生素 A 及其醋酸酯、维生素 D_2、维生素 D_3、维生素 E 及其醋酸酯、维生素 K_1、维生素 K_2 等。

胡萝卜素具有较强的抗氧化性，可有效阻断细胞内的自由基反应。胡萝卜素有多种构型，如 α –、β –、γ – 胡萝卜素等，其中 β – 胡萝卜素的活性最高。β – 胡萝卜素可转化成维生素 A，因此也被称为维生素 A 原。维生素 A 可促进机体生长并维持上皮组织正常机能，有 A_1（视黄醇）和 A_2（脱氢视黄醇）两种构型，A_1 多存在于哺乳动物及咸水鱼肝脏中，A_2 多存在于淡水鱼肝脏中且活性较低，通常所说的维生素 A 指维生素 A_1。维生素 A 醋酸酯是国家允许的营养强化剂维生素 A 原料，由于化学性质稳定，成为维生素 A 的主要添加形式。维生素 D 的活化形式为 1,25- 二羟基维生素 D，主要包括维生素 D_2（麦角钙化醇）和维生素 D_3（胆钙化醇）。维生素 E 是苯并二氢吡喃衍生物，有抗凝血、抗氧化、促进纤维素溶解、稳定细胞膜等作用。包括生育酚和生育三烯酚两类，每类有 α –、β –、γ –、δ –4 种结构，在常温下，其生物活性为 $\alpha > \beta > \gamma > \delta$。$\alpha$ – 生育酚的生物活性可达到 γ – 生育酚活性的十倍，在自然界中分布最广，活性最高。维生素 E 醋酸酯的稳定性与维生素 A 醋酸酯类似，也是相关产品中维生素 E 的主要来源。维生素 K 是 2- 甲基，1,4- 萘醌衍生物，对骨代谢及凝血具有重要作用。广泛存在于自然界中的维生素 K 包括维生素 K_1、K_2。

随着生活水平日益提高，人们对身体健康的重视程度也有了明显提高，对各种复合维生素制剂等保健食品的需求也越来越大。为保障人们科学、定量的摄入维生素，对保健食品中维生素含量进行快速、准确的检测具有重要意义。目前我国尚未出台保健食品中脂溶性维生素的标准检测方法，部分项目在实际应用中只能参考食品标准，而食品中仍然缺少维生素 A 醋酸酯、维生素 E 醋酸酯和维生素 K_2 检测的相关标准。由于脂溶性维生素之间结构及化学性质相差很大，同时测定比较困难，所以，现有国标方法测定食品中脂溶性维生素采用不同条件分别测定。且这些方法主要为高效液相色谱法，对提取和净化的要求比较高，样品前处理过程复杂，并且可能造成样品降解、回收率下降。因此，有必要建立一种灵敏度高、准确性强、覆盖面广，适用于保健食品中脂溶性维生素的检测方法以满足实际工作需求。

本方法的建立解决了上述监管亟待解决的问题，针对营养素补充剂中脂溶性维生素主要原料 β - 胡萝卜素、维生素 A 及其醋酸酯、维生素 D_2、维生素 D_3、维生素 E 及其醋酸酯、维生素 K_1、维生素 K_2 等 9 种物质建立了液相色谱 - 质谱测定方法。

第二节　方法文本及重点条目解析

1　范围

　　本方法规定了营养素补充剂类保健食品中维生素 A、维生素 A 醋酸酯、维生素 D_2、维生素 D_3、维生素 E、维生素 E 醋酸酯、维生素 K_1、维生素 K_2、β – 胡萝卜素含量的液相色谱 – 串联质谱测定方法。

　　本方法适用于营养素补充剂类保健食品中维生素 A、维生素 A 醋酸酯、维生素 D_2、维生素 D_3、维生素 E、维生素 E 醋酸酯、维生素 K_1、维生素 K_2、β – 胡萝卜素含量的测定。

　　本方法建立了一种保健食品中多种脂溶性维生素同时检测的液相色谱 – 串联质谱方法。根据市场调研，选择了保健食品常见的两种基质（片剂和软胶囊）进行研究，片剂代表了含有黏合剂、填充剂、崩解剂等的基质类型，软胶囊代表了油性基质或者与水相溶但挥发性小的化合物如甘油、丙二醇等基质类型。

2　原理

　　试样经混合溶液（异丙醇：二氯甲烷：甲醇 =10：10：80，v：v：v）提取后，采用液相色谱 – 串联质谱仪检测，外标法定量。

　　由于各种维生素在同一种溶剂中的溶解性各不相同，通过对甲醇、乙腈、异丙醇、丙酮等不同配比的溶剂进行溶解试验，发现体积比为 10：10：80 的异丙醇：二氯甲烷：甲醇混合溶液溶解效果理想。

3　试剂和材料

　　注：除非另有规定，本方法所用试剂均为分析纯，水为 GB/T 6682 规定的一级水。

　　3.1 试剂

　　3.1.1 甲醇：质谱级。

3.1.2 乙腈：质谱级。

3.1.3 异丙醇：色谱纯。

3.1.4 丙酮。

3.1.5 二氯甲烷。

3.1.6 提取溶液（异丙醇：二氯甲烷：甲醇 =10：10：80，v：v：v）：取异丙醇 50mL、二氯甲烷 50mL，用甲醇稀释至 500mL，混匀。

3.1.7 0.1% 甲酸水溶液：取甲酸 1mL 用水稀释至 1000mL，用滤膜（3.4）过滤后备用。

3.1.8 0.1% 甲酸甲醇溶液：取甲酸 1mL 用甲醇稀释至 1000mL，用滤膜（3.4）过滤后备用。

3.2 标准品

维生素 A、维生素 A 醋酸酯、维生素 D_2、维生素 D_3、维生素 E、维生素 E 醋酸酯、维生素 K_1、维生素 K_2、β- 胡萝卜素标准品的中文名称、英文名称、CAS 登录号、分子式、相对分子量见附录 A 表 A.1，纯度≥98%。

3.3 标准溶液配制

3.3.1 标准储备液（100μg/mL）

3.3.1.1 维生素 K_1 标准储备液：称取 0.01g（精确至 0.0001g）的维生素 K_1 标准品（3.2），加入 5mL 丙酮（3.1.4）溶解，用甲醇转移并定容于 100mL 棕色容量瓶中。

3.3.1.2 β- 胡萝卜素标准储备液：称取 β- 胡萝卜素标准品（3.2）0.01g（精确至 0.0001g），用二氯甲烷（3.1.5）溶解，转移并定容至 100mL 棕色容量瓶中。

3.3.1.3 维生素 A、维生素 A 醋酸酯、维生素 D_2、维生素 D_3、维生素 E、维生素 E 醋酸酯、维生素 K_2 标准储备溶液：分别称取 0.01g（精确至 0.0001g）的维生素 A、维生素 A 醋酸酯、维生素 D_2、维生素 D_3、维生素 E、维生素 E 醋酸酯、维生素 K_2 标准品（3.2），用甲醇溶解，转移并定容至 100mL 棕色容量瓶中。

3.3.2 空白基质溶液的配制

取空白试样按照试样制备方法（5.1）操作。

3.3.3 基质标准工配制

准确吸取标准储备液（3.3.1）适量，用空白基质溶液稀释。此溶液中维生素 A、维生素 A 醋酸酯、维生素 D_2 含量为 0.01μg/mL、0.02μg/mL、0.05μg/mL、0.1μg/mL、0.5μg/mL，维生素 D_3 含量为 0.02μg/mL、0.05μg/mL、0.1μg/mL、0.5μg/mL、1μg/mL，维生素 E、维生素 E 醋酸酯含量为 0.1μg/mL、0.5μg/mL、1μg/mL、5μg/mL、10μg/mL，

维生素 K_1、维生素 K_2 含量为 0.005μg/mL、0.01μg/mL、0.05μg/mL、0.1μg/mL、0.25μg/mL，β – 胡萝卜素含量为 0.05μg/mL、0.1μg/mL、0.5μg/mL、1μg/mL、2.5μg/mL，临用时配制。

注：操作过程应在避光环境下进行。

3.4 微孔滤膜：0.22μm，有机相。

脂溶性维生素溶解性差异较大，因此需要根据化合物的不同性质，分别配制。

以各维生素标准溶液浓度为横坐标，峰面积为纵坐标，绘制标准曲线。不同基质中各维生素线性方程、相关系数及线性范围见表 20-2-1~ 表 20-2-2。

表 20-2-1　维生素线性关系、相关系数及线性范围（片剂基质）

维生素	线性方程	相关系数	线性范围
维生素 A	Y=2605.6X-5.6	0.9996	0.01~0.5μg/mL
维生素 A 醋酸酯	Y=3187.7X+9.9	0.9997	0.01~0.5μg/mL
维生素 D_2	Y=2768.5X-6.7	0.9996	0.01~0.5μg/mL
维生素 D_3	Y=333.1X-6.4	0.9993	0.02~1μg/mL
维生素 E	Y=685.7X-1.2	0.9945	0.1~10μg/mL
维生素 E 醋酸酯	Y=1202.5X+6.4	0.9977	0.1~10μg/mL
维生素 K_1	Y=4094.4X-3.2	0.9993	0.005~0.25μg/mL
维生素 K_2	Y=1272.6X-7.4	0.9975	0.005~0.25μg/mL
β – 胡萝卜素	Y=358.5X-8.9	0.9996	0.05~2.5μg/mL

表 20-2-2　维生素线性关系、相关系数及线性范围（软胶囊基质）

维生素	线性方程	相关系数	线性范围
维生素 A	Y=2808.3X+0.8	0.9993	0.01~0.5μg/mL
维生素 A 醋酸酯	Y=3396.5X+8.4	0.9992	0.01~0.5μg/mL
维生素 D_2	Y=2637.5X-5.7	0.9997	0.01~0.5μg/mL
维生素 D_3	Y=415.9X+3.1	0.9994	0.02~1μg/mL
维生素 E	Y=305.2X-2.2	0.9981	0.1~10μg/mL
维生素 E 醋酸酯	Y=1387.1X+10.3	0.9965	0.1~10μg/mL
维生素 K_1	Y=4802.2X-2.3	0.9983	0.005~0.25μg/mL
维生素 K_2	Y=1236.6X-2.6	0.9995	0.005~0.25μg/mL
β – 胡萝卜素	Y=331.9X-11.9	0.9994	0.05~2.5μg/mL

4 仪器和设备

4.1 高效液相色谱 – 串联质谱仪：配有大气压化学离子源。

4.2 超声波清洗器。

4.3 分析天平：感量分别为 0.01g 和 0.0001g。

大气压化学离子源是脂溶性弱极性化合物常用的离子源，本研究分别比较了 9 种化合物在大气压化学离子源和电喷雾离子源的电离情况，最终选择了响应更高的大气压化学离子源。

5 分析步骤

5.1 试样制备

将 20 粒片剂或胶囊试样粉碎后混匀，液体试样混合均匀。

5.2 试样提取

准确称取混合均匀的试样 2g（精确至 0.01g）于 50mL 棕色容量瓶中，加入 40mL 提取溶液（3.1.6），超声 20min，冷却至室温，用提取溶液（3.1.6）定容至刻度，摇匀，上清液经微孔滤膜（3.4）过滤，供液相色谱 – 串联质谱仪测定。

注：操作过程应在避光环境下进行。

5.3 仪器参考条件

5.3.1 色谱条件

a）色谱柱：C_{18} 柱，1.7μm，100mm×2.1mm（内径），或性能相当者。

b）流动相：A 为 0.1% 甲酸水溶液（3.1.7），B 为 0.1% 甲酸甲醇溶液（3.1.8），洗脱梯度见表 20-2-3。

c）流速：0.5mL/min。

d）柱温：35℃。

e）进样量：5μL。

表 20-2-3　洗脱梯度

时间（min）	流动相 A（%）	流动相 B（%）
0	15	85
3	0	100

时间（min）	流动相 A（%）	流动相 B（%）
8.5	0	100
8.51	15	85
10	15	85

5.3.2 质谱条件

a）电离方式：大气压化学正离子模式。

b）检测方式：多反应检测（MRM）。

c）雾化气压力：45psi。

d）离子喷雾电压：4500V。

e）干燥气温度：200℃（测定维生素 D_2）、350℃（测定其余 8 种维生素）。

f）干燥气流速：6L/min。

g）定性离子对、定量离子、碎裂电压和碰撞能量见表 20-2-4。

表 20-2-4　脂溶性维生素的定性离子对、定量离子、碎裂电压和碰撞能量

中文名称	母离子（m/z）	子离子（m/z）	碎裂电压（V）	碰撞能量（eV）
维生素 A	269.2	93.1*；81.2	135	22；22
维生素 A 醋酸酯	328.1	93.1*；81.2	135	22；22
维生素 D_2	397.3	69.2*；107.3	135	18；35
维生素 D_3	385.3	367.2*；259.1	135	5；5
维生素 E	431.4	165.2*；137.3	135	5；40
维生素 E 醋酸酯	473.3	207.3*；165.3	100	8；30
维生素 K_1	451.1	187.2*；57.3	135	20；30
维生素 K_2	445.2	187.3*；81.2	135	20；40
β - 胡萝卜素	538.4	177.2*；121.3	100	10；20

*：定量离子

5.4 定性测定

按照上述条件测定试样和混合标准工作液，如果试样中的质量色谱峰保留时间与混合标准工作液中的某种组分一致（变化范围在 ±2.5% 之内）；试样中定性离子对的相对丰度与浓度相当混合标准工作液的相对丰度一致，相对丰度偏差不超过表

20-2-5 规定的范围，则可判定为试样中存在该组分。

表 20-2-5　定性确证时相对离子丰度的最大允许偏差

相对离子丰度（%）	> 50	> 20~50	> 10~20	≤ 10
允许的最大偏差（%）	± 20	± 25	± 30	± 50

5.5 定量测定

5.5.1 标准曲线的制作

将基质标准工作液（3.3.3）分别按仪器参考条件（5.3）进行测定，得到相应的标准溶液的色谱峰面积。以混合标准工作液的浓度为横坐标，以色谱峰的峰面积为纵坐标，绘制标准曲线。

5.5.2 试样溶液的测定

将试样溶液（5.2）按仪器参考条件（5.3）进行测定，得到相应的样品溶液的色谱峰面积。根据标准曲线得到待测液中组分的浓度，平行测定次数不少于两次；试样待测液响应值若低于标准曲线线性范围，应取 5.2 中试样提取续滤液进行分析；试样待测液响应值若超出标准曲线线性范围，应用提取溶液（3.1.6）稀释后进行分析。

标准品液相色谱图参见附录 B 的图 B.20-2-1–B.20-2-9。

本研究采用大气压化学电离源检测时，高流速比低流速具有更好的灵敏度。研究中发现，当流速为 0.2mL/min 时，维生素 E、维生素 E 醋酸酯、β – 胡萝卜素的峰形较差，难以准确定量，提高流速有助于改善峰形。流速增加时，系统压力也会随之增加，综合考虑色谱柱和系统耐压性，本方法采用 0.5mL/min 的流速，不仅缩短了测定时间，且可获得令人满意的峰形。

维生素 A 的分子量为 286，经脱水后，形成质荷比为 269 的母离子，维生素 A 醋酸酯的分子量为 328，经脱酯、脱水后，与维生素 A 具有相同的碎片离子，需要通过色谱条件将二者分离，在反相色谱系统中，维生素 A 先出峰，可通过不同的保留时间区分维生素 A 及其醋酸酯。

研究中发现，当干燥气温度较低时，维生素 E、维生素 E 醋酸酯及 β – 胡萝卜素的峰拖尾、分叉严重。提高温度时，上述 3 种维生素的峰形有所改善，当干燥气温度为 350℃ 时，可获得满意的峰形，且三者标准曲线线性良好。而较高的干燥气温度会影响维生素 D_2 定量，尽管维生素 D_2 具有良好的峰形，但随着温度升高，峰面积并不成线性增加。降低干燥气温度至 200℃时，维生素 D_2 具有良好的线性。干燥气温度对其余几种维生素的影响不大。

6 结果计算

结果按式（20-2-1）计算：

$$X = \frac{c \times V \times 100}{m} \quad\cdots\cdots\cdots\cdots\cdots\cdots\cdots\cdots\cdots（20\text{-}2\text{-}1）$$

式中：

X—试样中某种组分的含量，单位为微克每百克（μg/100g）；

c—由标准曲线得出的样液中某种组分的浓度，单位为微克每毫升（μg/mL）；

V—试样溶液定容体积，单位为毫升（mL）；

m—试样称取的质量，单位为克（g）；

计算结果以重复性条件下获得的两次独立测定结果的算术平均值表示，结果保留三位有效数字。

7 精密度

在重复条件下获得的两次独立测定结果的绝对差值不得超过算术平均值的10%。

8 其他

维生素A、维生素A醋酸酯、维生素D_2检出限为8μg/100g，定量限为25μg/100g；维生素D_3、维生素E检出限为15μg/100g，定量限为50μg/100g；维生素E醋酸酯、维生素K_1、维生素K_2检出限为4μg/100g，定量限为12.5μg/100g；β-胡萝卜素检出限为40μg/100g，定量限为125μg/100g。

按照方法文本称取片剂或软胶囊空白样品，按照低、中、高三个浓度水平分别添加适量的9种化合物标准品，每个水平做6个平行，按照方法规定的操作步骤进行测定，考察方法的回收率及精密度。结果表明9种维生素在相应的添加浓度范围内回收率为78.5%~114.9%，相对标准偏差（RSD）介于1.6%~9.1%。

表 20-2-6　不同基质保健食品中 9 种脂溶性维生素的平均回收率与精密度（n=6）

化合物名称	片剂基质			软胶囊基质		
	添加水平（μg/100g）	回收率（%）	RSD（%）	添加水平（μg/100g）	回收率（%）	RSD（%）
维生素 A	25	92.7	4.07	25	97.4	3.08
	125	88.2	2.82	125	95.6	3.74
	250	100.2	1.95	250	98.0	6.86
维生素 A 醋酸酯	25	93.5	4.92	25	101.6	2.04
	125	105.0	1.57	125	109.5	2.16
	250	100.5	1.68	250	95.4	3.27
维生素 D_2	25	106.3	2.87	25	114.9	2.49
	125	92.5	9.33	125	85.8	2.53
	250	103.0	2.05	250	108.3	3.09
维生素 D_3	50	87.3	4.67	50	92.0	6.21
	250	100.7	3.87	250	102.9	4.10
	1250	94.6	2.20	1250	99.7	6.50
维生素 E	50	107.8	1.93	50	94.0	7.48
	250	110.2	4.47	250	90.3	6.01
	1250	95.6	4.53	1250	104.6	11.1
维生素 E 醋酸酯	12.5	93.8	5.73	12.5	101.3	2.49
	125	107.8	4.62	125	92.9	5.92
	250	108.7	6.98	250	108.9	6.22
维生素 K_1	12.5	97.4	7.41	12.5	97.4	7.55
	125	108.0	2.97	125	112.4	4.43
	250	78.5	2.75	250	96.5	3.11
维生素 K_2	12.5	111.2	5.95	12.5	99.4	14.2
	125	94.5	2.09	125	91.5	12.1
	250	101.1	3.89	250	90.7	2.89
β - 胡萝卜素	125	89.7	5.31	125	104.2	1.99
	1250	95.2	2.44	1250	84.1	2.04
	2500	106.1	4.02	2500	79.7	2.82

检出限的测定方法为：精密称取空白样品 2g（精确至 0.0001g），加入一定浓度的混和标准溶液，按照试样制备方法制备，经微孔滤膜过滤，取续滤液作为待测液。以信号和噪音的比值（S/N）考察检出限，S/N = 3 的浓度为检出限。需要指出的是，检出限受仪器型号、样品基质等因素影响，本方法给出的只是参考值，当实验室的检出限和本方法给出的检出限数值差异较大时，提示实验室检查仪器状态和操作过程。

脂溶性维生素标准品信息

表 A.1 脂溶性维生素标准品的中文名称、英文名称、CAS 登录号、分子式、相对分子量

序号	中文名称	英文名称	CAS 登录号	分子式	相对分子量
1	维生素 A	Retinol	68-26-8	$C_{20}H_{30}O$	286.45
2	维生素 A 醋酸酯	Retinol Acetate	127-47-9	$C_{22}H_{32}O_2$	328.49
3	维生素 D_2	Calciferol	50-14-6	$C_{28}H_{44}O$	396.65
4	维生素 D_3	Cholecalciferol	67-97-0	$C_{27}H_{44}O$	384.64
5	维生素 E	α-Tocopherol	59-02-9	$C_{29}H_{50}O_2$	430.71
6	维生素 E 醋酸酯	Tocopheryl Acetate	7695-91-2	$C_{31}H_{52}O_3$	472.74
7	维生素 K_1	Phytomenadione	84-80-0	$C_{31}H_{46}O_2$	450.71
8	维生素 K_2	Farnoquinone	11032-49-8	$C_{16}H_{16}O_2 \cdot (C_5H_8)_3$	444.66
9	β-胡萝卜素	β-Carotene	7235-40-7	$C_{40}H_{56}$	536.87

附录 B

脂溶性维生素标准品色

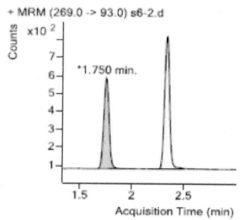

图 B.20-2-1 维生素 A 色谱图

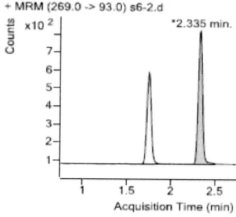

图 B.20-2-2 维生素 A 醋酸酯色谱图

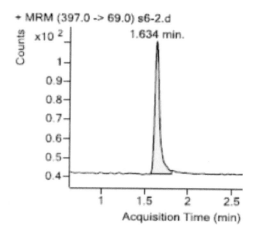

图 B.20-2-3 维生素 D_2 色谱图

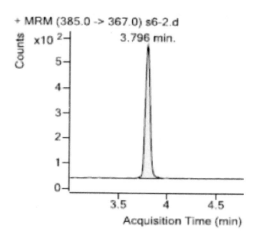

图 B.20-2-4 维生素 D_3 色谱图

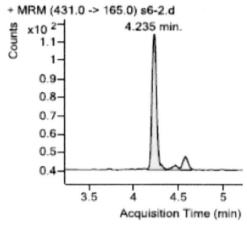

图 B.20-2-5 维生素 E 色谱图

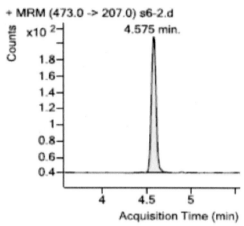

图 B.20-2-6 维生素 E 醋酸酯色谱

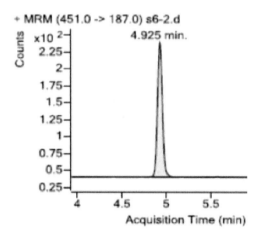

图 B.20-2-7 维生素 K₁ 色谱图

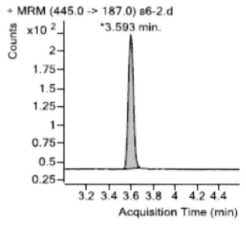

图 B.20-2-8 维生素 K₂ 色谱图

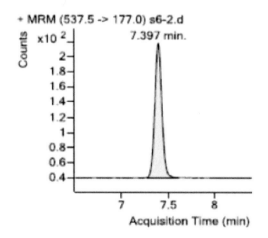

图 B.20-2-9 β-胡萝卜素色谱图

第三节 常见问题释疑

1. 标准溶液是否可以长期储存备用?

脂溶性维生素稳定性较差,对光、热敏感,为了保持结果的准确性,实验全程需要注意避光操作,标准溶液建议临用现配,否则需要标定浓度后使用。

取低浓度精密度供试品溶液,分别于第 0、4、6、8、12、24h 测定,根据标准曲线计算浓度,并计算 RSD 值,考察混合标准溶液的稳定性。结果表明,24h 内 RSD 值均小于 10%,详见表 20-3-1~20-3-2。

表 20-3-1 混合标准溶液稳定性试验结果(μg/100g)(片剂基质)

维生素	0	4h	6h	8h	12h	24h	平均	RSD
维生素 A	27.38	27.75	26.07	26.74	24.43	27.80	26.70	4.8
维生素 A 醋酸酯	24.54	24.84	25.42	26.22	25.98	26.03	25.50	2.7
维生素 D_2	25.52	26.97	24.71	25.87	28.00	24.91	26.00	4.9
维生素 D_3	52.40	51.88	52.51	49.43	50.40	52.93	51.59	2.7
维生素 E	51.06	52.83	51.64	51.13	52.15	49.41	51.37	2.3
维生素 E 醋酸酯	12.57	13.57	13.30	14.57	14.65	12.93	12.50	6.8
维生素 K_1	13.77	11.86	12.68	14.86	14.36	13.67	12.50	8.8
维生素 K_2	14.26	13.72	14.06	15.20	15.03	14.29	12.50	4.6
β-胡萝卜素	125.41	127.80	127.94	125.69	125.12	125.91	126.31	1.0

表 20-3-2 混合标准溶液稳定性试验结果(μg/100g)(软胶囊基质)

维生素	0	4h	6h	8h	12h	24h	平均	RSD
维生素 A	26.72	26.47	27.07	24.37	27.51	26.60	26.46	4.1
维生素 A 醋酸酯	26.59	24.19	27.12	25.89	24.13	25.18	25.52	4.9
维生素 D_2	25.17	24.62	26.32	27.59	24.80	25.89	25.73	4.4
维生素 D_3	49.27	49.93	50.99	49.80	50.43	50.42	50.14	1.2
维生素 E	52.89	52.02	50.69	52.89	51.35	50.26	51.68	2.1
维生素 E 醋酸酯	14.04	14.26	12.51	13.45	13.72	13.82	12.50	4.9
维生素 K_1	12.55	14.24	13.44	12.44	14.26	11.69	12.50	8.4

维生素	0	4h	6h	8h	12h	24h	平均	RSD
维生素 K$_2$	13.10	12.61	13.12	14.39	13.49	15.18	12.50	7.6
β – 胡萝卜素	126.92	127.10	124.25	127.70	124.28	127.18	126.24	1.2

2. 质谱参数是否可根据实际机器情况进行修改？

因各机构使用的高效液相 – 串联质谱仪的品牌、型号各不相同，仪器的参数可能存在不同，因此质谱参数可根据实际情况进行调整，可满足检测的要求即可。

3. 方法建立过程中是否验证了每种基质？

方法建立时对市场上常见的两种基质（片剂和软胶囊）中 9 种脂溶性维生素的出峰情况和检出限分别进行了实验室内和室间验证。

4. 测定复杂基质时如何改善基质效应，获得准确定量结果？

为了获得准确定量结果，本方法在可以获得空白基质的情况下采用空白基质配制标准工作溶液，消除基质效应，避免部分样品基质效应严重，导致回收率严重偏低或偏高的情况发生。另外，在满足灵敏度的前提下稀释样品；或微调流动相梯度，将待测物与共流出成分有效分离，均可改善基质效应。

5. 试样制备稀释倍数问题？

因实际检测过程中不同的试样中不同维生素的浓度可能存在比较大的差异，实际检测过程中可根据试样中的浓度对称样量和最终定容体积进行适当的调整，使试样测定液中待测组分浓度在标准曲线浓度范围内以方便计算，且不宜造成因浓度过高对质谱仪的污染。需要注意的是用来配制基质标准曲线的基质空白提取液也需要同时进行一样的调整。

执笔人：何欢 李莉

第二十一章

《保健食品中9种矿物质元素测定》（BJS 201718）

第一节 方法概述

矿物元素也称无机盐，广泛存在于人体与环境中，是构成机体组织，维持人体正常生命活动的重要物质。人体每天必须补充大量矿物元素，元素的缺乏会造成不同程度的疾病。然而元素摄入量过大或摄入比例失衡，也会对人体造成损伤，甚至产生中毒的现象。因此，加强对保健食品中元素的含量检测，建立更加快速、准确、灵敏的检测方法，对维护消费者的健康和权益具有重要意义。

此前，我国对于保健食品中元素的测定，均借鉴食品中元素的测定方法。而食品中元素的检测标准以原子吸收法为主。由于仪器工作原理限制，单次仅能检测一种元素，大大限制了检测速度。电感耦合等离子体质谱法作为元素检测领域新兴的检测手段，可以同时检测多种元素，并在检测灵敏度和抗干扰等方面，较原子吸收法有了一定的提升。

目前，电感耦合等离子体质谱法在各领域的标准里已多有引用。食品安全国家标准GB 5009.268-2016规定了适用于食品26种元素的电感耦合等离子体质谱法。农业部标准NY/T 1653-2008规定了用电感耦合等离子体发射光谱法测定蔬菜、水果及其制品中磷、钙、镁、铁、锰、铜、锌、钾、钠、硼含量的测定方法。中国环境保护行业标准HJ 700-2014规定了测定水中65种元素的电感耦合等离子体质谱法。中国进出口商品检验行业标准SN/T 2208-2008规定了水产品中16种元素的电感耦合等离子体质谱法。

本方法，规定了保健食品中9种元素的电感耦合等离子体质谱法。

第二节 方法文本及重点条目解析

1 范围

本方法规定了保健食品中钠（Na）、镁（Mg）、钾（K）、钙（Ca）、锰（Mn）、铁（Fe）、铜（Cu）、锌（Zn）、硒（Se），9 种矿物元素的电感耦合等离子体质谱测定方法。

本方法适用于液体水状基质，固体基质及软胶囊剂保健食品中钠（Na）、镁（Mg）、钾（K）、钙（Ca）、锰（Mn）、铁（Fe）、铜（Cu）、锌（Zn）、硒（Se）的测定。

本方法建立了一种保健食品中多种矿物元素同时检测的电感耦合等离子体质谱法。选择了保健食品常见的三种基质（片剂、口服液、胶囊）进行研究。

2 原理

样品经酸消解处理成溶液后，经气动雾化器以气溶胶的形式进入氩气为基质的高温射频等离子体中。经过蒸发、解离、原子化、电离等过程，转化为带正电荷的离子。经离子采集系统进入质谱仪，质谱仪根据质荷比进行分离。质谱积分面积与进入质谱仪中的离子数成正比。即被测元素浓度与各元素产生的信号强度 CPS 成正比，外标法定量。

3 试剂和材料

注：水为 GB/T 6682 规定的一级水。

3.1 试剂

3.1.1 硝酸（$\rho = 1.42g/mL$），优级纯。

3.1.2 过氧化氢［$\omega(H_2O_2) = 30\%$］，优级纯。

3.1.3 硝酸（0.5mol/L）：取硝酸（3.1.1）3.2mL 加入 50mL 水中，稀释至 100mL。

3.1.4 质谱调谐液：锂（Li）、钴（Co）、铟（In）、铀（U）、钡（Ba）、铈（Ce）

混合溶液为质谱调谐液，浓度为 1.0μg/L。

3.2 标准品

单元素标准物质：钠（Na）、镁（Mg）、钾（K）、钙（Ca）、锰（Mn）、铁（Fe）、铜（Cu）、锌（Zn）[ρ=1000.0μg/mL]，以及硒（Se）[ρ=100.0μg/mL]、铼（Re）[ρ=10.0mg/L]、铑（Rh）[ρ=10.0mg/L]标准储备液。

3.3 标准溶液配制

3.3.1 混合标准使用液：准确移取钠（Na）、镁（Mg）、钾（K）、钙（Ca）标准溶液[ρ=1000.0mg/L]10mL，准确移取锰（Mn）、铁（Fe）、铜（Cu）、锌（Zn）标准溶液[ρ=1000.0mg/L]1mL，硒（Se）标准溶液[ρ=100.0mg/L]5.0mL，用硝酸（3.1.3）定容至100mL，摇匀，配成含钠（Na）、镁（Mg）、钾（K）、钙（Ca）质量浓度为100μg/mL，含锰（Mn）、铁（Fe）、铜（Cu）、锌（Zn）10μg/mL，含硒（Se）5μg/mL的混合标准使用液。贮存于4℃冰箱中，有效期3个月。分别准确移取混合标准储备液钠（Na）、镁（Mg）、钾（K）、钙（Ca）[ρ=100μg/mL]，和锰（Mn）、铁（Fe）、铜（Cu）、锌（Zn）[ρ=10.0μg/mL]，以及硒（Se）标准储备液[ρ=5.0μg/mL]0、0.10、0.50、1.00、5.00、10.0mL于100mL容量瓶中，加0.5mol/L硝酸定容至刻度，摇匀，得依次含钠（Na）、镁（Mg）、钾（K）、钙（Ca）0、0.1、0.5、1.0、5.0、10μg/mL，含锰（Mn）、铁（Fe）、铜（Cu）、锌（Zn）0、10、50、100、500、1000μg/L，含硒（Se）0、5、25、50、250、500μg/L 的混合标准系列溶液。

3.3.2 内标使用溶液：选用铼（Re）[ρ=10.0mg/L]、铑（Rh）[ρ=10.0mg/L]标准储备液。用硝酸（3.1.3）配成浓度为10μg/L的铼（Re）、铑（Rh）混合内标使用溶液。

本法规定的部分待测元素质量数较低，常规推荐使用的内标为钪（Sc）。然而钪（Sc）本身在多种可作为保健食品原料的食品之中均有分布，且钪（Sc）在质谱中易残留，造成仪器污染，所以此处不推荐使用钪（Sc）作为内标使用。

4 仪器和设备

4.1 电感耦合等离子体质谱（ICP-MS）。

4.2 微波消解仪。

4.3 敞开式电加热恒温炉。

4.4 分析天平：感量为 0.0001g。

经验证，三种电感耦合等离子体质谱品牌：Thermo Fisher、Agilent 和 Perkin Elmer，两种微波消解仪品牌：CEM、屹尧，产品均符合本方法需求。

5 分析步骤

5.1 试样制备

准确称取混匀试样约 0.3g 于清洗好的聚四氟乙烯消解罐内。含乙醇等挥发性原料的保健食品如药酒等，先放入温度可调的 100℃恒温电加热器或水浴上，加热挥发至无醇味。根据样品消解难易程度，样品或经预处理的样品，先加入硝酸 3.0~5.0mL，再依次加入过氧化氢 1.0~2.0mL，使样品充分浸没。放入温度可调的恒温电加热设备中 100℃加热 30min 取下，冷却。

把装有样品的消解罐拧上罐盖，放进微波消解仪中。按照微波消解系统操作手册进行操作。推荐消解程序见表 21-2-1。

表 21-2-1　消解时温度时间程序

温度	升温时间（min）	保持时间（min）
120	5	3
160	5	3
180	5	20

根据样品消解难易程度可在 20~40min 内消解完毕，取出冷却，开罐，将消解好的含样品的消解罐放入温度可调的电加热器中 130℃加热至含酸量 2mL 以下，以水定容至 25mL。

5.2 仪器参考条件

用调协液调整仪器各项指标，使仪器灵敏度、氧化物、双电荷、分辨率等指标达到要求。

仪器参考条件：

a）射频功率：1550w。

b）等离子体氩气流速：14L/min。

c）雾化器氩气流速：1mL/min。

d）采样深度：5mm。

e）雾化器：Barbinton。

f）雾化室温度：4℃。

g）采样锥与截取锥类型：镍锥。

h）模式：碰撞反应模式。

5.3 定量测定

5.3.1 标准曲线的制作

在仪器最佳条件下，引入在线内标溶液（3.3.2），将混合标准系列工作液（3.3.1）分别按仪器参考条件（5.2）进行测定。得到各元素与相应内标计数值的比值（Ratio）。以混合标准工作液的浓度为横坐标，以各元素与相应内标计数值的比值（Ratio）为纵坐标，绘制标准曲线。

5.3.2 试样溶液的测定

在仪器最佳条件下，引入在线内标溶液（3.3.2），将混合标准系列工作液（3.3.1）分别按仪器参考条件（5.2）进行测定。得到各元素与相应内标计数值的比值（Ratio）。根据标准曲线得到待测液中组分的浓度，平行测定次数不少于三次。试样待测液响应值若超出标准曲线线性范围，应用硝酸（0.5mol/L）稀释后进行分析。

对每一元素，应测定可能影响数据的每一同位素，以减少干扰造成的分析误差。推荐测定的元素同位素见表21-2-2。

表21-2-2 推荐测定的同位素

元素	质量数
Na	23
Mg	24
K	39
Ca	44
Mn	55
Fe	57
Cu	63
Zn	66
Se	78

经调研，微波消解法已成为使用范围最广的无机元素前处理方法。并且采用微波消解与湿法消解对于本法规定的9种元素的消解效果无显著性差异。由于微波消解法操作

简便，消耗试剂相对较少，对操作者毒害较小，推荐使用微波消解法进行前处理。使用者也可根据自身情况，采用湿法消解前处理。回收率应符合 GB 27404 的要求。

若样品中含有二氧化钛、二氧化硅等成分，微波消解法无法将其消解完全，消解液会出现浑浊现象。可经微孔滤膜过滤，取续滤液进样检测。

6 检出限

以称样量 0.3g，定容至 25mL 计，检出限及定量限如表 21-2-3 所示。

表 21-2-3　方法的检出限、定量限

元素	检出限（mg/kg）	定量限（mg/kg）
Na	0.1	11
Mg	0.008	0.6
K	0.02	1
Ca	0.05	4
Fe	0.01	0.9
Zn	0.001	0.09
Cu	0.0004	0.03
Mn	0.0003	0.03
Se	0.0001	0.01

检出限的测定方法为：取空白消解罐 11 根，按照试样制备方法制备，进样检测。计算响应值 3 倍 SD，除以校准曲线斜率，为仪器检出限。按称样量 0.3g，定容至 25mL 计算方法检出限。

检出限受仪器型号等因素影响，本方法给出的只是参考值，当实验室的检出限和本方法给出的检出限数值差异较大时，提示实验室检查仪器状态和操作过程。

第三节　常见问题释疑

1. 方法建立过程中是否验证了每种基质？

根据市场调研，选择了保健食品常见的三种基质（片剂、口服液、胶囊）进行研究，片剂代表了含有黏合剂、填充剂、崩解剂等的基质类型，口服液代表了含糖量较高的基质类型，胶囊代表了含中药提取物及油性基质类型。方法建立时对适用范围里面的三种基质中 9 种元素的样品检测情况和方法学分别进行了实验室内和室间验证，结果满足测定要求。

2. 质谱参数和内标是否可根据实际仪器情况进行修改？

因各检验机构使用的电感耦合等离子体－质谱仪的品牌、型号不同，仪器的参数和调协液存在不同，可根据实际情况进行调整。内标的选择亦满足检测的要求即可。最终准确度应符合 GB 27404 的相关要求。

3. 试样制备稀释倍数问题？

本方法涉及的矿物元素根据不同食品原料，含量大不相同。实际检测过程中，可采用 5% 硝酸溶液对供试品溶液进行稀释。

4. 消解之后有沉淀怎么处理？

因为部分保健产品添加了二氧化钛等成分作为辅料，该成分在常规微波消解过程中不能被消解掉，于是产生了浑浊或者絮状沉淀等现象。这种情况下，将沉淀除去即可。常见的做法有：①离心。采用 8000r/min 离心 10min，取上清液检测。②过滤。如果离心仍不能去除沉淀，可用 0.22μm 尼龙滤膜过滤即可。

5. 使用ICP-MS检测时的其他注意事项。

使用 ICP-MS 检测高盐和高有机物含量的样品时，易产生基质效应。对于高盐样品，可适量的稀释样品，以降低盐浓度。对于高有机物含量样品，可在内标中添加2%异丙醇，以减少基体效应。由于食品基质及其复杂，质谱检测过程中易产生记忆效应，建议在进样序列中插入空白样品，以监测仪器污染情况。

执笔人：李梦怡　董喆

总局办公厅关于印发食品补充检验方法
工作规定的通知

食药监办科〔2016〕175号

各省、自治区、直辖市食品药品监督管理局，新疆生产建设兵团食品药品监督管理局，中国食品药品检定研究院：

为进一步加强食品补充检验方法管理，规范食品补充检验方法相关工作程序，根据《食品安全抽样检验管理办法》（国家食品药品监管总局令第11号），食品药品监管总局制定了《食品补充检验方法工作规定》。现予印发，请遵照执行。

附件：食品补充检验方法工作规定.docx

食品药品监管总局办公厅

2016年12月23日

附件：

食品补充检验方法工作规定

第一章　总　　则

第一条　为保证食品补充检验方法科学实用、技术先进，加强食品补充检验方法规范化管理，根据《食品安全抽样检验管理办法》（国家食品药品监督管理总局令第11号）、《食品药品行政执法与刑事司法衔接工作办法》有关规定，制定本规定。

第二条　食品补充检验方法是指在食品（含保健食品）安全风险监测、案件稽查、事故调查、应急处置等工作中采用的非食品安全标准检验方法。

食品检验机构可以采用食品补充检验方法对涉案食品进行检验，检验结果可以作为定罪量刑的参考。

第三条 国家食品药品监督管理总局负责食品补充检验方法的批准和发布。

第四条 国家食品药品监督管理总局组织成立食品补充检验方法审评委员会（以下简称：审评委员会），主要负责审查食品补充检验方法草案。审评委员会设专家组和秘书处。

专家组由食品检验领域专家和食品药品监管部门代表组成。秘书处设在中国食品药品检定研究院，主要负责审评委员会日常事务性工作。

第五条 省级及省级以上食品药品监督管理部门负责提出食品补充检验方法的立项需求、组织实施和跟踪评价。

第二章 立项和起草

第六条 食品检验机构或科研院所等单位在食品检验中发现可能有食品安全问题，且没有食品安全检验标准的，可以向所在地省级食品药品监管部门提出食品补充检验方法立项建议。省级食品药品监管部门综合分析辖区内各级食品药品监管部门食品安全监管工作需要，向国家食品药品监督管理总局提出食品补充检验方法立项需求。

国家食品药品监督管理总局按照轻重缓急、科学可行的原则，确定食品补充检验方法立项目录，通过公开征集或遴选确定起草单位，研制食品补充检验方法。

第七条 起草单位应当在深入调查研究、充分论证技术指标的基础上按要求研制食品补充检验方法，保证其科学性、先进性、实用性和规范性。鼓励科研院所、大专院校或社会团体等研究、检验机构联合起草。

第八条 起草单位应根据所起草方法的技术特点，原则上选择不少于5家食品检验机构进行实验室间验证。验证实验室的选择应具有代表性和公信力。

实验室间验证对于定性方法至少需要验证方法的检出限和特异性；对于定量方法至少需要验证方法的线性范围、定量限、准确度、精密度。

第九条 起草单位应参考检验方法编写规则起草食品补充检验方法草案文本，包括适用范围、方法原理、试剂仪器、分析步骤、计算结果等，同时还应编制起草说明，包括相关背景、研制过程、各项技术参数的依据、实验室内和实验室间验证情况和数据等。

第十条 食品安全案件稽查、应急处置等工作中，可根据情况简化立项、遴选起草单位、实验室间验证等要求。

第三章　审查和发布

第十一条　起草单位应通过食品补充检验方法管理系统直接向审评委员会秘书处提交电子化方法草案和起草说明等材料，并同时报送内容一致的纸质材料。

起草单位对所报送材料的真实性负责。

第十二条　食品补充检验方法草案按照以下程序审查：

（一）秘书处形式审查；

（二）专家组会议审查或函审。

第十三条　秘书处在收到食品补充检验方法草案及相关资料的5个工作日内完成完整性和规范性等形式审查。

第十四条　秘书处原则上应在15个工作日内将草案及相关资料提请专家组审查。专家组对草案及相关资料的科学性、实用性和适用性等进行审查。审查采取会议审查或函审，以会议审查为主。

（一）会议审查。原则上应采取协商一致的方式。在无法达成一致的情况下，应当在充分讨论的基础上进行表决。出席专家四分之三以上（含四分之三）同意为通过。秘书处形成会议纪要和审查结论，并经参会专家同意；

（二）函审。根据审核工作需要，也可采取函审。回函专家四分之三以上（含四分之三）同意为通过。秘书处汇总形成审查结论，并附每位专家函审意见。

第十五条　特殊情况下，秘书处应按要求加快形式审查和及时组织会议审查。

第十六条　秘书处应在审查结束后的5个工作日内书面回复起草单位审查结论，审查结论分为三种情况：

（1）通过；

（2）原则通过但需要修改，起草单位应根据审查意见进行修改并再次报秘书处，秘书处视情况再次组织审查；

（3）未通过，应说明未予通过的理由。

第十七条　审查通过的食品补充检验方法草案，秘书处应当在10个工作日内按要求将食品补充检验方法报批稿、审查结论、会议纪要等材料加盖中国食品药品检定研究院公章后报送国家食品药品监督管理总局。

第十八条　国家食品药品监督管理总局批准并以公告形式发布食品补充检验方法。食品补充检验方法（缩写为 BJS）按照"BJS+ 年代号 + 序号"规则进行编号，除方法文本外，同时公布主要起草单位和主要起草人信息。

第十九条　食品补充检验方法自发布之日起 20 个工作日内在国家食品药品监督管理总局网站上公布。

第二十条　省级食品药品监管部门应根据工作需要，组织食品检验机构采用食品补充检验方法，并对实施情况进行跟踪评价，及时报告国家食品药品监管总局。

第二十一条　食品检验机构依据食品补充检验方法出具检验报告时，应符合国家认证认可和检验规范有关规定。

第四章　附　则

第二十二条　对适用于地方特色食品的补充检验方法，省级食品药品监管部门可以参照本规定批准、发布，并报国家食品药品监管总局备案。

第二十三条　已批准的食品补充检验方法属于科技成果，可作为相关人员申请科研奖励和参加专业技术资格评审的依据。

第二十四条　本规定由国家食品药品监督管理总局负责解释。

第二十五条　本规定自 2017 年 2 月 1 日起实施。

关于发布食品补充检验方法研制指南的通告

食药总局　2017 年第 203 号

　　为进一步强化检验检测技术对食品安全监管的支撑作用，统筹食品补充检验方法研制工作，加大食品补充检验方法研制力度，根据监管工作需要，现发布《食品补充检验方法研制指南》。

　　特此通告。

　　附件：食品补充检验方法研制指南（略）

食品药品监管总局

2017 年 12 月 11 日

关于发布食品中那非类物质的测定和小麦粉中硫脲的测定 2 项检验方法的公告

食药总局　2016 年第 196 号

　　按照《食品安全抽样检验管理办法》有关规定,《食品中那非类物质的测定》和《小麦粉中硫脲的测定》等两项检验方法已经国家食品药品监督管理总局批准，现予发布。

　　特此公告。

　　附件：1. 食品中那非类物质的测定（BJS201601）（略）
　　　　　2. 小麦粉中硫脲的测定（BJS201602）（略）

食品药品监管总局
2016 年 12 月 22 日

关于发布食品中西布曲明等化合物的测定等
3 项食品补充检验方法的公告

食药总局　2017 年第 24 号

按照《食品补充检验方法工作规定》有关规定,《食品中西布曲明等化合物的测定》《原料乳及液态乳中舒巴坦的测定》《豆芽中植物生长调节剂的测定》等 3 项食品补充检验方法已经国家食品药品监督管理总局批准,现予发布。

特此公告。

附件：1. 食品中西布曲明等化合物的测定（BJS 201701）（略）
2. 原料乳及液态乳中舒巴坦的测定（BJS 201702）（略）
3. 豆芽中植物生长调节剂的测定（BJS 201703）（略）

食品药品监管总局
2017 年 2 月 28 日

关于发布《食品中去甲基他达拉非和硫代西地那非的测定》食品补充检验方法的公告

食药总局　2017 年第 48 号

按照《食品补充检验方法工作规定》有关规定,《食品中去甲基他达拉非和硫代西地那非的测定》食品补充检验方法已经国家食品药品监督管理总局批准，现予发布。

特此公告。

附件：食品中去甲基他达拉非和硫代西地那非的测定（高效液相色谱—串联质谱法 BJS 201704）（略）

食品药品监管总局

2017 年 5 月 2 日

关于发布食品中香兰素、甲基香兰素和乙基香兰素的测定等 2 项食品补充检验方法的公告

食药总局　2017 年第 64 号

按照《食品补充检验方法工作规定》有关规定,《食品中香兰素、甲基香兰素和乙基香兰素的测定》和《食品中氯酸盐和高氯酸盐的测定》2 项食品补充检验方法已经国家食品药品监督管理总局批准，现予发布。

特此公告。

附件：1. 食品中香兰素、甲基香兰素和乙基香兰素的测定（BJS 201705）（略）
　　　2. 食品中氯酸盐和高氯酸盐的测定（BJS 201706）（略）

食品药品监管总局

2017 年 5 月 23 日

关于发布《植物蛋白饮料中植物源性成分鉴定》食品补充检验方法的公告

食药总局 2017 年第 75 号

按照《食品补充检验方法工作规定》,《植物蛋白饮料中植物源性成分鉴定》食品补充检验方法已经国家食品药品监督管理总局批准,现予发布。

特此公告。

附件:植物蛋白饮料中植物源性成分鉴定(BJS 201707)(略)

食品药品监管总局

2017 年 6 月 15 日

关于发布《食用植物油中乙基麦芽酚的测定》食品补充检验方法的公告

食药总局 2017 年第 97 号

按照《食品补充检验方法工作规定》,《食用植物油中乙基麦芽酚的测定》食品补充检验方法已经国家食品药品监督管理总局批准，现予发布。

特此公告。

附件：食用植物油中乙基麦芽酚的测定（BJS 201708）（略）

食品药品监管总局

2017 年 8 月 17 日

关于发布《乳及乳制品中硫氰酸根的测定》
食品补充检验方法的公告

食药总局　2017 年第 114 号

按照《食品补充检验方法工作规定》,《乳及乳制品中硫氰酸根的测定》食品补充检验方法已经国家食品药品监督管理总局批准，现予发布。

特此公告。

附件：乳及乳制品中硫氰酸根的测定（BJS 201709）（略）

食品药品监管总局

2017 年 9 月 18 日

关于发布《保健食品中 75 种非法添加化学药物的检测》等 3 项食品补充检验方法的公告

食药总局　2017 年第 138 号

按照《食品补充检验方法工作规定》有关规定,《保健食品中 75 种非法添加化学药物的检测》《畜肉中阿托品、山莨菪碱、东莨菪碱、普鲁卡因和利多卡因的测定》《食用油脂中脂肪酸的综合检测法》3 项食品补充检验方法已经国家食品药品监督管理总局批准,现予发布。

特此公告。

附件：1. 保健食品中 75 种非法添加化学药物的检测（BJS 201710）（略）
2. 畜肉中阿托品、山莨菪碱、东莨菪碱、普鲁卡因和利多卡因的测定（BJS 201711）（略）
3. 食用油脂中脂肪酸的综合检测法（BJS 201712）（略）

食品药品监管总局
2017 年 11 月 17 日

关于发布《饮料、茶叶及相关制品中对乙酰氨基酚等 59 种化合物的测定》等 6 项食品补充检验方法的公告

食药总局 2017 年第 160 号

按照《食品补充检验方法工作规定》有关规定,《饮料、茶叶及相关制品中对乙酰氨基酚等 59 种化合物的测定》《饮料、茶叶及相关制品中二氟尼柳等 18 种化合物的测定》《豆制品中碱性橙 2 的测定》《保健食品中 9 种水溶性维生素的测定》《保健食品中 9 种脂溶性维生素的测定》《保健食品中 9 种矿物质元素的测定》6 项食品补充检验方法已经国家食品药品监督管理总局批准,现予发布。

特此公告。

附件：1. 饮料、茶叶及相关制品中对乙酰氨基酚等 59 种化合物的测定
（BJS 201713）（略）

2. 饮料、茶叶及相关制品中二氟尼柳等 18 种化合物的测定
（BJS 201714）（略）

3. 豆制品中碱性橙 2 的测定（BJS 201715）（略）

4. 保健食品中 9 种水溶性维生素的测定（BJS 201716）（略）

5. 保健食品中 9 种脂溶性维生素的测定（BJS 201717）（略）

6. 保健食品中 9 种矿物质元素的测定（BJS 201718）（略）

食品药品监管总局

2017 年 12 月 18 日